工程数学基础

蔡占川　编著

科学出版社

北京

内 容 简 介

本书内容包括：记数、坐标、函数、画图、空间、平均、逼近及分形. 全书共 8 章，每一章均包括概观、具体数学与数学实验三个部分. 第 1 章介绍记数法，包括位值制记数法的意义与价值、复数基、斐波那契数系等；第 2 章介绍坐标，包括齐次坐标、面积坐标、平行轴坐标系等；第 3 章介绍函数，包括函数的表达方式、函数的可视表达、函数图像变换等；第 4 章介绍画图，包括依表达式画图、按像素画图、不同投影下的地图等；第 5 章介绍空间，包括线性空间、内积空间、正交函数等；第 6 章介绍平均，包括加权平均、函数的平均、矩方法等；第 7 章介绍逼近，包括魏尔斯特拉斯逼近定理、样条函数、最小二乘法等；第 8 章介绍分形，包括茹利亚集与曼德布洛特集、分形插值、分形维数等.

本书可作为高等学校理工科(非数学类)专业研究生(包括硕士研究生和博士研究生)的教材；特别地，可作为信息科学及计算机应用专业研究生的教材；亦可作为理工科高年级本科生的参考书，同时，也可供信息科学领域和相关学科的研究人员参考.

图书在版编目(CIP)数据

工程数学基础/蔡占川编著. —北京：科学出版社，2018.3
ISBN 978-7-03-056863-2

Ⅰ. ①工⋯ Ⅱ. ①蔡⋯ Ⅲ. ①工程数学 Ⅳ. ①TB11

中国版本图书馆 CIP 数据核字(2018) 第 048914 号

责任编辑：李静科 / 责任校对：邹慧卿
责任印制：赵 博 / 封面设计：无极书装

科 学 出 版 社 出版
北京东黄城根北街 16 号
邮政编码：100717
http://www.sciencep.com

北京厚诚则铭印刷科技有限公司印刷
科学出版社发行 各地新华书店经销
*
2018 年 3 月第 一 版 开本：720 × 1000 1/16
2024 年 8 月第三次印刷 印张：18 1/4 插页：2
字数：365 000
定价：98.00 元
(如有印装质量问题，我社负责调换)

序

读了蔡占川博士《工程数学基础》书稿，印象深刻. 作为教材，其可谓与众不同. 从教学目标的设定到章节内容的安排，从经典材料的选取到现代成果的反映，从讲述的口气到写作的方式，多有别具匠心之处. 与流行的统编教材相比，其特点至少体现在如下四方面.

(1) **通过专题讲座方式，深入体会数学中的基本概念.** 例如，开篇第 1 章，阐述记数法. 通常教材不会再谈论连小学生都知道的题目，但作者从十进制说到 "复数基" 记数技巧，更引申到计算机编码，令人耳目一新; 又如，第 2 章，强调坐标的重要意义之后，介绍齐次坐标和面积坐标等，对学生来说，既开眼界又有用处.

(2) **强调理解数学思想，引导学生学习数学家怎样思考问题.** 例如，函数的概念在中学教材中早已出现，本书再度强调，联系到映射、集合、泛函，以及与其密切相关的画图、信号处理等实际应用，让对数学抽象理论敬而远之的学生知道: 恰因有抽象、"脱离实际" 的数学基础，才产生有广泛可应用性的数学技术.

(3) **注重温故而知新，从学生熟悉的内容开始，适当加入新的内容.** 例如，在回顾了傅里叶级数之后介绍非连续正交函数 (U&V 系统)，这是从沃尔什函数与哈尔函数发展来的有限区间上的预小波与多小波. 由于作者对 U&V 系统有较多研究成果，有具体的切身体会，阐述问题的来龙去脉，会使学生既学到新的知识又了解研究过程，帮助他们学习怎样发现问题、解决问题.

(4) **给出在计算机上实现的数学实验范例，引导学生重视数学建模.** 一些看来平淡无奇的数学知识，细究起来奥妙无穷. 书中提供了较多在计算机上完成的实验，诸如二叉树与 H-分形、数字信息分存、曲面的最小二乘逼近等. 此外，数学实验中多处援引探月工程中的实例，作者以亲身参与相关重大项目的经验，述说数学基础在解决实际问题中的作用.

纵观全书，显而易见: 这本书不是对大学设置的数学课程内容做系统复习或补充，而是通过若干专题的回顾，力求加强对数学思想方法的认识.

谈到数学基础，借此序言，说点闲话. 数学教师，都知道德国数学家爱德蒙·兰道 (Edmund Georg Hermann Landau, 1877—1938) 写的《分析基础》[1]. 这本老书，说的是老故事: 从朱塞佩·佩亚诺 (Giuseppe Peano, 1858—1932) 的自然数公理出发，建立整数、有理数、无理数和复数. 至今，这本书仍被重视，是微积分教学不

---

[1] Edmund Georg Hermann Landau. Grundlagen der Analysis. Leipzig: Akademischer Verlagsgesellschaft M. B. H., 1930. 刘绂堂，译. 分析基础. 北京: 高等教育出版社, 1958.

可多得的补充教材. 这位在哥廷根当了 25 年数学系主任的兰道教授, 在写给学生的序言中说: "我只要求读者有逻辑思考与阅读语文的能力, 并不要求他事先懂得中学数学, 更不要求他懂得什么高等数学." 还说, 这本书将要从 "什么是正整数 1, 2, … 开始"; 而 "定理 1, 定理 2, …" 这样的词汇出现在书里, 只是标记, 比用 "淡蓝定理, 深蓝定理" 等的说法更便利引证 …….换句话说, 正整数 1, 2, … 必须严格定义, 兰道教授的意思是学习数学要从这里开始. 像 "什么是正整数 1, 2, …?" 这样的问题, 恰是认识数学最基本的出发点, 属于数学基础.

数学是具有高度抽象性的科学, 其特点是脱离具体的实践经验, 脱离具体的物质运动形式. 数学成果用严格逻辑结构形式表达出来, 就像上面说的《分析基础》的风格. 其实, 抽象、"脱离实际", 正是数学的优点. 你看, 抽象的数学催生了计算机, 计算机使世界发生巨变, 应了那句话: 无用之用, 方为大用. 那么, 非数学专业的研究生, 要想成为工程领域的专家, 虽然不必严格按《分析基础》那样去修炼, 但也不宜因为过分聚焦 "中药铺" 式的实用内容, 而忽视对数学思想的领会.

非数学专业的数学基础教材中, 有很多优秀作品, 值得十分肯定. 眼下的这本《工程数学基础》新作, 有其特点, 不失为一家之言. 它以信息处理与计算机应用的工程技术专业为背景, 相信对其他工程专业的教学具有参考价值, 抑或将其置诸案头参考翻阅, 也会开卷有益.

齐东旭

2017 年 10 月 1 日

前　言

音乐能激发或抚慰人的情感, 绘画使人赏心悦目, 诗歌能动人心弦, 哲学使人聪慧, 科学可以改善生活, 而数学能做到所有这一切.

——(美国) Morris Kline

针对非数学专业的硕士研究生与博士研究生, 开设这门 "工程数学基础" 课程, 主要不是因为他们需要补充更多的数学知识. 事实上, 大学本科数学课所涉及的内容, 作为基础知识已经基本够用, 何况研究生应该具有很好的自学能力, 哪怕欠缺什么, 不过是花上几个月就补上了. 那么, 为什么开设这门课?

首先, 非数学专业 (工程领域) 的研究生, 虽然都知道数学重要, 但往往对数学心存畏惧, 尽量回避, 说明对数学的自信心不强. 其次, 能找到的工程数学基础书籍, 大多数像是本科数学课程的加细版本, 基本上是 (甚至逐章逐节地) 重复或加 "胖". 或许这类教材基于这样的实际情况: 不少新入学的研究生, 把学过的数学忘得差不多了, 有必要温习并添加若干内容. 诚然, 有这样的书随时查一查会很方便, 但用作教材, 它往往使研究生缺乏兴趣, 觉得都学过, 提不起精神.

经验表明, 新入学的研究生, 忘掉本科学过的某些知识这件事并不可怕. 要紧的是当初就没明白过其中的内涵与真谛. 温习与补充些知识固然重要, 但知识重温与补充的目的, 要服务于对数学的理解与提高.

设想, 如果开一门这样的数学基础课程, 更侧重的是使研究生加深理解数学思想, 尽量学习数学家怎样思考问题. 那么这样的数学基础可让学生获得信心、避免教条、勇于走上创新之路, 无疑使这些未来的工程专家如虎添翼.

本书立足于如下的估计: ① 研究生对数学的再认识有迫切要求; ② 学过高等数学 (包括解析几何、线性代数、概率统计、数值分析), 并具备计算机的基本知识与操作技能; ③ 由于成长的时代环境影响, 现在的研究生思想活跃, 有较好的悟性.

在这样的前提下, 本书注重以下几点:

(1) 选择数学基本概念作为章节的标题, 以专题讲座方式出现. 不强调具体内容的系统全面, 力求围绕某一专题引申思维, 使学生感受概念的来龙去脉.

(2) 体会数学思想比学习具体数学公式更重要. 虽然作为数学课程, 必要的推导、证明是少不了的, 但那是为理解概念服务, 并非教材的重点.

(3) 力求所列章节内容适于讨论. 建议就某个内容师生互动, 教学相长, 在彼此交流过程中共同体会数学思想与方法. 与此相应地, 阐述内容中多有夹叙夹议, 加些 "闲话", 其作用是引起讨论的兴致.

(4) 本书命名为《工程数学基础》, 实际上主要涉及计算机应用相关领域. 本书会添加一些比较新颖的结合计算机的内容与例子, 尽量做到图文并茂. 作者限于自己专业及教学经验, 没能涉及更广泛的工程背景.

本课程建议必读如下参考书. 说 "必读", 因为本书的宗旨与思路来源于此. 并不要求限时读完, 但建议反复体会.

首先要推荐《什么是数学》这本名著, 其副标题是 "对思想和方法的基本研究". 领衔作者理查 · 柯朗 (Richard Courant, 1888—1972) 是二十世纪杰出的数学家. 这本书 "是为初学者也是为专家, 既是为学生也是为教师, 既是为哲学家也是为工程师而写的". 它对整个数学中的基本概念与方法, 做了精深而生动的阐述. 有评论说 "这是一本非常完美的著作. ⋯⋯ 被数学家们视作科学的鲜血的一切基本思路与方法, 在《什么是数学》这本书中用最简单的例子使之清晰明了, 已经达到令人惊讶的程度." 有来自其他数学大师、科学杂志甚至有影响的报纸评论也赞美这本书 "极为完美的著作" "太妙了! " "一部艺术著作"⋯⋯. 尽管有如此的评语, 我们还是要清醒: 数学本身是一个历史概念, 数学的内涵随着时代的变化而变化, 给数学下一个一劳永逸的定义 "什么是数学", 这是不可能的. 要在数学不断发展的历史长河中逐渐深化我们的认识.

要推荐的另一名著是《数学: 它的内容, 方法和意义》, 该书共 20 章, 分三卷出版, 由亚历山大 · 丹尼洛维奇 · 亚历山大洛夫 (Aleksandr Danilovich Aleksandrov, 1912—1999) 牵头撰写, 大师荟萃, 以极其通俗的语言, 介绍了现代数学各个分支的内容、历史发展及其在自然科学与工程技术中的应用. 这部著作得到数学界的公认. 如果想比较具体了解某数学分支的梗概, 那么请你翻开这本书.

为了获得一种从文化大背景了解数学的视野, 推荐《古今数学思想》. 这部百万字的著作分为四册, 作者莫里斯 · 克莱因 (Morris Kline, 1908—1992), 被誉为应用数学家、数学史家、数学哲学家与应用物理学家, 是纽约大学柯朗数学研究所资深教授. 该书从 "数学是从哪里出现的" 谈起, 巴比伦、埃及、希腊 ⋯⋯, 直到近代, 从中可以充分了解数学各个分支之间以及数学与其他自然科学 (尤其是力学与物理学) 的关系.《古今数学思想》这本巨著没有包括中国数学的历史, 似乎认为中国的数学对西方主流数学没有影响. 产生这种偏见也许是由于古代中国的封闭. 事实上, 诸如数学发展重要的启动性的标志 "位值制记数法" 及 "解方程" 等方面, 中国对数学的早期发展做出了杰出的贡献. 了解有关古代中国数学之光辉, 可读中国数学史的相关著作.《中国数学史大系》, 全书共计 10 卷, 400 余万字, 吴文俊院士主编, 北京师范大学出版社出版, 是一部全面论述中国传统数学历史发展的巨著.

这里还要介绍名著《具体数学: 计算机科学基础》(第二版) (图灵计算机科

学丛书, 张明尧、张凡译, 人民邮电出版社, 2013); 原作 *Concrete Mathematics: a Foundation for Computer Science*, 作者为 Ronald L. Graham, Donald E. Knuth 和 Oren Patashnik. Ronald L. Graham 曾任美国数学学会主席. Donald E. Knuth 更为大家所熟悉, 这位人称 “现代计算机科学的鼻祖” 的计算机界传奇人物, 在 1974 年, 年仅 36 岁时就获得了图灵奖. 他重视基础教学, 1996 年, 设立了以其名字命名的 Donald E. Knuth 奖, 授予那些为计算机科学基础做出杰出贡献的人. 《具体数学: 计算机科学基础》一书的内容与从事信息处理的专业关系密切.

保罗·哈尔莫斯 (Paul Halmos, 1916—2006) 的《我要作数学家》, 被列为必读参考书, 有两层含义. 其一, 哈尔莫斯做研究有这样的体会: “⋯⋯ 我知道怎样做研究了. ⋯⋯ 对我来说例子无比重要. 我每学一个新概念, 就要寻找一些例子, 当然还有反例. 只要可能, 例子应该包括经典例子与极端例子. ” 并且在他的这本书中解释道: “这种例子, 在前人的文章中, 在会议报告中, 在期刊个人谈话及彼此通信中 ⋯⋯”. 受哈尔莫斯见解的影响, 本书会把某些典型的例题不惜笔墨写入书中. 其二, 哈尔莫斯是数学教育家, 特别在数学论文写作方面有精辟的阐述, 包括怎样运用数学语言, 如何恰当使用数学符号等, 对研究生的写作有宝贵的指导作用.

本书的出版, 首先要感谢我的老师齐东旭教授. 齐老师于 2001 年首次在澳门科技大学资讯科技学院研究生中讲授 “高等工程数学基础” 课程, 本书参考了齐老师的教学提纲并在齐老师的关心和指导下完成. 衷心感谢齐老师的大力支持、帮助以及为本书作序.

感谢澳门科技大学第一任校长周礼皋教授, 以及副校长唐泽圣教授, 他们都来自清华大学, 是电子学专家和计算机图形学专家, 是他们倡议在澳门科技大学开设这门课程.

感谢澳门科技大学资讯科技学院和科研处给予的支持. 本书亦得到了澳门基金会项目、澳门科技大学基金项目及澳门科技发展基金项目 (048/2016/A2) 的资助.

感谢科学出版社赵彦超先生及李静科编辑提供的帮助.

本书参考了相关文献, 在此向有关作者一并表示感谢.

这里, 还要提及作者指导的博士研究生兰霆、叶奔、曹炜、陈娟娟、李爱菊、肖友清、黄秋颖和王耀民及硕士研究生袁茜茜、霍彦妏和王雨桐为本书提供了帮助, 一并表示感谢.

蔡占川

2017 年 9 月 10 日

目　　录

序

前言

引：写给学生 ··· 1

第 1 章　记数 ·· 3

　1.1　概观 ··· 3

　　　1.1.1　熟知的事实 ·· 4

　　　1.1.2　进位制系统的基 ·· 5

　　　1.1.3　进一步的思考 ·· 6

　1.2　具体数学 ··· 7

　　　1.2.1　取复数为基 ·· 8

　　　1.2.2　高斯整数与 0-1 码的转换 ·· 11

　　　1.2.3　斐波那契数系 ·· 12

　1.3　数学实验 ·· 14

　　　1.3.1　实验一　信息在负数基下的表示 ································· 14

　　　1.3.2　实验二　高斯整数在复数基下生成的图形 ·················· 17

　　　1.3.3　实验三　复数基记数法下的文本和图像信息表示 ········· 20

第 2 章　坐标 ··· 26

　2.1　概观 ·· 26

　　　2.1.1　体会笛卡儿 ··· 27

　　　2.1.2　熟知的几个坐标 ·· 29

　　　2.1.3　坐标概念的推广 ·· 29

　2.2　具体数学 ·· 30

　　　2.2.1　齐次坐标 ··· 31

　　　2.2.2　面积坐标 ··· 32

　　　2.2.3　平行轴坐标系 ·· 35

　2.3　数学实验 ·· 36

　　　2.3.1　实验一　齐次坐标与几何变换 ···································· 37

　　　2.3.2　实验二　图像的透视变换 ·· 41

　　　2.3.3　实验三　面积坐标下的区域分割 ································· 45

第 3 章　函数 ·· 48

　3.1　概观 ··· 48

　　3.1.1　函数的表达方式 ·························· 50

　　3.1.2　函数的可视表达 ·························· 51

　　3.1.3　泛函分析 ································· 51

　3.2　具体数学 ·· 52

　　3.2.1　函数的运算 ······························ 52

　　3.2.2　典型的函数 ······························ 54

　　3.2.3　函数泰勒级数展开 ······················ 60

　　3.2.4　函数展开成傅里叶级数 ·················· 69

　　3.2.5　函数图像变换 ···························· 72

　3.3　数学实验 ·· 76

　　3.3.1　实验一　魏尔斯特拉斯函数 ·············· 76

　　3.3.2　实验二　函数泰勒展开之阶数影响 ········ 79

　　3.3.3　实验三　吉布斯现象 ···················· 85

第 4 章　画图 ·· 89

　4.1　概观 ··· 89

　　4.1.1　仿真图与示意图 ·························· 91

　　4.1.2　作图与作图工具紧密相关 ················ 95

　　4.1.3　画图的两种思路 ·························· 96

　4.2　具体数学 ·· 96

　　4.2.1　依表达式画图 ···························· 97

　　4.2.2　按像素画图 ····························· 102

　　4.2.3　埃舍尔画图 ····························· 105

　　4.2.4　不同投影下的地图 ······················ 106

　　4.2.5　画图与识图联系紧密 ···················· 108

　4.3　数学实验 ······································· 111

　　4.3.1　实验一　切比雪夫多项式 ················ 111

　　4.3.2　实验二　利用阿诺尔德变换画图 ·········· 114

　　4.3.3　实验三　画不同投影下的月表地形图 ······ 118

第 5 章　空间 ··· 124

　5.1　概观 ·· 124

　　5.1.1　线性空间 ······························· 125

　　5.1.2　赋范线性空间 ··························· 126

　　5.1.3　内积空间 ······························· 127

5.2 具体数学 ·· 128
　　5.2.1 标准正交基 ·· 128
　　5.2.2 线性无关函数之正交化 ······················· 130
　　5.2.3 正交函数 ·· 133
　　5.2.4 连续正交函数 ····································· 134
　　5.2.5 非连续正交函数 ·································· 140
5.3 数学实验 ··· 162
　　5.3.1 实验一 基于富兰克林函数的数字曲线正交表达 ·················· 162
　　5.3.2 实验二 张量积形式的沃尔什函数与哈尔函数 ················· 167
　　5.3.3 实验三 基于 V- 系统的几何图组正交表达 ··················· 171

第 6 章　平均 ·· 176
6.1 概观 ··· 176
　　6.1.1 毕达哥拉斯平均 ·································· 177
　　6.1.2 加权平均 ·· 179
　　6.1.3 权函数概念 ·· 180
6.2 具体数学 ··· 182
　　6.2.1 函数的平均 ·· 182
　　6.2.2 用 URN 模型构造调配函数 ···················· 183
　　6.2.3 矩方法 ··· 186
　　6.2.4 矩母函数 ·· 192
　　6.2.5 兰乔斯平滑因子 ··································· 193
6.3 数学实验 ··· 195
　　6.3.1 实验一 数字图像的融合 ······················ 195
　　6.3.2 实验二 高斯平均 ······························· 199
　　6.3.3 实验三 兰乔斯平滑因子之应用 ··············· 203

第 7 章　逼近 ·· 208
7.1 概观 ··· 208
　　7.1.1 魏尔斯特拉斯逼近定理 ························· 210
　　7.1.2 拉格朗日插值多项式 ··························· 211
　　7.1.3 迭代逼近法 ·· 212
7.2 具体数学 ··· 212
　　7.2.1 拉格朗日插值基函数 ··························· 213
　　7.2.2 伯恩斯坦多项式 ································· 217
　　7.2.3 样条函数 ·· 218
　　7.2.4 B-样条曲线 ······································ 222

　　　7.2.5　多结点样条基函数 ·······································226

　　　7.2.6　单位算子的逼近 ···229

　　　7.2.7　最小二乘法 ···232

　7.3　数学实验 ···234

　　　7.3.1　实验一　贝齐尔曲线 ·····································234

　　　7.3.2　实验二　迭代法解方程组 ·································240

　　　7.3.3　实验三　曲面逼近 ···244

第 8 章　分形 ··250

　8.1　概观 ···250

　　　8.1.1　什么是分形 ···251

　　　8.1.2　典型的分形 ···252

　　　8.1.3　什么是分形维数 ···255

　8.2　具体数学 ···256

　　　8.2.1　茹利亚集与曼德布洛特集 ·································257

　　　8.2.2　迭代函数系统 ···260

　　　8.2.3　分形插值 ···264

　　　8.2.4　分形维数 ···266

　8.3　数学实验 ···270

　　　8.3.1　实验一　二叉树与 H-分形 ·······························270

　　　8.3.2　实验二　混沌游戏 ···273

　　　8.3.3　实验三　月球地形的分形维数 ·····························276

后记 ···280

彩图

引: 写给学生

问题是数学的心脏.

——(美国) Paul Halmos

开课前, 请同学们做一道题. 这道题, 是一个游戏, 要在计算机上实现, 建议立即动手完成.

1970 年, 英国数学家约翰·何顿·康威 (John Horton Conway, 1937—) 设计的细胞自动机, 模拟细胞生死, 是关于生命繁衍的一个简单数学模型, 也叫作 "生命游戏" (不妨上网查一查). 假设平面上画好了方形网格, 每个小方块视为生命细胞, 若在小方块上涂色, 则认为这个细胞是活的; 不涂色, 则认为是死的. 除了边界之外, 内部任何一个细胞周围共有 8 个细胞. 生命游戏的规则是: ① 若一个细胞周围有 3 个细胞为生, 则该细胞为生. 若该细胞原先为死, 则转为生. 若原先为生, 则保持不变. ② 若一个细胞周围有 2 个细胞为生, 则该细胞的生死状态保持不变. ③ 在其他情况下, 该细胞为死, 即该细胞若原先为生, 则转为死, 若原先为死, 则保持不变.

设定网格中每个格子的初始状态后, 依据上述的游戏规则演绎生命的变化. 初始状态和迭代次数不同, 将会得到千变万化的优美图案. 无论你是否已经知悉这一游戏, 请对多种不同初始状态、不同的迭代次数、不同的网格规模, 显示图形, 并观察细胞生死演变过程.

上课之前做这道题, 就像运动员参赛前的热身. 从数学模型的建立, 到得出结果, 一边做一边思考. 思考些什么问题呢? 请自己总结!

图 1— 图 4 文后附彩图, 仅供参考.

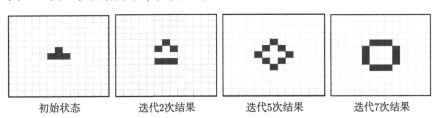

| 初始状态 | 迭代2次结果 | 迭代5次结果 | 迭代7次结果 |

图 1　生命游戏示例 I (文后附彩图)

初始状态　迭代50次结果　迭代100次结果　迭代200次结果

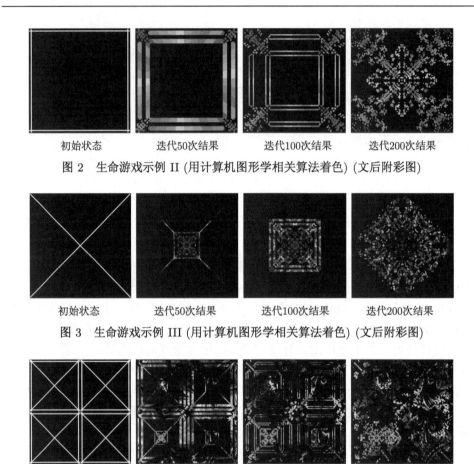

图 2　生命游戏示例 II (用计算机图形学相关算法着色) (文后附彩图)

初始状态　迭代50次结果　迭代100次结果　迭代200次结果

图 3　生命游戏示例 III (用计算机图形学相关算法着色) (文后附彩图)

初始状态　迭代25次结果　迭代50次结果　迭代100次结果

图 4　生命游戏示例 IV (用计算机图形学相关算法着色) (文后附彩图)

第1章 记 数

位值制记数法是中华民族的创造, 是世界上独一无二的独特创造.

——(中国) 吴文俊

1.1 概 观

记数采用进位制, 出现很早. 十进位的位值制记数法, 在数学发展的历史上起到基础性的重要作用. 吴文俊先生在《王者之路》^①一书中指出: 数学机械化之出现于古代中国, 绝非偶然. 这里有一层通常不为人所察觉更不易为人理解的深刻原因——记数的位值制的发明.

世界各古代民族, 往往有着不同的进位制. 譬如古巴比伦用六十进位制, 古希腊与埃及用十进制, 中美洲的玛雅民族则用二十进位制. 然而, 所有这些古代民族的进位制, 都是不完全的. 真正意义重大的进位制是 "位值制" 的进位制. 而位值制记数法是中华民族的创造, 是世界上独一无二的独特创造.

所谓位值制, 说来平淡无奇, 它无非是说, 在用十个符号来表达十进制整数时, 每个符号依据它在表达式中的不同位置, 而有着不同的位值. 譬如, 写一个数 111, 这里面三个同样的 1, 由于它们的位置不同, 而自左至右, 分别代表着 100, 10 和 1 三种不同的位值.

这个平淡无奇的位值制, 看似简单, 却有意想不到的作用. 为了强调这 "意想不到", 特把吴文俊先生引用的一段评论加以重复如下:

从印度人 (吴文俊先生强调, 必须改成 "中国人") 那里, 我们学到了用十个字母来表示所有数的聪明办法. 这个聪明办法, 除了给每个符号一个绝对的值以外, 还赋予了一个位置的值, 这是一种既精致又重要的想法. 这种想法看起来如此简单, 而正因为如此简单, 我们往往并未能足够认识它的功绩. 但是, 正由于这一方法的无比简单, 以及这一方法对所有计算的无比方便, 所以我们的算术系统在所有有用的创造中成为第一流的. 至于创造这种方法是多么困难, 则只要看看下面的事实就不难理解. 这个事实是: 这一发明甚至逃过了阿基米德 (Archimedes of Syracuse, 公元前 287— 前 212) 与阿波罗尼奥斯 (Apollonius of Perga, 公元前 262— 前 190) 这样的天才, 而他们是古代两位最伟大的人物.

---

① 吴文俊. 王者之路——机器证明及其应用. 长沙: 湖南科学技术出版社, 1999.

对位值制记数法, 吴文俊先生又说: "它的重要作用非但为一般人们所不了解, 甚至众多数学专家对它的重要性也熟视无睹. 而法国的数学家皮埃尔 - 西蒙 · 拉普拉斯 (Pierre-Simon marquis de Laplace, 1749—1827) 则独具慧眼, 提出位值制应在一切有用的发明中列于首位. " 中华民族应以这一伟大的发明而自豪.

古代的中华民族, 就在位值制基础上, 产生了机械化的四则运算法则, 建立起数学大厦, 创立了富有特色的东方数学——机械化数学. 中华民族创造的位值制 (以及天元术等), 体现了古代东方数学的结构性特点. 在这样特点的基础上产生并发展的数学机械化理论, 使人类有希望逐渐实现前人的美梦. 回顾人类从迷蒙走向文明的历程, 一个具有标志性的事情就是对数的认识, 而且这个过程至今也不能认为达到完结. 在数的最初应用中, 数是充当识别标识. 在这个水平上只是将一个数与另一个数区分开来, 这些数并不进行算术运算 (就像人们怎么也不打算把伯恩斯坦的电话号码同伊丽莎白 · 泰勒的电话号码加起来——菲利普 ·J· 戴维斯 (Philip J. Davis) 语). 在稍高一点的水平上, 人们应用了正整数及其自然次序的概念, 但仍然无须对数做运算, 感兴趣的是一个数是否比另一个数大或小. 直到问 "多少" 的时候, 这才真正进入对数的全面认识阶段, 因为有了算术运算的需求. 随后, 数学中有了从简单到复杂的数系, 即正整数、负数、零、有理数、实数、复数 ······ 而适应于各阶段的 "如何记数", 仍是一个基础性的问题. 想想看, 对于不能数出比自己手指头数目多的丛林人而言, 十一是个巨大的不可表达的大数, 即便到了公元前三世纪好像还没有系统的办法表示大数. 至于现代社会有了计算机, 在人们称之为进入 "大数据时代" 的背景下, 如何表示数, 包括如何表示 (存储、传输) 大数、如何表示 (存储、传输) 巨量的数, 这个 "如何记数" 的问题, 依然不能认为有了理想的解决办法.

最普通、最常见的事情, 往往因其简单、平淡, 不大会引起格外的关注. 又因其司空见惯, 不免认为这种事情理所当然, 久而久之, 人们不知不觉地认为, 世代先人延续下来的做事方式都是天经地义, 不会也不可以改变. 于是, 说一点不算题外的话: 对简单平淡、习以为常的事情, 多一些思考, 一旦有所心得, 或许不比惊涛骇浪的成功更逊色, 因为来自这种心得的发现或发明, 牵动的幅面会更广. 那么, 作为本书的开头, 就从最普通、最常见的记数法开始. 先归拢一下熟知的事实, 再讨论进一步的具体问题.

1.1.1　熟知的事实

在人们熟知的十进制记数法中, 只要采用 $0, 1, 2, \cdots, 9$ 这十个数字符号, 就可把所有非负整数通过有限形式表示出来. 譬如, 2018 可写为

$$2018 = 2 \times 10^3 + 0 \times 10^2 + 1 \times 10^1 + 8 \times 10^0 \tag{1.1.1}$$

一般地说, 对任意非负整数 N, 可写为

$$N = n_p \times 10^p + n_{p-1} \times 10^{p-1} + \cdots + n_1 \times 10^1 + n_0 \times 10^0 \qquad (1.1.2)$$

其中 $n_p \in S = \{0, 1, 2, \cdots, 9\}$, $p = 0, 1, 2, \cdots$. 通常情况 $n_p \neq 0$. 本章后面, 用 S 表示数字符号集合.

通常, 在十进制之下将非负整数记为

$$N = (N)_{10} = n_p n_{p-1} n_{p-2} \cdots n_1 n_0 \qquad (1.1.3)$$

除了十进制, 大家还熟悉二进制. 类似地, 在二进制的情形有

$$N = (N)_2 = n_r \times 2^r + n_{r-1} \times 2^{r-1} + \cdots + n_1 \times 2^1 + n_0 \times 2^0 \qquad (1.1.4)$$

或记为

$$N = (N)_2 = n_r n_{r-1} \cdots n_1 n_0 \qquad (1.1.5)$$

其中 $n_r \in S = \{0, 1\}$, $r = 0, 1, 2, \cdots$. 当然, 这是全世界通用的简洁写法, 谁也不会把式 (1.1.3) 和式 (1.1.5) 右边的写法看成是连乘运算.

1.1.2 进位制系统的基

式 (1.1.2) 中的 10 和式 (1.1.4) 中的 2, 分别称为十进制和二进制系统的基. 一般地, 用字母 b 表示基, 若将任意非负整数 N 写成用 b 表达的一般形式

$$N = n_p \times b^p + n_{p-1} \times b^{p-1} + \cdots + n_1 \times b^1 + n_0 \times b^0 \qquad (1.1.6)$$

则大于 1 的任意正整数均可作为表示非负整数的基.

实际上, 对任意非负整数 N, 总可找到 $r_0 \in S = \{0, 1, \cdots, b-1\}$ 及非负整数 N_1, 使

$$N = N_1 b + r_0 \qquad (1.1.7)$$

具有这种性质的最小的数字符号集合 $S = \{0, 1, \cdots, b-1\}$ 称为模 b 的完全剩余类. 进一步, 存在非负整数 N_2 和 $r_1 \in S = \{0, 1, \cdots, b-1\}$, 使

$$N_1 = N_2 b + r_1 \qquad (1.1.8)$$

如此进行下去, 经过有限步, 有 r_k 和 $r_{k-1} \in S = \{0, 1, \cdots, b-1\}$, 使

$$N_{k-1} = r_k b + r_{k-1} \qquad (1.1.9)$$

依次回代得到

$$N = r_k b^k + r_{k-1} b^{k-1} + \cdots + r_1 b + r_0 \qquad (1.1.10)$$

或记为

$$N = (r_k r_{k-1} \cdots r_1 r_0)_b \qquad (1.1.11)$$

有时简写为

$$N = r_k r_{k-1} \cdots r_1 r_0 \qquad (1.1.12)$$

这便是 b 进制系统.

以正整数为基的数系, 常有特别的名字, 开列如下:

- $b = 2$: Binary
- $b = 3$: Ternary
- $b = 4$: Quaternary
- $b = 5$: Quinary
- $b = 6$: Senary
- $b = 7$: Septenary
- $b = 8$: Octonary
- $b = 9$: Nonary
- $b = 10$: Decimal or Denary
- $b = 12$: Duodecimal
- $b = 16$: Hexadecimal
- $b = 20$: Vigesimal
- $b = 60$: Sexagesimal

1.1.3   进一步的思考

上面, 用 S 表示数字符号集合, 在十进制记数法中, $S = \{0, 1, 2, \cdots, 7, 8, 9\}$. 在二进制记数法中, 数字符号集合 $S = \{0, 1\}$.

以正整数 b 为基的数系, 一般说来, 数字符号的个数为 b. 如三进制, 即 $b = 3$, 取数字符号集合 $S = \{0, 1, 2\}$, 则十进制之下的 $1, 2, 3, 4, \cdots$ 将依次记为 $1, 2, 10, 11, \cdots$.

其实, 数字符号可以改变. 比如 $b = 3$, 取数字符号集合 $S = \{0, 1, \bar{1}\}$, 其中数字符号 $\bar{1}$ 是个记号 $\bar{1} = -1$, 这时, 十进制之下的 $1, 2, 3, 4, \cdots$ 将依次记为 $1, 1\bar{1}, 10, 11, \cdots$ (表 1.1).

表 1.1   十进制数在不同数字符号集合下的表示

十进制数	1	2	3	4	5	6	7
取 $S = \{0, 1, 2\}$	1	2	10	11	12	20	21
取 $S = \{0, 1, \bar{1}\}$	1	$1\bar{1}$	10	11	$1\bar{1}\bar{1}$	$1\bar{1}0$	$1\bar{1}1$

以正整数 b 为基的数系, 数字符号的个数不一定必须为 b. 如 $b = 3$, 取数字符号集合 $S = \{0, 1\}$, 这时有

$$(1)_{10} = (1)_3, \quad (3)_{10} = (10)_3, \quad (4)_{10} = (11)_3, \quad (9)_{10} = (100)_3, \quad \cdots$$

然而, 十进制的 $2, 5, 6, \cdots$ 却不能被表示. 在给定基 b 和集合 S 时, 哪些数可表示, 哪些数不可表示, 这是值得研究的题目.

取负整数为基

当选取负整数 $b < -1$ 作为基时, 容易验证只要用 $|b|$ 个数字符号, 即

$$S = \{0, 1, \cdots, |b| - 1\}$$

就可把所有整数 (包括负整数) 表示出来. 若选取基 $b = -2$, $S = \{0, 1\}$, 则十进制中的 5, -3 分别表示为

$$5 = (-2)^2 + 1 = (101)_{-2}$$
$$-3 = (-2)^3 + (-2)^2 + 1 = (1101)_{-2}$$

表 1.2 给出了十进制前几个数与它们在 $b = -2$ 之下的对应关系, 这时, 表示负数可不用负号.

表 1.2　十进制数与它们在 $b = -2$ 之下的对应关系

$b = 10$	$b = -2$	$b = 10$	$b = -2$
1	1	-1	11
2	110	-2	10
3	111	-3	1101
4	100	-4	1100
5	101	-5	1111
6	11010	-6	1110
7	11011	-7	1001
8	11000	-8	1000
9	11001	-9	1011
10	11110	-10	1010
11	11111	-11	110101
12	11100	-12	110100
13	11101	-13	110111
14	10010	-14	110110
15	10011	-15	110001

这里取非零整数 b 为基, 数字符号的个数取为 $|b|$, 这是很 "正常" 的 "潜规则". 而当 $b = 3$ 时, 取 $\{0, 1\}$ 为数字符号集合, 则是 "反常的". 也就是说, 潜在的规则是: 进位制与数字符号集合有紧密的固定联系. 不禁要问: 为什么两者必须紧密地绑在一起? 下面具体数学部分, 恰突破了这一传统概念, 看看关于记数法, 会有怎样的新理解.

1.2　具 体 数 学

若把基的概念推广到复数中去, 则数字符号的个数与基之间的联系更为疏远. 下面讨论的是基为虚数的情况. 虚数, 是数系中最伟大的发现之一, 其实引入虚数的

路途也不是一帆风顺的. 戈特弗里德 · 威廉 · 莱布尼茨 (Gottfried Wilhelm Leibniz, 1646—1716) 曾说: "虚数是神灵遁迹的精微而奇异的隐蔽所, 它大概是存在和虚妄两界中的两栖物." 然而虚数并不是偶然引入的一种虚无缥缈的东西. 虚数出现之后, 法国数学家亚伯拉罕 · 棣莫弗 (Abraham de Moivre, 1667—1754) 发现著名的棣莫弗公式, 莱昂哈德 · 欧拉 (Leonhard Euler, 1707—1783) 用 i 表示 -1 的平方根, 将 i 作为虚数的单位, 挪威测量学家卡斯帕尔 · 韦塞尔 (Caspar Wessel, 1745—1818) 试图给虚数以直观的几何解释, 约翰 · 卡尔 · 弗里德里希 · 高斯 (Johann Carl Friedrich Gauss, 1777—1855) 对复素数进行了一系列的研究. 再加上奥古斯丁 · 路易 · 柯西 (Augustin Louis Cauchy, 1789—1857) 及尼尔斯 · 亨利克 · 阿贝尔 (Niels Henrik Abel, 1802—1829) 的努力, 以及复变函数论的创立, 复数理论才比较完整和系统地建立起来, 逐渐为数学家所接受.

1.2.1 取复数为基

回顾式 (1.1.6), 用 b 表示数系的基, 下面将取 b 为复数. 设 x, y 为实整数, 则称 $z = x + yi$ 为高斯整数 ($i = \sqrt{-1}$). 若选定 b 为复数基, 任意高斯整数可写成

$$Z = \sum_{j=0}^{k} r_j b^j \tag{1.2.1}$$

这时称 Z 在 b 下是可表示的.

在 Z 的表示中, 若所有允许的 r_j 组成的集合形成模 b 的完全剩余类, 则可把整数基之下表示数的标准算法推广到复数基的情形.

譬如 $b = -1 + i$, 这时数字符号集合为 $S = \{0, 1\}$, 它可以成功地表示所有的复数 (不只限于高斯整数). 但是当 $b = 1 - i$ 时, 不是所有的复数都能得到表示. 前者应该证明, 后者可举反例, 不作赘述. 还可以证明: 在高斯整数中, 只有当 $b = -n + i$ 和 $b = -n - i$(n 为正整数) 时所有的高斯整数能得到表示. 下面借助图像来直观地解释 0-1 序列到复平面上点的映射.

把复平面分割成边长为 1 的正方形方块, 每个方块

$$\left\{ (x, y) \,|\, k - \frac{1}{2} \leqslant x \leqslant k + \frac{1}{2}, l - \frac{1}{2} \leqslant y \leqslant l + \frac{1}{2} \right\}$$

对应一个高斯整数 $k + li$, 把那些在基 $b = -1 + i$ 之下可以表示出来的高斯整数所对应的方块画成阴影. 按照 0-1 码表达复数的数字位数从少到多的次序进行, 将表示该复数的 0-1 序列长度叫作复数的长度, 记为 L.

高斯整数 N 表示为

$$Z = \sum_{j=0}^{k} r_j b^j = (r_k r_{k-1} ... r_2 r_1 r_0)_b, \quad r_j \in S = \{0, 1\} \tag{1.2.2}$$

首先看最简单的 $L=1$ 情形, 即 0 和 1 的排列仅有一位,

$$r_0 = 0, \quad Z \to 0$$

$$r_0 = 1, \quad Z \to 1$$

把这两个复数画在复平面上, 如图 1.1(1) 所示.

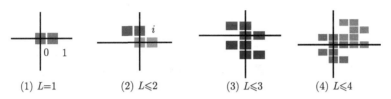

(1) $L=1$ (2) $L \leqslant 2$ (3) $L \leqslant 3$ (4) $L \leqslant 4$

图 1.1　不同长度的复数 (文后附彩图)

继续计算 0 和 1 的排列为两位, 即 $L=2$ 的情形,

$$r_1 r_0 = 10, \quad Z \to 1 \times (-1+i)^1 + 0 = -1+i$$
$$r_1 r_0 = 11, \quad Z \to 1 \times (-1+i)^1 + 1 = i$$

把这新算出来的两个复数补画到复平面上, 如图 1.1(2) 所示.

当 $L=3$, 有

$$r_2 r_1 r_0 = 100, \quad Z \to 1 \times (-1+i)^2 + 0 \times (-1+i)^1 + 0 = -2i$$
$$r_2 r_1 r_0 = 101, \quad Z \to 1 \times (-1+i)^2 + 0 \times (-1+i)^1 + 1 = 1-2i$$
$$r_2 r_1 r_0 = 110, \quad Z \to 1 \times (-1+i)^2 + 1 \times (-1+i)^1 + 0 = -1-i$$
$$r_2 r_1 r_0 = 111, \quad Z \to 1 \times (-1+i)^2 + 1 \times (-1+i)^1 + 1 = -i$$

把这新算出来的四个复数补画到复平面上, 如图 1.1(3) 所示.

继续做, 当 $L=4$ 时, 有

$$r_3 r_2 r_1 r_0 = 1000, \quad Z \to 1 \times (-1+i)^3 = 2+2i$$
$$r_3 r_2 r_1 r_0 = 1001, \quad Z \to 1 \times (-1+i)^3 + 1 = 3+2i$$
$$r_3 r_2 r_1 r_0 = 1010, \quad Z \to 1 \times (-1+i)^3 + 1 \times (-1+i)^1 = 1+3i$$
$$r_3 r_2 r_1 r_0 = 1011, \quad Z \to 1 \times (-1+i)^3 + 1 \times (-1+i)^1 + 1 = 2+3i$$
$$r_3 r_2 r_1 r_0 = 1100, \quad Z \to 1 \times (-1+i)^3 + 1 \times (-1+i)^2 = 2$$
$$r_3 r_2 r_1 r_0 = 1101, \quad Z \to 1 \times (-1+i)^3 + 1 \times (-1+i)^2 + 1 = 3$$
$$r_3 r_2 r_1 r_0 = 1110, \quad Z \to 1 \times (-1+i)^3 + 1 \times (-1+i)^2 + 1 \times (-1+i)^1 = 1+i$$
$$r_3 r_2 r_1 r_0 = 1111, \quad Z \to 1 \times (-1+i)^3 + 1 \times (-1+i)^2 + 1 \times (-1+i)^1 + 1 = 2+i$$

把这新算出来的八个复数补画到复平面上, 如图 1.1(4) 所示.

如此下去, 以 0 与 1 排列表示的高斯整数, 换算成习惯上的表示, 并逐个画在复平面上, 就会发现, 0 与 1 的排列每增加一位, 恰是前面已经画过的点组的复制. 只要注意在表达 N 的 0 与 1 的排列中, 总是保证最高位为 1, 那么

$$
\begin{aligned}
Z &= (r_k r_{k-1} \cdots r_1 r_0)_{i-1} \\
&= (1 r_{k-1} \cdots r_1 r_0)_{i-1} \\
&= (-1+i)^k + (r_{k-1} \cdots r_1 r_0)_{-1+i}
\end{aligned}
\tag{1.2.3}
$$

由 $(-1+i)^4 = -4$ 可知, 当 $L = 5$ 时, 其所对应的 16 个方块可将图 1.1(4) 中的 16 个方块右移 4 个单位得到. 从而不难猜到当 $L \leqslant 5$ 时, 即图 1.1(4) 的延续, 将是图 1.2.

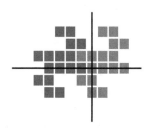

图 1.2 长度 $L \leqslant 5$ 的复数 (文后附彩图)

进一步可得高斯整数在 $b = -1+i$ 之下继续生成的图形序列, 如图 1.3 所示, 其中高斯整数的 0-1 码表示的长度分别是 $L \leqslant 6, 7, 8, 9, 10$ 和 11.

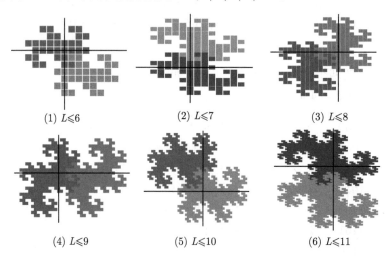

(1) $L \leqslant 6$ (2) $L \leqslant 7$ (3) $L \leqslant 8$

(4) $L \leqslant 9$ (5) $L \leqslant 10$ (6) $L \leqslant 11$

图 1.3 高斯整数在 $b = -1+i$ 之下生成的图形序列 (文后附彩图)

第 $k+1$ 次作图时, 就是把第 k 次作出的 2^k 个方块平行移动得到, 如此下去,

可以证明覆盖了所有的高斯整数. 根据结论: 只有当 $b = -n+i$ 和 $b = -n-i(n$ 为正整数) 时所有的高斯整数能得到表示. 那么当取 $b = 1-i$ 时, 只可表示部分高斯整数, 自然要问: 采用 $b = 1-i$ 作为基, 究竟哪些高斯整数可表示, 哪些不可表示? 进而再问, 可表示与不可表示的复数在平面上如何分布? 可借助图像来研究这个问题. 具体实例可参见本章实验二.

1.2.2 高斯整数与 0-1 码的转换

数字信息 0-1 码转换为高斯整数

若已知一个数字信息的 0-1 序列 $e_n e_{n-1} \cdots e_2 e_1 e_0$, 在复数基 $b = \xi + i\eta$ 下计算它代表哪一个高斯整数. 若令 $(\xi + i\eta)^k = r_k + is_k$, 则在这样的记法之下, 当 $k = 0$ 时, 显然有 $r_0 = 1, s_0 = 0$. 为了构造递推算法, 令

$$(\xi + i\eta)^k = (\xi + i\eta)(r_{k-1} + is_{k-1}) = \xi r_{k-1} - \eta s_{k-1} + i(\eta r_{k-1} + \xi s_{k-1}) \quad (1.2.4)$$

由此得到

$$r_k = \xi r_{k-1} - \eta s_{k-1}$$
$$s_k = \eta r_{k-1} + \xi s_{k-1} \quad (1.2.5)$$

根据

$$P_0 + iQ_0 = e_n \times b^n + e_{n-1} \times b^{n-1} + \cdots + e_0 \times b^0$$
$$= e_n(r_n + is_n) + e_{n-1}(r_{n-1} + is_{n-1}) + \cdots + e_0 \quad (1.2.6)$$

可得到

$$P_0 = \sum_{j=0}^{n} e_j r_j,$$
$$Q_0 = \sum_{j=1}^{n} e_j s_j \quad (1.2.7)$$

于是 $P_0 + iQ_0$ 就是在复数基 $b = \xi + i\eta$ 之下该 0-1 序列对应的高斯整数, 换言之, 对任意给定的 0-1 序列, 在复平面上找到它对应的一个点. 综上所述, 任何一个表达为 0-1 序列的数字信息均可通过式 (1.2.7) 转化为复平面上的一个点.

高斯整数转换为数字信息 0-1 码

讨论在给定复数基 $b = \xi + i\eta, \xi = 1$ 或 $-1, \eta = 1$ 或 -1 的情形下, 数字信息与高斯整数之间的相互转换.

设高斯整数为 $P_0 + iQ_0$, 其对应的 0-1 序列记为 $e_n e_{n-1} \cdots e_2 e_1 e_0$, 为了确定 $e_j, j = 0, 1, \cdots, n$, 使得

$$P_0 + iQ_0 = e_n \times b^n + e_{n-1} \times b^{n-1} + \cdots + e_1 \times b^1 + e_0 \times b^0 \tag{1.2.8}$$

构造递推式的算法: 首先把式 (1.2.8) 写成

$$P_0 + iQ_0 = (\xi + i\eta)(P_1 + iQ_1) + e_0 = \xi P_1 - \eta Q_1 + (\eta P_1 + \xi Q_1)i + e_0 \tag{1.2.9}$$

由此可得

$$\begin{aligned} P_0 &= \xi P_1 - \eta Q_1 + e_0 \\ Q_0 &= \eta P_1 + \xi Q_1 \end{aligned} \tag{1.2.10}$$

从而

$$P_{k+1} = \frac{\xi P_k + \eta Q_k - \xi e_k}{2}, \quad Q_{k+1} = \frac{-\eta P_k + \xi Q_k + \eta e_k}{2}, \quad k = 0, 1, 2, \cdots \tag{1.2.11}$$

为了保证 P_k 和 Q_k 都为整数, 只需取 $e_k = |(P_k - Q_k) \mod 2|$, 也就是, 若 P_k, Q_k 奇偶性相同, 则取 $e_k = 0$; 若 P_k, Q_k 奇偶性相异, 则取 $e_k = 1$. P_k 和 Q_k 同时为零时, 迭代停止. 由计算的结果, 依次排列得到 $e_n e_{n-1} \cdots e_2 e_1 e_0$, 这样一来, 当给定一个高斯整数 $P_0 + iQ_0$ 时, 就可得到它的相应 b 基下的 0-1 码序列.

若以 $b = -1 + i$ 为复数基, 则递推公式为

$$P_{k+1} = \frac{-P_k + Q_k + e_k}{2}, \quad Q_{k+1} = \frac{-Q_k - P_k + e_k}{2}, \quad k = 0, 1, 2, \cdots \tag{1.2.12}$$

其中 $e_k = |(P_k - Q_k) \mod 2|$.

1.2.3 斐波那契数系

莱昂纳多 · 斐波那契 (Leonardo Fibonacci, 1175—1250) 在 1202 年引入下面数列:

$$F_0 = 0, \quad F_1 = 1, \quad \cdots, \quad F_n = F_{n-1} + F_{n-2}, \quad n = 2, 3, 4, \cdots$$

事实上, "斐波那契" 为姓, 真实名字为莱昂纳多, 他来自比萨. 这个数列出自他的书 *Liber Abaci*. 到了十九世纪后半期, 弗朗索瓦 · 爱德华 · 阿纳托尔 · 卢卡斯 (François Édouard Anatole Lucas, 1842—1891) 深入研究这类数列, 并由他普及了名称 "斐波那契数列". 斐波那契数列的通项公式为

$$F_k = \frac{1}{\sqrt{5}} \left[\left(\frac{1 + \sqrt{5}}{2} \right)^k - \left(\frac{1 - \sqrt{5}}{2} \right)^k \right] \tag{1.2.13}$$

从应用的角度看, 斐波那契数列在自然界中经常神奇地出现. 一朵花的花瓣数量 (譬如百合花、蝴蝶花的花瓣等)、向日葵的螺旋、菠萝表面的凸起往往对应着某个斐波那契数列. 人们对斐波那契数列的研究饶有兴趣, 一直持续到现在, 甚至有以 "斐波那契" 命名的数学期刊.

这里, 将定义改写为

$$\begin{bmatrix} F_{k+2} \\ F_{k+1} \end{bmatrix} = \begin{bmatrix} 1 & 1 \\ 1 & 0 \end{bmatrix} \begin{bmatrix} F_{k+1} \\ F_k \end{bmatrix}, \quad F_0 = 0, F_1 = 1, \quad k = 0, 1, 2, 3, \cdots \tag{1.2.14}$$

写成矩阵形式

$$\alpha_{k+1} = A\alpha_k, \quad k = 0, 1, 2, 3, \cdots \tag{1.2.15}$$

其中

$$A = \begin{bmatrix} 1 & 1 \\ 1 & 0 \end{bmatrix}, \quad \alpha_k = \begin{bmatrix} F_{k+1} \\ F_k \end{bmatrix}, \quad \alpha_0 = \begin{bmatrix} F_1 \\ F_0 \end{bmatrix} = \begin{bmatrix} 1 \\ 0 \end{bmatrix}$$

由式 (1.2.15) 递推得 $\alpha_k = A^k \alpha_0$, $k = 1, 2, 3 \cdots$.

利用矩阵对角化方法, 先求出 A 的特征值

$$\lambda_1 = \frac{1 + \sqrt{5}}{2}, \quad \lambda_2 = \frac{1 - \sqrt{5}}{2}$$

进而得到

$$\begin{bmatrix} F_{k+1} \\ F_k \end{bmatrix} = \alpha_k = A^k \begin{bmatrix} 1 \\ 0 \end{bmatrix} = \frac{1}{\lambda_1 - \lambda_2} \begin{bmatrix} \lambda_1^{k+1} - \lambda_2^{k+1} \\ \lambda_1^k - \lambda_2^k \end{bmatrix} \tag{1.2.16}$$

最后得到斐波那契数列的通项公式 (1.2.13). 这个通项公式很有趣, 表面上看, 右端是一堆无理数的运算, 而实际上表达的是正整数.

斐波那契数列的最重要的性质之一: 以一种非常特殊的方式表示数. 按前面的记号, 在式 (1.1.6) 中, 取 $b = \phi$, 有人称之为黄金进制 (Golden Ratio Base), 这是使用黄金比 ϕ 为基的进位制, 其中 $\phi = (1 + \sqrt{5})/2 \approx 1.61803399\cdots$ 是一个无理数. 黄金进制的基, 也叫作 base-ϕ, golden mean base, phi-base, phinary, 称为斐波那契数系. 在斐波那契数系之下, 任何非负整数都约定使用 0 和 1 表示, 并且不连续使用两个 1, 这叫作黄金进制的标准形.

虽然斐波那契数系使用无理数为基, 任何非负整数都可表示成有限小数. 所有有理数则都可表示成循环小数. 所有数的有限表示都是唯一的, 但和十进制一样, 整数和有限小数都可写成无限小数的形式, 如十进制中的 $1 = 0.99999\cdots$.

引入记号 $j \gg k$, 它表示 j 比 k 大很多. 由此可得一个重要的事实: 对 $j \geqslant k+2$ 的情形, 任何一个正整数都有唯一的表示

$$n = F_{k_1} + F_{k_2} + \cdots + F_{k_r}, \quad k_1 \gg k_2 \gg \cdots \gg k_r \gg 0 \tag{1.2.17}$$

这是 Zeckendorf 定理.

譬如一百万这个数表示为

$$1000000 = 832040 + 121393 + 46368 + 144 + 55 = F_{36} + F_{26} + F_{24} + F_{12} + F_{10}$$

Zeckendorf 定理导致一种新的数系, 使能把任何非负整数 n 表示为 0 和 1 的序列, 记为

$$n = (p_m p_{m-1} \cdots p_2)_F \Leftrightarrow n = p_m F_m + p_{m-1} F_{m-1} + \cdots + p_2 F_2, \quad p_j \in \{0, 1\} \quad (1.2.18)$$

斐波那契数系的特别之处在于, 它的进位规则等价于以 F_{m+2} 代替 $F_{m+1} + F_m$. 再强调一下斐波那契数系的特殊之处: 不允许有两个相邻的 1 出现在序列中.

下面给出十进制下的 1 到 20 相应的斐波那契数系的形式

$1 = (000001)_F$	$6 = (001001)_F$	$11 = (010100)_F$	$16 = (100100)_F$
$2 = (000010)_F$	$7 = (001010)_F$	$12 = (010101)_F$	$17 = (100101)_F$
$3 = (000100)_F$	$8 = (010000)_F$	$13 = (100000)_F$	$18 = (101000)_F$
$4 = (000101)_F$	$9 = (010001)_F$	$14 = (100001)_F$	$19 = (101001)_F$
$5 = (001000)_F$	$10 = (010010)_F$	$15 = (100010)_F$	$20 = (101010)_F$

数系的故事说不完, 本书到此止住.

1.3　数　学　实　验

本书各章均包含了三个数学实验; 每一个数学实验包括内容、探究与引申三个部分. 在数学实验中, 计算机的引入和相关软件包的应用, 为数学的思想与方法注入了更多、更广泛的内容; 提升了人们认知和解决数学问题的能力. 通过数学实验, 可以深入体会数学的内在本质.

本节数学实验分别给出信息在负数基以及复数基记数法下的表示, 这里所说的信息包括文本信息和数字图像信息等, 这些信息在计算机里都以 0-1 码存储, 本节实验的任务是用负数基及复数基表示这些信息. 特别地, 当用复数基表示信息时, 本节数学实验给出如何将这些信息记录在复平面上, 从而将信息之间的关系转换为复平面上点的几何关系, 并以此实现了信息隐藏.

1.3.1　实验一　信息在负数基下的表示

内容

(1) 已知: 十进制数 "–15", 试给出其在负数基 $b = -2$ 下的表示; (2) 已知: 十进制数 "8", 试给出其在负数基 $b = -8$ 下的表示; (3) 已知: 文字信息 "澳门特区", 试给出其在负数基 $b = -10$ 下的表示.

探究

事实上, 将一个十进制数转换为一个以负数为基的数有如下法则 (不妨设所选定的负数基记为 b): 十进制整数转换为负进制整数采用 "除 b 取余, 逆序排" 法. 具体做法是: 用 b 整除十进制整数, 可得一个商和一个余数; 再用 b 去除商, 又得到一个商和一个余数, 如此进行, 直到商为 0 时为止, 然后把先得到的余数作为二进制数的低位有效位, 后得到的余数作为二进制数的高位有效位, 依次排列起来. 注意: 每次取的余数保证在 0—$|b| - 1$ (譬如 $b = -16$, 则余数应该在 0—15), 就可直接输出. 否则就需要做调整操作, 方法为: 若余数小于 0, 则 "余数 $-b$" 得到的结果作为调整后的余数; "商 $+1$" 作为调整后的商.

(1) 将十进制数 "-15" 转换为以 "$b = -2$" 为基的数, 其过程如下:

$$
\begin{array}{r|l}
-15 & -2 \\
\hline
8 & \cdots\cdots \quad 余数 = 1 \quad 因为 -15 - 8 \times (-2) = 1 \\
-4 & \cdots\cdots \quad 余数 = 0 \quad 因为 8 - (-4) \times (-2) = 0 \\
2 & \cdots\cdots \quad 余数 = 0 \\
-1 & \cdots\cdots \quad 余数 = 0 \quad \vdots \\
1 & \cdots\cdots \quad 余数 = 1 \\
0 & \cdots\cdots \quad 余数 = 1 \quad 完
\end{array}
$$

所以, "-15"(十进制数) 等价于 "110001"(负二进制数).

(2) 将十进制数 "8" 转换为以 "$b = -8$" 为基的数, 其过程如下:

$$
\begin{array}{r|l}
8 & -8 \\
\hline
-1 & \cdots\cdots \quad 余数 = 0 \quad 因为 8 - (-1) \times (-8) = 0 \\
1 & \cdots\cdots \quad 余数 = 7 \quad \vdots \\
0 & \cdots\cdots \quad 余数 = 1 \quad 完
\end{array}
$$

所以, "8"(十进制数) 等价于 "170"(负八进制数).

以上介绍了将十进制数转换为负进制数的具体执行过程, 但对于将含有大数据量的信息表示在负数基下, 需通过计算机编程来实现, 譬如下例.

(3) 中文信息 "澳门特区" 在负数基 $b = -10$ 下的表示为

"澳" 机内码的 16 进制为: B0C4, 转为二进制编码为: 1011000011000100;

"门" 机内码的 16 进制为: C3C5, 转为二进制编码为: 1100001111000101;

"特" 机内码的 16 进制为: CCD8, 转为二进制编码为: 1100110011011000;

"区" 机内码的 16 进制为: C7F8, 转为二进制编码为: 1100011111111000.

故 "澳门特区" 的二进制编码为:

1011000011000100110000111100010111001100110110001100011111111000,

则相应的十进制表示为: 1273752090042337976. 从而得到当选取 "$b = -10$" 为基时, "澳门特区" 的负十进制表示为: 19334368110584742036.

引申

以上给出了数字和中文信息在负数基下的表示. 那么, 对于数字图像信息, 也可将其表示在负数基记数法下. 数字图像在计算机中是以二维矩阵的形式存储, 所以将其表示在负数基下的时候, 需要把图像从二维信号变换到一维空间的 0-1 序列. 在此, 考虑如图 1.4(1) 所示的二值图像, 并选取如图 1.4(2) 所示的 0-1 序列变换方式, 把二值图像变换为 0-1 序列. 从而, 得到该图像的 0-1 序列:

0001100000111100011001101100001111000011111111111100001111000011;

转换为十进制表示为: 1746383746505884611; 进而得到图 1.4 所示的二值图像负数基 "$b = -10$" 下的表示为: 2354424354506296791.

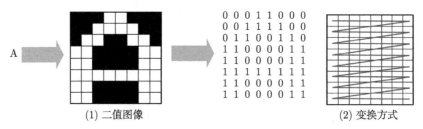

图 1.4　二值图像及数字图像变为 0-1 序列的变换方式

对于给定的英文信息, 首先将信息的每个字母或字符用 ASCII 码表示; 然后就可得到其相应的二进制编码, 进而可用同样方法得到英文信息在负数基下的表示. 譬如 "Macau SAR" 的 ASCII 码为: 77 97 99 97 111 32 83 65 82; 从而得到相应的二进制编码为:

010011010110000101100011011000010110111100100000010100110100000101010010;

转换为十进制表示为: 1427416853449920430418; 进而得到 "Macau SAR" 在负数基 "$b = -10$" 下的表示为: 19588624954650081630598.

进一步地, 当得到不同信息在负数基下的表示后, 可定义它们之间的操作, 譬如: 四则运算. 由图 1.4 得到的结果: 2354424354506296791 与 "Macau SAR" 在负数基 "$b = -10$" 下的表示为: 19588624954650081630598; 并选取减运算, 从而有

19588624954650081630598 − 2354424354506296791 = 19586270530295575333807.

若把信息 "Macau SAR" 定义为秘密信息, 并选取减运算为密钥操作, 即 19586270530295575333807 为密钥, 从而可实现对信息 "Macau SAR" 的隐藏, 隐藏过程如图 1.5

所示. 事实上, 若给出密钥信息 "19586270530295575333807" 和密钥操作 "减运算", 并根据本章实验一之探究得到公开信息 (图 1.4 中所示的二值图像) 在负数基 "$b =-10$" 下的表示, 即 2354424354506296791, 则秘密信息 "Macau SAR" 在负数基 "$b =-10$" 下的表示就可得到, 即 19586270530295575333807 + 2354424354506296791= 19588624954650081630598. 因此, 取负数为基在信息隐藏领域值得进一步研究与探讨.

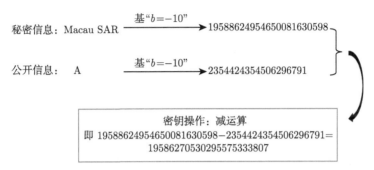

图 1.5 信息隐藏

1.3.2 实验二 高斯整数在复数基下生成的图形

内容

已知: $b = 1 - i$ 为所给定的复数基. 在本书 1.2.1 节中有: 若把复平面分割成边长为 1 的正方形方块, 每个方块对应一个高斯整数 $k + li$, 把那些在基 b 之下可以表示出来的高斯整数所对应的方块画成阴影, 并按照 0-1 码表达复数的数字位数从少到多的次序进行, 则表示该复数的 0-1 序列长度叫作复数的长度 (L). 试分别给出长度 $L = 1, L \leqslant 2, \cdots, L \leqslant 6$ 时, 高斯整数在 $b = 1 - i$ 之下生成的图形.

探究

根据本书 1.2.1 节可知: 把复平面分割成边长为 1 的正方形方块, 每个方块

$$\left\{(x, y) \left| k - \frac{1}{2} \leqslant x \leqslant k + \frac{1}{2}, l - \frac{1}{2} \leqslant y \leqslant l + \frac{1}{2} \right.\right\}$$

对应一个高斯整数 $k + li$, 若把那些在基 $b = 1 - i$ 之下可以表示出来的高斯整数所对应的方块画成阴影, 并按照 0-1 码表达复数的数字位数从少到多的次序进行, 可得:

当 $L = 1$ 时, 除 0 之外, 还有一个数

$$(1)_{1-i} = 1$$

当 $L = 2$ 时, 有两个数

$$(10)_{1-i} = 1 - i, \quad (11)_{1-i} = 2 - i$$

当 $L = 3$ 时, 有四个数

$$(100)_{1-i} = -2i, \quad (101)_{1-i} = 1 - 2i, \quad (110)_{1-i} = 1 - 3i, \quad (111)_{1-i} = 2 - 3i$$

当 $L = 4$ 时, 有八个数; 当 $L = 5$ 时, 有十六个数. 图 1.6 中给出了长度 $L = 1$, $L \leqslant 2, L \leqslant 3, \cdots, L \leqslant 6$ 在 $b = 1 - i$ 之下生成的图形.

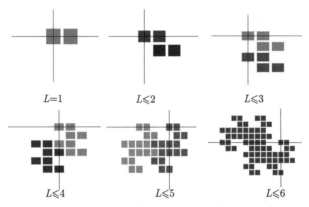

图 1.6   不同长度的复数

一般地, 当 L 的长度为 $k + 1$ 时, 有 2^k 个对应的高斯整数. 这 2^k 个数可写为

$$(1r_{k-1}r_{k-2} \cdots r_1 r_0)_{1-i} = (1 - i)^k + (r_{k-1}r_{k-2} \cdots r_1 r_0)_{1-i} \tag{1.3.1}$$

这些数对应的 2^k 个方块, 可通过对长度 $L \leqslant k$ 的那些已经画出阴影的区域沿向量 $(1 - i)^k$ 做平行移动得到. 如此下去, 得到一个无限的锯齿拼图, 如图 1.7 所示.

图 1.7   在复数基 $b = 1 - i$ 之下可表示的高斯整数 (局部)

虽然画出的每一部分不断地扩张, 并保持螺旋式的向外延展, 但绝不会覆盖整个平面. 还有一个十分重要的现象: 任意取定一个关于原点对称的区域, 图 1.7 中无

阴影区域与有阴影区域具有完全相同的形状, 也就是说, 阴影区域绕原点旋转 $180°$ 即为无阴影区域.

用类似的方法, 由基 $b = 1 - i$ 的共轭 $1 + i$, 也可产生螺旋式的锯齿拼图, 它与图 1.7 关于实轴对称. 但是, 当取 $b = -1 + i$ 时, 用上面的绘图方式, 不同位数的数所对应的方块正好搭接在一起, 充满整个平面.

引申

进一步地, 可把上述的绘图方式扩充应用到不仅仅是高斯整数的情形. 正如十进制或二进制中表示一般实数那样, 这里需注意字长为无限的表示情形. 称一个一般的复数 Z 在复数基 b 之下是可表示的, 如果它可以写成: $Z = \sum_{j=-\infty}^{k} r_j b^j$, 其中 $Z = (r_k r_{k-1} \cdots r_1 r_0 . r_{-1} r_{-2} \cdots)_b$, r_0 和 r_{-1} 之间的原点称为基数点. 基数点左边的数字确定了一个高斯整数 $(r_k r_{k-1} \cdots r_1 r_0)_b$, 称为展开的整数部分. 例如, 取 $b = -1 + i$, 则

$$\frac{1}{2} = 1 + (-1+i)^{-1} + (-1+i)^{-2} = (1.11)_{-1+i} \tag{1.3.2}$$

它的整数部分是 $(1)_{-1+i}$, 这与通常在十进制或二进制中谈整数部分是不同的. 如果取 $b = 1 - i$, 则

$$\frac{3}{2} = 1 - i + (1-i)^{-1} + (1-i)^{-2} = (10.11)_{1-i} \tag{1.3.3}$$

它的整数部分是 $(10)_{1-i}$.

现在考虑非恰当基 $b = 1 - i$ 之下非高斯整数的图形表示. 为此, 把边长为 1 的方块分成 4 个相等的小方块, 亦即把复平面划分成边长为 $\frac{1}{2}$ 的方块, 它们对应所有 "半整数" x 和 y 构成的复数 $Z = x + iy$. 类似前面所述画阴影的过程, 注意 $(1-i)^{-1} = \frac{1}{2} + \frac{1}{2}i$, $(1-i)^{-2} = \frac{1}{2}i$. 于是可以把所有形如 $(r_t r_{t-1} \cdots r_1 r_0 . r_{-1} r_{-2})_{1-i}$, $(t = 0, 1, 2, \cdots)$ 的复数相应的小方块画上阴影, 得到与图 1.7 相似的螺旋式锯齿图, 区别只在于尺寸缩小了一半, 并沿逆时针方向旋转了 $90°$. 图 1.8 给出了这个加细的绘图过程, 其中左图中的方块边长为 1, 它是图 1.7 在原点附近的局部放大图; 右图中的方块边长为 $\frac{1}{2}$.

进一步地, 考虑边长为 $\frac{1}{4}$ 的方块, 则可以把所有形如 $(r_t r_{t-1} \cdots r_1 r_0 . r_{-1} r_{-2} r_{-3} \cdot r_{-4})_{1-i}$, $(t = 0, 1, 2, \cdots)$ 的复数相应的小方块画上阴影. 一般地, 在第 k 步, 复平面被分成边长为 2^{-k} 的方块, 重复上面的绘图过程, 则可以把形如 $(r_t r_{t-1} \cdots r_1 r_0 . r_{-1} r_{-2} \cdots r_{-2^k})_{1-i}$, $(t = 0, 1, 2, \cdots)$ 的复数相应的小方块画上阴影. 这个过程可以无限进行下去, 通过窗口放大, 任何层次的任何细节部分都可以展现出来 (图 1.9), 俗称这个图形为螺形雪片.

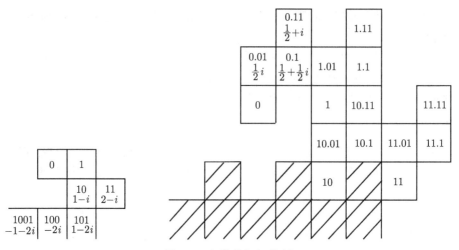

图 1.8 复数的加细绘制

图 1.9 在复数基 $b = 1 - i$ 之下的螺形雪片区域

螺形雪片有如下性质: 若对它绕原点沿逆时针方向旋转 90°, 并将尺寸缩小一半, 则它的图形保持不变. 若旋转 180°, 则图 1.9 中阴影区域与白色区域重合. 这就是说, 在关于原点对称的任意大区域中, 在基 $b = 1 - i$ 之下可以表示的复数与不可表示的复数恰好各占 "一半". 容易看出, 螺形雪片边缘具有无限精细的结构. 在边缘附近, 逐次作窗口放大, 这种精细结构呈现自相似现象, 这就是分形, 本书将在第 8 章详细介绍.

1.3.3 实验三 复数基记数法下的文本和图像信息表示

内容

已知: (1) 中文信息: "工程数学"; (2) 英文信息: "MUST"; (3) 日文信息: "すうがく"; (4) 选定三幅不同二值图像, 如图 1.10 中所示. 试给出它们在复数基 ($b = -1 + i$) 记数法下的表示 $P + iQ$, 并记录在复平面上.

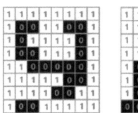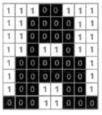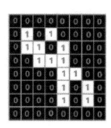

图 1.10　二值图像

探究

事实上, (1) 对于中文信息: "工程数学", 有

"工" 机内码的 16 进制为: B9A4, 转为二进制编码为: 1011100110100100;

"程" 机内码的 16 进制为: B3CC, 转为二进制编码为: 1011001111001100;

"数" 机内码的 16 进制为: CAFD, 转为二进制编码为: 1100101011111101;

"学" 机内码的 16 进制为: D1A7, 转为二进制编码为: 1101000110100111.

故 "工程数学" 的二进制编码为: 10111001101001001011001111001100110010101 1111101110100011010011. 由 1.2.2 节中公式, 可求得其在复平面上的表示, 即 P, Q 的值, 其中 $P = -1418098100$, $Q = -2930758669$. 将其记录在复平面上, 如图 1.11 所示.

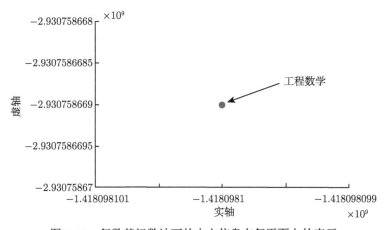

图 1.11　复数基记数法下的中文信息在复平面上的表示

(2) 对于英文信息: "MUST", 有

"M" 的 ASCII 码值为: 77, 转为二进制为: 01001101;

"U" 的 ASCII 码值为: 85, 转为二进制为: 01010101;

"S" 的 ASCII 码值为: 83, 转为二进制为: 01010011;

"T" 的 ASCII 码值为: 84, 转为二进制为: 01010100.

故 "MUST" 的二进制编码为: 01001101010101010101001101010100. 由 1.2.2 节中公式, 可求得其在复平面上的表示, 即 P, Q 的值, 其中 $P = 11452, Q = 34454$. 将其记录在复平面上, 如图 1.12 所示.

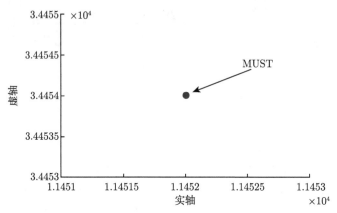

图 1.12   复数基记数法下的英文信息在复平面上的表示

(3) 对于日文信息: "すうがく", 有

"す" 内码的 16 进制为: 3059, 转为二进制为: 11000001011001;

"う" 内码的 16 进制为: 3046, 转为二进制为: 11000001000110;

"が" 内码的 16 进制为: 304C, 转为二进制为: 11000001001100;

"く" 内码的 16 进制为: 304F, 转为二进制为: 11000001001111.

故 "すうがく" 的二进制编码为: 11000001011001110000010001101100000100110011000001001111. 由 1.2.2 节中公式, 可求得到其在复平面上的表示, 即 P, Q 的值, 其中 $P = -113222654, Q = 3031241$. 将其记录在复平面上, 如图 1.13 所示.

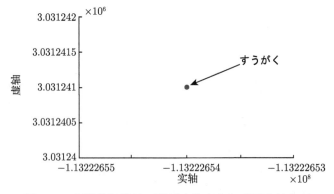

图 1.13   复数基记数法下的日文信息在复平面上的表示

(4) 对于数字图像信息, 熟知, 数字图像在计算机中是以二维矩阵的形式表示,

所以将其表示在复数基下的时候, 需要把数字图像从二维信号变换到一维空间的 0-1 序列, 这可以有很多方式的变换. 以下选取如图 1.4(2) 所示的变换方式将二值图像从二维信号变换为 0-1 序列, 从而得到图 1.10 中所给出的三幅二值图像在复数基记数法下的表示 (图 1.14). 进一步地, 可将这三幅二值图像表示在复平面上, 如图 1.15 所示. 信息可以在复数基记数法下进行表示, 这种表示事实上是一种转换, 在某些实际问题中会得到它的应用[1].

数字图像 (8×8像素)	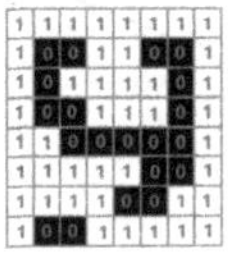	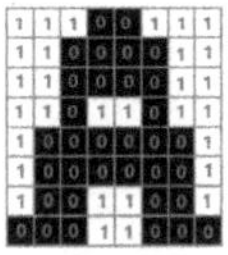	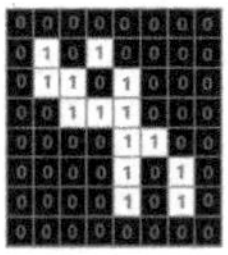
数字图像的 0-1序列	11111111 10011001 10111101 10011101 11000001 11111001 11110011 10011111	11100111 11000011 11000011 11011011 10000001 10000001 10011001 00011000	00000000 01010000 01101000 00111000 00001100 00001010 00001010 00000000
数字图像的 复平面表示	$P=-1767470474$ $Q=-919077431$	$P=-1217034130$ $Q=-1324189790$	$P=-60677872$ $Q=140378928$

图 1.14　二值图像在复数基记数法下的表示

注: P 代表复数的实部; Q 代表复数的虚部

引申

在讨论了数字图像的复数基表示后, 进一步地, 针对数字图像, 以下讨论基于复数基的图像伪装算法, 这里取复数基 $b=-1+i$.

首先, 将灰度数字图像 A 从二维信号变换到 0-1 序列 (若为彩色图像, 可将 R,G,B 三个分量分别处理). 从而根据式 (1.2.7) 可计算出该 0-1 序列对应的高斯整数 Z_1, 即将图像 A 映射到复平面上的点 $Z_1=(P_1,Q_1)$. 同理, 对于另外一幅数字图像 B, 计算出它在复平面上的另一个点 $Z_2=(P_2,Q_2)$. 当对不同的数字图像, 在复平面上分别找到它们各自对应点之后, 原来的图像之间的关系就转换为复平面上点与点之间的关系.

如图 1.16 所示, 假设该图像为 A, 它是一副大小为 128×128 的灰度图像, 将它分割成 4 幅大小为 64×64 的小图, 它们对应复平面上 4 个点 $Z_{A1} \sim Z_{A4}$; 图像 $B1 \sim B4$ 是与图像 A 不相关的 4 幅 64×64 灰度图像, 如图 1.17 所示, 它们对应复

---

[1] Cai Z C, Lan T. Method for coding data: US patent, Grant No.9755661, September, 2017.

平面上 4 个点 $Z_{B1} \sim Z_{B4}$. 若给定伪装方法 $k_i = Z_{Ai} - Z_{Bi}$, 利用图像 Bi 则可恢复图像 Ai, 进而得到图像 A, 即利用 4 幅小图像 $B1 \sim B4$ 可以实现对图像 A 的伪装.

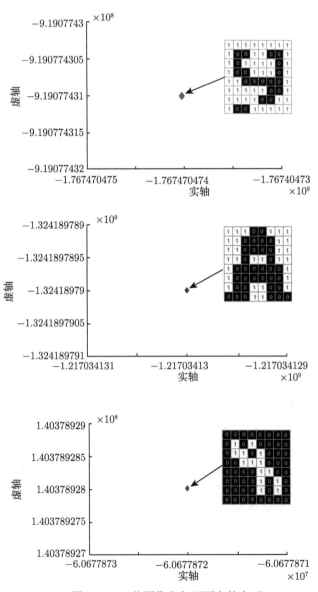

图 1.15   二值图像在复平面上的表示

图 1.16　秘密图像 A(被伪装图像)

(1) 图像$B1$　　　(2) 图像$B2$　　　(3) 图像$B3$　　　(4) 图像$B4$

图 1.17　公开图像 (伪装图像)

第 2 章　坐　　标

尽管数学有很多分支, 像 Riemann 几何, 能够以一种 "无坐标" 的形式来表达, 但是它们的结果大多都是利用坐标来得到的.

—— 摘自《数学百科全书 (第一卷)》(第 858 页)[①]

2.1　概　　观

世界上本无坐标, 坐标的概念是人类悟性的产物. 坐标如同第 1 章讨论的记数法一样, 在今天似乎是司空见惯的事情, 但实则极其重要, 其属于数学基础无疑. 只要说 "坐标", 就要说勒内·笛卡儿 (René Descartes, 1596—1650). 说到笛卡儿, 可从《笛卡儿之梦》*Descartes' Dream* 这本书对笛卡儿做初步了解. 该书的副标题是 "从数学看世界"(The World According to Mathematics). 作者菲利普·J·戴维斯 (Philip J. Davis, 1923—) 和鲁宾·赫什 (Reuben Hersh, 1927—) 都是数学家. 书中有这样的故事: "1619 年 11 月 10 日, 这是个寒冷的夜晚. 在法国乌尔姆一座小村庄的小房子里, 23 岁的法国青年笛卡儿, 钻进壁炉中. 当他暖和过来的时候, 产生了一种幻想." 他幻想的不是上帝, 不是圣母, 不是天神的战车, 也不是新耶路撒冷, 而是一个把所有科学统一起来的梦.

伟大的数学家笛卡儿曾有过一个伟大的设想, 即建立一种最为普遍的方法, 通过它可解决世界上的一切问题. 笛卡儿设想的粗略框架可这样表述:

首先, 将任何问题转化为一个数学问题; 其次, 将任何数学问题转化为一个代数问题; 最后, 将任何代数问题转化为解一个方程的问题.

笛卡儿的幻想是将世界数学化, 取消欧几里得古典几何中没完没了的智巧, 代之以自动化的方法. 它引导人们感到解析几何如同一台庞大的绞肉机: 你把问题从一头塞进去, 然后只要摇动曲柄, 就在另一头捧出了答案.

事情当然没有那么简单 (如果真的是这样, 世界就被数学给完全统一起来了, 那么笛卡儿确实做到了用自己的天才来减少对天才的需要). 笛卡儿关于 "解决一切问题的最普遍方法" 的设想并未成功, 然而, 它仍不失为一个伟大的设想, 它对科学发展产生了巨大的影响. 这种影响远远超过千百个碰巧成功的小设想.

回顾数学的历史, 大家都知道, 近代数学本质上可以说是变量数学. 文艺复兴以来, 资本主义生产力的发展, 对科学技术提出全新的要求, 诸如机械运动、天体运

[①]《数学百科全书》编译委员会. 数学百科全书 (第一卷). 北京: 科学出版社, 1994.

行、弹道计算等, 对运动与变化的研究变成自然科学的中心问题, 迫切需要一种新的工具, 也就是说, 生产力的发展催生了变量数学.

变量数学的第一个里程碑, 是解析几何的出现, 它的基本思想是引进所谓 "坐标" 的概念, 借助坐标确定平面或空间点的位置. 这种思想早已蕴涵在古希腊的阿波罗尼奥斯关于圆锥曲线的研究中, 后来, 到了十四世纪, 出现了地理术语 "经度""纬度". 现在, 人们公认解析几何的发明人是笛卡儿与皮埃尔·德·费马 (Pierre de Fermat, 1601—1665). 本来, 《几何学》是笛卡儿哲学著作的附录, 这也意味着这一发现是在他的方法论原理指导下获得的. 而费马似乎是沿着古希腊的阿波罗尼奥斯的思路延续, 提出并使用了坐标的概念. 笛卡儿的影响更大, 那是由于他的《几何学》思路极为鲜明地突破传统, 并表现出向权威挑战的巨大勇气. 笛卡儿的哲学名言 "我思故我在" 流传至今, 他的解释是 "要想追求真理, 我们必须在一生中尽可能地把所有的事物都来怀疑一次." 这种主张用怀疑的态度代替盲从与迷信, 在当时是对教会的反叛.

有了笛卡儿坐标系, 对数量深化为变量的认识进一步加深. 因变量与自变量之间的函数关系变得清晰直观. 变量的变化范围、变化过程、变化方式等, 从此不再是孤立的一个点一个点的数, 而凸显了具有连续性的、光滑性的、变化丰富的数量关系与内涵, 函数的研究从此不仅仅限于一些规则的曲线等. 要顺便补充一点认识可供参考: 据说, 人们的思维形式大多数是几何的, 少数是代数的. 形象思维有助预感和创造. 坐标的出现, 极大地刺激了数学家的思维, 产生了巨大的共鸣. 事实上, 笛卡儿关于坐标的初步思想发表后, 立即被天才的莱布尼茨理解, 并发扬光大, 乃至与艾萨克·牛顿 (Isaac Newton, 1643—1727) 同期创造出了微积分学, 而以微积分为核心的分析学的发展, 成为数学发展的主流, 这一事态, 不能不说与笛卡儿坐标的功劳密不可分.

上面说过, 世界上本无坐标, 坐标的概念是人类悟性的产物. 坐标的引进, 带来的也有 "被约束" 的一面, 于是, 在对坐标的深入研究过程中, 又想甩掉 "坐标"(与坐标无关的研究), 当然这是属于 "否定之否定"、认识上更进一步的深化, 此处不做展开讨论.

2.1.1　体会笛卡儿

笛卡儿的方法论中有一条, "从最简单最容易接受的地方开始, 循一定次序前进." 那么, 最简单的是什么? 是直线. 至于怎样把曲线化解为直线, 只需研究 P 点沿曲线运动时, 在平行于 y 轴的直线上的位置即 PQ 之长即可, 如图 2.1 所示. 但是, PQ 之长 y 与 OQ 之长 x 是有关的, 这样就得到 x 与 y 之间的一个关系式 $F(x, y) = 0$ (譬如, 相应于直线有 $y = kx + b$, 相应于圆有 $x^2 + y^2 = a^2$, 等等), 这就是解析几何诞生的最起始的想法.

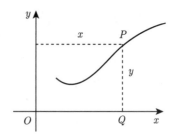

图 2.1 x 与 y 之间关系：$F(x, y) = 0$

顺便谈及, 数学史书中关于笛卡儿创立解析几何的灵感, 有一个传说[1]：笛卡儿终身保持着在耶稣会学校读书期间养成的 "晨思" 的习惯. 他在一次 "晨思" 时, 看见一只苍蝇在天花板上爬. 他突然想到, 如果知道了苍蝇与相邻两个墙壁的距离之间的关系, 就能描述它的路线, 这使得他头脑中产生了关于解析几何的最初闪念. 大科学家的大贡献出自偶然灵感的轶事, 多有传闻. 须知, 笛卡儿若没有长久 "晨思" 的习惯, 则也不会有这 "偶然的灵感". 笛卡儿这一创造, 意义巨大. 平面解析几何、立体解析几何, 再到高维空间的认识, 人们突破自身直接感性经验的束缚, 这样的深远影响需反复体会.

笛卡儿最初关于坐标的概念并非直角坐标, 而是如今说的 "斜坐标". 直角坐标转换成斜坐标 (如图 2.2 所示), 只需注意如下简单的线性变换：

$$\begin{bmatrix} x' \\ y' \end{bmatrix} = A \begin{bmatrix} x \\ y \end{bmatrix}, \quad A = \begin{bmatrix} a_{ij} \end{bmatrix}_{2 \times 2} \tag{2.1.1}$$

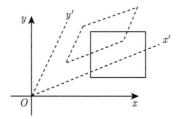

图 2.2 直角坐标转换成斜坐标

变换矩阵 A 的元素若为常数, 那么, 比如说原来有个正方形, 经过变换, 形成平行四边形. 假若 A 为非常数矩阵, 那么上述变换是非线性的, 因此产生曲线坐标. 事实上, 直角坐标也好, 斜坐标也好, 本质上是两个直线轴在一起组成的这个 "直线组" 线性无关. 其实, 这是仿射几何的思想. 斜坐标在仿射几何学中十分得力, 斜坐标系又叫作仿射坐标系.

---

[1] 李文林. 数学史概论. 第 2 版. 北京：高等教育出版社, 2002.

2.1.2 熟知的几个坐标

除了直角坐标, 大家熟知极坐标、球坐标及圆柱坐标等十分有用, 开列如下:

极坐标: 平面上的极坐标系是以用一点相对原点的角度及距离来表示的.

球坐标: 三维空间中的球坐标系是以两个角度及点到原点的距离来表示一个点.

圆柱坐标: 三维空间中的圆柱坐标系是以一个角度、高度及一长度来表示一个点.

曲线坐标: 曲线坐标系是一种广义的坐标系, 此坐标系是以相交的曲线为基础的.

重心坐标: 重心坐标一般用在三角图中.

平行轴坐标: 平行轴坐标将 n 维空间中的一点表示为和 n 条垂直线有交点的折线.

此外, 还有,

对数–极坐标: 平面上的对数–极坐标系是以用一点相对原点的角度及其距离的对数来表示的.

普吕克坐标: 普吕克坐标可将三维空间中的直线描述为 6 个齐次坐标.

广义坐标: 广义坐标是在处理拉格朗日 (Lagrange) 力学时使用的.

正则坐标: 正则坐标是在处理哈密顿 (Hamilton) 力学时使用的.

不管什么坐标系, 它的坐标独立变元的个数应与所表示空间的维数相同, 并且变元之间是线性无关的. 给定一个坐标系, 都定量地决定着一个空间, 空间里的一切对象都可用坐标定量地表达. 同一空间, 其坐标系并不唯一, 但彼此可相互转换. 这就是说, 同一对象可有很多表达方式, 重要的是做出坐标系的恰当选择, 使得无论是表达还是相关的计算都来得简便、快捷、稳定. 人们要根据自己遇到的实际问题, 从中做出恰当的选择. 须知, 图书馆或网络上, 名为《百科辞典》《数学百科全书》之类提供不下百种坐标系. 不可陷入这种 "大全" 的泥潭. 其实, 谁都可以创造新的坐标系.

2.1.3 坐标概念的推广

作为数学基本内容的欧氏空间 (满足欧几里得 5 个几何公理和 5 个公设的空间), 也就是笛卡儿坐标表示的空间, 本质上也可叫作笛卡儿空间, 只不过这不是流行叫法. 欧氏空间是几何学的发祥地, 最初的几何学就是来自三维欧氏空间; 在早年约瑟夫·拉格朗日 (Joseph Lagrange, 1736—1813) 关于力学方面的研究中, 形式地把时间当作与三个空间坐标并列的 "第四个" 坐标. 十九世纪中期, 德国与英国数学家各自独立地通过与解析几何作形式类比的途径, 对高维几何作了系统的叙述.

n 维空间的点由 n 个坐标决定, 记为 $P = (x_1, x_2, \cdots, x_n)$. n 维空间的图形看成是满足给定条件的点的集合. 点 P 与点 $P' = (x_1', x_2', \cdots, x_n')$ 之间的距离定义为

$$d = \sqrt{(x_1 - x_1')^2 + (x_2 - x_2')^2 + \cdots + (x_n - x_n')^2} \tag{2.1.2}$$

n 维空间里两个图形被认为是相等的, 假如在它们的点之间可以建立这样的对应, 使得其中一个图形中每两个点之间的距离都等于另一个图形中它们对应的两点之间的距离. 点之间距离的概念又将其他一些几何概念类比推广到 n 维空间, 譬如, n 维球体可以解析地用下列不等式给定:

$$(x_1 - a_1)^2 + (x_2 - a_2)^2 + \cdots + (x_n - a_n)^2 \leqslant R^2 \tag{2.1.3}$$

这里 $a_1, a_2, \cdots, a_n$ 是球心的坐标, R 为球半径. 若不等号换成等号, 则表示球面. 在 $n\,(n > 3)$ 维空间中 k 维平面是指坐标满足 $n - k$ 个线性方程的点的集合

$$
\begin{aligned}
& a_{11}x_1 + a_{12}x_2 + \cdots + a_{1n}x_n + b_1 = 0 \\
& a_{21}x_1 + a_{22}x_2 + \cdots + a_{2n}x_n + b_2 = 0 \\
& \qquad\qquad\qquad\vdots \\
& a_{n-k,1}x_1 + a_{n-k,2}x_2 + \cdots + a_{n-k,n}x_n + b_{n-k} = 0
\end{aligned}
\tag{2.1.4}
$$

以上各方程是独立的, 它们中的每一个都表示一个 $n - 1$ 维的平面, 它们联立起来, 决定 $n - k$ 个这种平面的公共点. 所谓 k 维平面, 就是由独立的方程表示的 $n - k$ 个 $n - 1$ 维平面的交集. 特别地, 当 $k = 1$ 时, 有 $n - 1$ 个方程, 它们决定一个 "一维平面", 即直线. k 维平面本身可看作 k 维空间. 这里基本的事实是:

(1) 通过不在一个 $k + 1$ 维平面上的每 $k + 1$ 个点, 有且只有一个 k 维平面.

(2) 若在 n 维空间里的 l 维和 k 维平面至少有一个公共点, 且 $l + k \geqslant n$, 则它们相交于维数不低于 $l + k - n$ 的平面.

(3) 在每个 k 维平面上至少有 $k + 1$ 个不在较低维数的平面上的点. 在 n 维空间中, 至少有 $n + 1$ 个不在任何一个平面上的点.

(4) 若 l 维平面与 k 维平面有 $l + 1$ 个公共点不在 $l - 1$ 维平面上, 则它就整个处在这个 k 维平面上.

大家都会感到以上这些叙述是很自然的. 但是, 要将高维几何中的对象画在一张纸上, 可就不是一件容易的事情了 (本章具体数学中介绍的平行轴坐标, 有助于这个问题的思考).

2.2 具 体 数 学

这里介绍以下方面内容: 齐次坐标、面积坐标和平行轴坐标. 齐次坐标在工程

应用中常见. 面积坐标或一般意义下的重心坐标 (一般用在三角图中) 也是一类齐次坐标, 它在几何与计算及计算机图形学中有重要的应用价值. 至于平行轴坐标, 历史上虽然早已有之, 但一般并不常见也不常用. 然而, 近年来, 大数据可视化的需求, 使得它火起来了.

2.2.1 齐次坐标

本节从笛卡儿直角坐标引申开来, 讨论所谓齐次坐标. 齐次坐标首先从几何中发展起来, 随后被应用于图形学中, 大量的图形子程序包和显示处理器使用齐次坐标. 齐次坐标是将 n 维的向量用 $n+1$ 维来表示, 这种表示方法使得平移变换可通过矩阵乘法来实现. 齐次坐标提供了一种有效的方法, 使得能够用矩阵运算, 把二维、三维甚至高维空间中的一个点集, 从一个坐标系变换到另一个坐标系. 这里仅就平面的情形讨论, 推广到三维的情形不难做到.

平面上的点, 它的齐次坐标为三个数 $(X, Y, W), W \neq 0$, 其笛卡儿坐标为 $(x, y) = (X/W, Y/W)$. 齐次形式的直线方程为

$$aX + bY + cW = 0 \tag{2.2.1}$$

这里 a, b, c 不全为 0.

三数组 (a, b, c), (d, e, f) 的叉积运算定义为

$$(a, b, c) \times (d, e, f) = (bf - ec, dc - af, ae - db) \tag{2.2.2}$$

点积运算定义为

$$(a, b, c) \cdot (d, e, f) = ad + be + cf \tag{2.2.3}$$

大写的 P 表示三数组 (X, Y, W), 记为 $P = (X, Y, W)$, 而大写的 L 表示三数组 (a, b, c), 记为 $L = (a, b, c)$. "直线 L" 指的是

$$\{(X, Y, W) | L \cdot P = (a, b, c) \cdot (X, Y, W) = aX + bY + cW = 0\} \tag{2.2.4}$$

这样一来, 说点 P 在直线 $L = (a, b, c)$ 上, 当且仅当 $P \cdot L = 0$.

由三数组的叉积, 则有如下事实:

通过两个点 $P_1 = (X_1, Y_1, W_1)$, $P_2 = (X_2, Y_2, W_2)$ 的直线为

$$L = P_1 \times P_2 \tag{2.2.5}$$

两条直线 $L_1 = (a_1, b_1, c_1)$, $L_2 = (a_2, b_2, c_2)$ 的交点为

$$P = L_1 \times L_2 \tag{2.2.6}$$

这就是对偶原理 (Duality Principle). 简言之, 涉及点和直线的命题, 可以有互相交换的方式表述. 譬如, 说 "唯一的直线通过两个点", 则有对偶命题表述为 "任意的两条直线相交于一点".

一般说来, 任意的三数组 (α, β, γ) 可能被解释为一条直线 $\{(X, Y, W) | \alpha X + \beta Y + \gamma W = 0\}$, 或者解释为一个点, 它的直角坐标为 $(\alpha/\gamma, \beta/\gamma)$. 为了避免混淆, 在三数组 (α, β, γ) 的前面冠以 "Line" 或 "Point", 即 Line(α, β, γ) 或 Point(α, β, γ).

关于齐次坐标下的 Line(α, β, γ) 与 Point(α, β, γ) 的对偶命题, 譬如, 若 $d = \dfrac{\gamma}{\sqrt{\alpha^2 + \beta^2}}$ 是 Line(α, β, γ) 到原点的距离, 那么, $\dfrac{1}{d}$ 是 Point(α, β, γ) 到原点的距离; 原点到 Point(α, β, γ) 的连线垂直于 Line(α, β, γ).

2.2.2　面积坐标

首先回顾一下熟知的实数轴. 在一条直线上取定一点作为原点, 规定一个方向为正向, 再规定一个长度单位, 于是任何实数都与这条直线上的点一一对应, 直线上的点所对应的数就是该点的坐标. 实际上, 还可用另外的坐标来描述直线上的点.

关于长度坐标

在直线上取定线段 T_1T_2, 它的长度为 L. 若规定直线上线段 $P_1P_2(P_1, P_2$ 为始末两点) 的长度为正, 则写成 P_2P_1 时, 该线段的长度便是负值.

若 P 位于 T_1, T_2 之间, 则记号 $\overline{T_1P}$ 与 $\overline{PT_2}$ 分别表示线段 T_1P 与 PT_2 长度, 且

$$\frac{\overline{T_1P}}{L} = s, \quad \frac{\overline{PT_2}}{L} = r \tag{2.2.7}$$

这里 $s > 0, r > 0$. 若 P 位于 T_1T_2 之外, 则按照前面长度的正负值规定, r 与 s 中有一个为负数. 不管 P 在哪里出现, 总有 $r + s = 1$. 这样一来, 将点 P 与 (r, s) 这一对数对应起来, (r, s) 叫作点 P 的 "长度" 坐标, 记为 $P = (r, s)$. 特别地, 有 $T_1 = (1, 0), T_2 = (0, 1)$.

平面直角坐标系或极坐标系是实数轴向平面情形的推广. 类比下来, 平面上的 "面积" 坐标是上述 "长度" 坐标向平面情形的推广.

关于面积坐标

取平面上的一个三角形 T, 其顶点为 $T_1T_2T_3$. T 的面积 $S_{T_1T_2T_3} = S$. 当 T 的顶点 $T_1 \to T_2 \to T_3$ 为逆时针方向时, 规定 $S_{T_1T_2T_3}$ 的值为正; 否则, 顶点次序为顺时针方向时, 规定面积为负值. 对平面上的角度, 当 $T_1T_2T_3$ 为逆时针次序时, 规定 $\angle T_1T_2T_3$ 为正角, 否则为负角. 总之, 规定面积与角度都是有正有负的, 称之为有向面积或有向角.

任意给定平面上的一个点 P, 连接 PT_1, PT_2, PT_3 得到三个三角形 (图 2.3(1), (2)), 其有向面积分别记为

$$S_{PT_2T_3} = S_1, \quad S_{T_1PT_3} = S_2, \quad S_{T_1T_2P} = S_3 \tag{2.2.8}$$

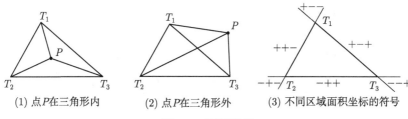

(1) 点P在三角形内　　　(2) 点P在三角形外　　　(3) 不同区域面积坐标的符号

图 2.3　面积坐标

于是给出了三个数

$$u = S_1/S, \quad v = S_2/S, \quad w = S_3/S \tag{2.2.9}$$

这时数组 (u,v,w) 叫作点 P 关于三角形 T 的面积坐标, T 叫作坐标三角形. 显然, u,v,w 可能为负值 (当点 P 位于 T 之外), 但总满足 $u+v+w=1$. 可见 u,v,w 并非完全独立, 任意指定两个值之后, 第三个值就确定了. 若任意给定数组 (u,v,w) 且满足 $u+v+w=1$, 则唯一确定了平面上的点 P, 于是将这种一一对应的关系记为 $P = (u,v,w)$, 容易看出如下事实:

(1) $T_1 = (1,0,0), T_2 = (0,1,0), T_3 = (0,0,1)$.

(2) 记通过 T_2, T_3 的直线为 l_1, 通过 T_1, T_3 及 T_1, T_2 的直线分别为 l_2 和 l_3, 那么

$$
\begin{aligned}
P \in l_1 &\Leftrightarrow u = 0 \\
P \in l_2 &\Leftrightarrow v = 0 \\
P \in l_3 &\Leftrightarrow w = 0
\end{aligned}
\tag{2.2.10}
$$

(3) 若 P 位于坐标三角形 T 的内部, 则有 $u>0, v>0, w>0$. 平面上任给一个点, 它位于平面上图 2.3(3) 所示的七个区域中的某个区域, 不难看出, 在这七个区域中, 点的面积坐标的符号呈现图中标出的规律.

直角坐标与面积坐标的关系

若点 P 的直角坐标为 (x,y), $T_1T_2T_3$ 的直角坐标分别为 (x_1,y_1), (x_2,y_2), (x_3,y_3), 则有

$$
S = \frac{1}{2} \begin{vmatrix} 1 & 1 & 1 \\ x_1 & x_2 & x_3 \\ y_1 & y_2 & y_3 \end{vmatrix}, \quad
S_1 = \frac{1}{2} \begin{vmatrix} 1 & 1 & 1 \\ x & x_2 & x_3 \\ y & y_2 & y_3 \end{vmatrix},
$$

$$
S_2 = \frac{1}{2} \begin{vmatrix} 1 & 1 & 1 \\ x_1 & x & x_3 \\ y_1 & y & y_3 \end{vmatrix}, \quad
S_3 = \frac{1}{2} \begin{vmatrix} 1 & 1 & 1 \\ x_1 & x_2 & x \\ y_1 & y_2 & y \end{vmatrix}
\tag{2.2.11}
$$

于是用直角坐标表示面积坐标, 如式 (2.2.9) 和式 (2.2.11) 所示.

为了给出用面积坐标表示直角坐标的关系式, 连接 T_1P 交 T_2T_3 于 T_4 (图 2.4 (1)), 记 T_4 的直角坐标为 (x_4, y_4). 按照直角坐标的定比分点公式有

$$x_4 = \frac{\overline{T_4T_3} \cdot x_2 + \overline{T_2T_4} \cdot x_3}{\overline{T_2T_3}} = \frac{S_2x_2 + S_3x_3}{S_2 + S_3} \tag{2.2.12}$$

$$x = \frac{(S_2 + S_3)\, x_4 + S_1x_1}{S_1 + S_2 + S_3} \tag{2.2.13}$$

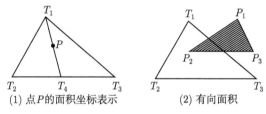

(1) 点 P 的面积坐标表示　　(2) 有向面积

图 2.4　用面积坐标表示直角坐标

消去 x_4 之后得到

$$x = \frac{S_1x_1 + S_2x_2 + S_3x_3}{S} \tag{2.2.14}$$

类似地, 有

$$y = \frac{S_1y_1 + S_2y_2 + S_3y_3}{S} \tag{2.2.15}$$

得到

$$\begin{aligned}x &= ux_1 + vx_2 + wx_3 \\ y &= uy_1 + vy_2 + wy_3\end{aligned} \tag{2.2.16}$$

总之, 直角坐标与面积坐标的关系由式 (2.2.9) 和式 (2.2.16) 给出.

注意, 平面上任意给定三个点 $p_i = (u_i, v_i, w_i)\,, i = 1, 2, 3$ (图 2.4 (2)). 不难得到三角形 $P_1P_2P_3$ 的有向面积公式:

$$S_{P_1P_2P_3} = S \cdot \begin{vmatrix} u_1 & u_2 & u_3 \\ v_1 & v_2 & v_3 \\ w_1 & w_2 & w_3 \end{vmatrix} \tag{2.2.17}$$

特别地, 若 $P = (u, v, w)$ 位于通过 P_1, P_2 的直线上, 则得两点式的直线方程, 表达式为

$$\begin{vmatrix} u & u_1 & u_2 \\ v & v_1 & v_2 \\ w & w_1 & w_2 \end{vmatrix} = 0 \tag{2.2.18}$$

后者即为

$$u \begin{vmatrix} v_1 & v_2 \\ w_1 & w_2 \end{vmatrix} + v \begin{vmatrix} w_1 & w_2 \\ u_1 & u_2 \end{vmatrix} + w \begin{vmatrix} u_1 & u_2 \\ v_1 & v_2 \end{vmatrix} = 0 \tag{2.2.19}$$

此为齐次坐标之下的直线方程.

上面讨论了面积坐标. 类比下来, 自然可引进 "体积" 坐标, 这时将要取定一个 "坐标四面体". 一般来说在 n 维空间中, 取坐标单纯形, 一般称为重心坐标. 这种坐标系在有限元分析及三维数据场的可视化中有广泛的应用. 在分形绘图方面, 它也应该是一个有效的技巧.

2.2.3 平行轴坐标系

为了克服传统的笛卡儿直角坐标系难以表达三维以上数据的问题, 将高维数据的各个变量用一系列相互平行的坐标轴表示, 变量值对应轴上位置. 为了反映变化趋势和各个变量间相互关系, 往往将描述不同变量的各点连接成折线. 所以平行坐标图的实质是将 n 维欧氏空间的一个点 $X(x_1, x_2, \cdots, x_m)$ 映射到平面上的一条折线上. 两条折线间的区域则对应于 n 维空间的线段. 这就是平行轴坐标系. 平行轴坐标图可表示超高维数据. 其射影几何解释和对偶特性使它很适合用于高维几何和多元数据的可视化.

关于平行轴坐标系, 有如下基本事实: ① 平面直角坐标系中的点, 映射到平行坐标系中, 是一条线段; ② 平面直角坐标系中处于一条直线上的多个点, 映射到平行坐标系中就是相交于一点的多条线段; ③ 平面直角坐标与平行轴坐标之间的关系. 还有

平行轴坐标中的各直线交点的位置决定于平面直角坐标中的斜率;

平面直角坐标中的斜率为 0 的线段相应于平行轴坐标中的直线的交点在右垂直轴;

斜率为 1 的线段的交点在左垂直轴;

斜率为负的线段的交点在两轴之间;

斜率为 0 至 1 间的线段的交点在右垂直轴的右边;

斜率大于 1 的线段的交点在左垂直轴的左边;

平面直角坐标的旋转映射为平行轴坐标中的平移, 反之亦然.

早在 1880 年, 就有用平行轴坐标表示多维数据的作品. 二十世纪七十年代由阿尔弗雷德 · 恩德尔伯格 (Alfred Inselberg, 1936—) 等进一步研究平行轴坐标系 (Parallel Coordinates, 1985 年), 如图 2.5 所示, 这种设计在高维情形下可提供一种可视作图办法, 但在低维 $(n = 2, 3)$ 的情况下则与习惯相悖. 显然, 若维数高, 则平行轴过多, 产生的折线过于密集, 显示出的可视图形难于理解, 这是高维对象可视

化都会遇到的问题. 近年来, 由于大数据可视化问题的迫切需要, 平行轴坐标的研究很活跃.

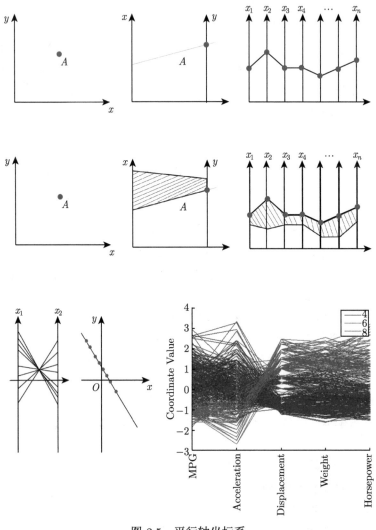

图 2.5 平行轴坐标系

2.3 数 学 实 验

本节数学实验首先讨论图形与图像在齐次坐标下的几何变换 (包括平移、旋转、缩放等), 该过程统一使用矩阵乘法来实现; 然后给出图像的透视变换过程及其结果; 最后讨论面积坐标下三角区域的二进分离区域分割问题, 给出相应实验结果. 此外, 本节实验三还探讨了如何利用坐标分离的方法作谢尔宾斯基 (Sierpiński) 三角形.

2.3.1 实验一 齐次坐标与几何变换

内容

已知: 给定几何图形, 如图 2.6 所示, 令图中阴影区域左下角点为 A, 按逆时针方向, 余下四个点分别为 B, C, D, E. 由图知 A, B, C, D, E 五点的直角坐标分别为 $(1,1)$, $(3,1)$, $(3,2)$, $(2,3)$, $(1,2)$, 将它们的齐次坐标不妨分别记为 $(1,1,1)$, $(3,1,1)$, $(3,2,1)$, $(2,3,1)$, $(1,2,1)$. 试用矩阵运算来实现该平面图形的平移、旋转和缩放变换.

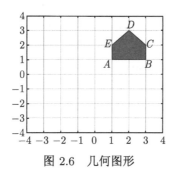

图 2.6 几何图形

探究

通常来说, 平面图形的几何变换, 包括图形的旋转、平移及缩放等, 都是计算机图形学中经常遇到的问题, 它们和矩阵乘法密切相关. 但是图形的平移并不是线性运算, 不能直接用矩阵乘法表示. 为将平移表示成线性变换, 引入齐次坐标概念. 由本章 2.2.1 节知, 所谓齐次坐标就是用 $n+1$ 个分量来表示 n 维坐标, 譬如, 二维平面上的点 $A(x,y)$ 用齐次坐标表示为 $A(hx,hy,h)$; 三维空间中的点 $B(x,y,z)$ 用齐次坐标表示为 $B(hx,hy,hz,h)$. 一个向量的齐次表示并不是唯一的, 齐次坐标中的 h 取不同值表示的都是同一个点, 比如 $(8,4,2)$, $(4,2,1)$ 表示的都是二维平面上的点 $(4,2)$.

齐次坐标和原坐标之间可相互转换, 假设某个 n 维坐标用齐次坐标表示为

$$(X_1, X_2, \cdots, X_n, H) \tag{2.3.1}$$

对齐次坐标中的每个元素除以最后一个元素 H, 得到一个新的向量

$$(X_1/H, X_2/H, \cdots, X_n/H, H/H) = (x_1, x_2, \cdots, x_n, 1) \tag{2.3.2}$$

则 $(x_1, x_2, \cdots, x_n)$ 为原 n 维坐标, 这一过程通常称为齐次坐标的规范化.

现在用齐次坐标使平移、旋转以及缩放变换能统一用矩阵的乘法来表示. 在直角坐标系下, 平移变换为

$$(x, y) \rightarrow (x + a, y + b) \tag{2.3.3}$$

可用齐次坐标写成

$$(x, y, 1) \rightarrow (x + a, y + b, 1) \tag{2.3.4}$$

于是可用矩阵乘法实现, 如下所示:

$$(x + a, y + b, 1) = (x, y, 1) \begin{bmatrix} 1 & 0 & 0 \\ 0 & 1 & 0 \\ a & b & 1 \end{bmatrix} \tag{2.3.5}$$

在直角坐标系下, 旋转变换 (依逆时针方向绕原点旋转 θ 角) 为

$$(x, y) \rightarrow (x \cos \theta - y \sin \theta, x \sin \theta + y \cos \theta) \tag{2.3.6}$$

可用齐次坐标写成

$$(x, y, 1) \rightarrow (x \cos \theta - y \sin \theta, x \sin \theta + y \cos \theta, 1) \tag{2.3.7}$$

那么它的矩阵表示为

$$(x \cos \theta - y \sin \theta, x \sin \theta + y \cos \theta, 1) = (x, y, 1) \begin{bmatrix} \cos \theta & \sin \theta & 0 \\ -\sin \theta & \cos \theta & 0 \\ 0 & 0 & 1 \end{bmatrix} \tag{2.3.8}$$

在直角坐标系下, 缩放变换 (沿 x 轴方向放大 s 倍, 沿 y 轴方向放大 t 倍) 为

$$(x, y) \rightarrow (sx, ty) \tag{2.3.9}$$

可用齐次坐标写成

$$(x, y, 1) \rightarrow (sx, ty, 1) \tag{2.3.10}$$

那么它的矩阵表示为

$$(sx, ty, 1) = (x, y, 1) \begin{bmatrix} s & 0 & 0 \\ 0 & t & 0 \\ 0 & 0 & 1 \end{bmatrix} \tag{2.3.11}$$

以下为对图 2.6 中平面图形进行平移、旋转及缩放操作后的结果.

	变换矩阵	变换后图形
平移操作 (左移 1 个单位)	$\begin{bmatrix} 1 & 0 & 0 \\ 0 & 1 & 0 \\ -1 & 0 & 1 \end{bmatrix}$	
旋转操作 (逆时针旋转 60 度)	$\begin{bmatrix} \cos 60° & \sin 60° & 0 \\ -\sin 60° & \cos 60° & 0 \\ 0 & 0 & 1 \end{bmatrix}$	
缩放操作 (变为原来的 0.8 倍)	$\begin{bmatrix} 0.8 & 0 & 0 \\ 0 & 0.8 & 0 \\ 0 & 0 & 1 \end{bmatrix}$	

引申

上述实验针对的对象是图形, 也可延伸至数字图像. 在多媒体时代, 对数字图像的处理是很重要的, 并且在数字图像处理研究中, 通常以数字图像 "lena" "house" 和 "peppers" 等为标准测试图像, 本书均以这些标准测试图像为例. 这里给定数字图像 "lena", 如图 2.7 所示, 图像大小为 256×256. 按实验一中探究所述, 利用矩阵运算得到该数字图像的平移、旋转和放缩变换结果.

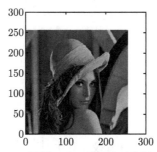

图 2.7 原始 "lena" 图放于坐标系中

以下为对 "lena" 图像的平移、旋转和缩放操作的结果.

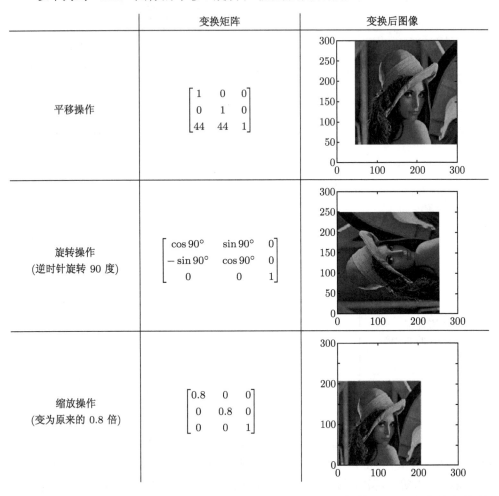

	变换矩阵	变换后图像
平移操作	$\begin{bmatrix} 1 & 0 & 0 \\ 0 & 1 & 0 \\ 44 & 44 & 1 \end{bmatrix}$	
旋转操作 (逆时针旋转 90 度)	$\begin{bmatrix} \cos 90° & \sin 90° & 0 \\ -\sin 90° & \cos 90° & 0 \\ 0 & 0 & 1 \end{bmatrix}$	
缩放操作 (变为原来的 0.8 倍)	$\begin{bmatrix} 0.8 & 0 & 0 \\ 0 & 0.8 & 0 \\ 0 & 0 & 1 \end{bmatrix}$	

上述实验表明用齐次坐标表示点的变换非常方便. 一般情形, 二维线性变换的矩阵表达式可记为

$$(x', y', w') = (x, y, 1)T \tag{2.3.12}$$

其中 T 为二维变换矩阵

$$T = \begin{bmatrix} a & b & c \\ d & e & f \\ g & h & i \end{bmatrix} \tag{2.3.13}$$

该变换矩阵的每一个元素都有特殊含义, 其中 $\begin{bmatrix} a & b \\ d & e \end{bmatrix}$ 可对图形进行缩放、旋转、

对称、错切等变换; $\begin{bmatrix} g & h \end{bmatrix}$ 是对图形作平移变换; $\begin{bmatrix} c \\ f \end{bmatrix}$ 是对图形进行透视 (或投影)

变换; $\begin{bmatrix} i \end{bmatrix}$ 则是对图形整体进行缩放变换.

在掌握二维坐标变换的基础上, 可以进一步探讨三维坐标变换. 根据齐次坐标表示法, 用一个四维向量 $(x, y, z, 1)$ 来表示三维空间的一个向量 (x, y, z). 因此, 三维线性变换的矩阵表达式为

$$(x', y', z', w') = (x, y, z, 1)T \tag{2.3.14}$$

其中 T 为三维变换矩阵. 在齐次坐标表示法中, 二维变换矩阵是一个 3×3 的方阵. 同理, 三维变换矩阵是一个 4×4 的方阵, 即

$$T = \begin{bmatrix} a & b & c & p \\ d & e & f & q \\ h & i & j & r \\ m & n & l & s \end{bmatrix} \tag{2.3.15}$$

根据对图形所产生的不同变换效果, 可把三维变换矩阵 T 分为四块:

(1) $\begin{bmatrix} a & b & c \\ d & e & f \\ h & i & j \end{bmatrix}$ 产生比例、对称和旋转等基本变换;

(2) $\begin{bmatrix} m & n & l \end{bmatrix}$ 产生沿 x, y, z 三轴方向上的平移变化;

(3) $\begin{bmatrix} p \\ q \\ r \end{bmatrix}$ 产生透视变换;

(4) $\begin{bmatrix} s \end{bmatrix}$ 对图形整体产生等比例缩放效果.

2.3.2 实验二 图像的透视变换

内容

已知: 如图 2.8 所示的灰度图像 "house" 和 "peppers", 试分别对给出的两幅灰度图像的像素点坐标完成透视变换, 形成类似如图 2.9(2) 和 图 2.9(3) 所示的变换结果图.

(1) 灰度图像"house"   (2) 灰度图像"peppers"

图 2.8   灰度图像 "house" 和 "peppers"

(1) 原图

(2) 变换结果图 I   (3) 变换结果图 II

图 2.9   图的变换结果

探究

图像的透视变换是将图像投影到一个新的视平面, 也称作投影映射. 透视变换可通过矩阵乘法实现, 通用的变换公式为

$$(x', y', w') = (u, v, w) \begin{bmatrix} a_{11} & a_{12} & a_{13} \\ a_{21} & a_{22} & a_{23} \\ a_{31} & a_{32} & a_{33} \end{bmatrix} \tag{2.3.16}$$

其中的变换矩阵是一个 3×3 的矩阵, 由本章实验一可知, 该矩阵的 $\begin{bmatrix} a_{13} \\ a_{23} \end{bmatrix}$ 可用于

实现透视变换, 矩阵的前两列 $\begin{bmatrix} a_{11} & a_{12} \\ a_{21} & a_{22} \\ a_{31} & a_{32} \end{bmatrix}$ 与仿射变换矩阵相同, 可实现线性变换

和平移变换.

在式 (2.3.16) 中, 当变换之前的点 w 值为 1 时, 它在三维空间中的坐标是 $(u, v, 1)$, 在二维平面上的投影是 (u, v), 通过矩阵变换成三维空间中的点 (x', y', w'),

再通过除以 w' 的值, 得到二维平面上的点 (x,y). 由上可知, 可利用齐次坐标将二维平面上的点转到三维空间, 经透视变换后, 再映射回之前的二维平面 (而不是另一个二维平面). 通常情况下, 图像中的平行四边形经过透视变换之后不再是平行四边形 (除非映射视平面和原来平面平行). 因此, 可以理解成仿射变换是透视变换的特殊形式. 相对于仿射变换, 透视变换提供了更大的灵活性.

这里提到的仿射变换是指二维仿射变换, 它的坐标形式为

$$x = a_{11}u + a_{21}v + a_{31}$$
$$y = a_{12}u + a_{22}v + a_{32}$$

(2.3.17)

每一个变换后的坐标 x 和 y 都是原坐标 u 和 v 的线性函数, 且参数 a_{ij} ($i = 1, 2, 3; j = 1, 2$) 是由变换类型确定的常数. 仿射变换包括旋转、平移、缩放和错切变换. 这个待定参数个数为 6, 因此在应用层面, 仿射变换通常是图像基于 3 个固定像素点的变换. 也可利用齐次坐标将仿射变换写成矩阵乘积的形式

$$(x, y, 1) = (u, v, 1) \begin{bmatrix} a_{11} & a_{12} & 0 \\ a_{21} & a_{22} & 0 \\ a_{31} & a_{32} & 1 \end{bmatrix}$$

(2.3.18)

仿射变换 (在二维、三维或更高维空间中) 有普遍的特性, 它保持了图形的 "平直性" (直线经过变换之后依然是直线) 和 "平行性" (图形之间的相对位置关系保持不变, 平行线依然是平行线, 且直线上点的位置顺序不变), 但是不保持长度和角度不变. 仿射变换与透视变换在图像还原、图像局部变化处理方面有重要应用.

重写变换公式 (2.3.16), 当 $w = 1$ 时可得

$$x = \frac{x'}{w'} = \frac{a_{11}u + a_{21}v + a_{31}}{a_{13}u + a_{23}v + a_{33}}$$
$$y = \frac{y'}{w'} = \frac{a_{12}u + a_{22}v + a_{32}}{a_{13}u + a_{23}v + a_{33}}$$

(2.3.19)

在应用层面, 通常图像的透视变换可通过图像中的 4 个固定像素点的坐标变换, 求得透视变换矩阵, 再基于该变换矩阵对整个原始图像执行变换. 图 2.10 给出了灰度图像 "house" 和 "peppers" 的变换结果.

图 2.10 图像的透视变换

引申

进一步地, 可将一张图像贴到另一张图像上, 其实就是透视变换和仿射变换综合作用的结果. 图 2.11 给出了实验中被贴图像. 在此, 计划将原图像 "house" 和 "peppers" 张贴至图 2.11 中. 那么, 首先需要对两张原图作透视变换, 可根据原图中四个角点的坐标变换计算出透视变换矩阵 (不妨记为 T_1). 其次, 为了对齐透视投影后的图像和对应的被贴图像区域, 还需要对透视变换后的图像作一次仿射变换 (不妨将变换矩阵记为 T_2), 其实就是坐标平移.

此外将一张图像贴到另一张图像上的整个过程, 也可通过变换的合成来完成, 即通过变换矩阵 $T = T_1 T_2$ 得到最终图像的变换结果. 合成变换的基本目的是通过对一个点施加单个合成, 而不是一个接一个地应用一系列变换. 而合成变换矩阵可通过单个变换矩阵相乘得到, 由此可见利用齐次坐标将所有基本变换统一成矩阵表示的重要意义. 图 2.12 给出了灰度图像 "house" 和 "peppers" 贴到另一张图像上的一些结果.

图 2.11   被贴图像

图 2.12   图像的拼贴

2.3.3 实验三 面积坐标下的区域分割

内容

已知: 在本章具体数学中已介绍过面积坐标, 现考虑平面区域的一类自相似结构. 首先考虑直线段情形, 取坐标线段 T_1T_2 为 $[0,1]$. 对任意 $P \in [0,1]$, 将 P 的长度坐标 (r,s) 写成二进制数, 必须注意, 二进有理数, 是指从小数点以后某一位开始全是 1 或全是 0(全是 1 则可进位变为全是 0) 的情形. 总之, 在有理数写法中, 取有限形式的表达. 特别情形, 记 $1 = 0.1\cdots$. 将 $r, s \in [0,1]$ 唯一地表示为

$$r = 0.r_0r_1r_2\cdots, \quad s = 0.s_0s_1s_2\cdots, \quad r_j, s_j \in \{0,1\} \tag{2.3.20}$$

当区间 $[0,1]$ 等分为两部分之后, 对任意点 $p = (r,s)$, 其坐标的二进小数点后第一位排成的数组 r_0s_0 呈现对称分布: 01, 10. 当区间 $[0,1]$ 等分为四部分之后, 数组 r_1s_1 的分布为: 01, 10, 01, 10. 进而 8 等分区间, r_2s_2 的分布为 (图 2.13(1))

$$01, \ 10, \ 01, \ 10, \ 01, \ 10, \ 01, \ 10 \tag{2.3.21}$$

如此下去, 对区间作 2^n 分割, 在每个子区间 (开) 上, 数组 $r_{n-1}s_{n-1}$ 呈 01 与 10 交错分布的规律. 分割再度加细二倍, 数组 r_ns_n 的分布仍呈交错分布的规律. 这里要指出, 当 r, s 写为三进制时, 即 $r_i, s_i \in \{0,1,2\}$, 则 r_ns_n 的分布如图 2.13(2) 所示.

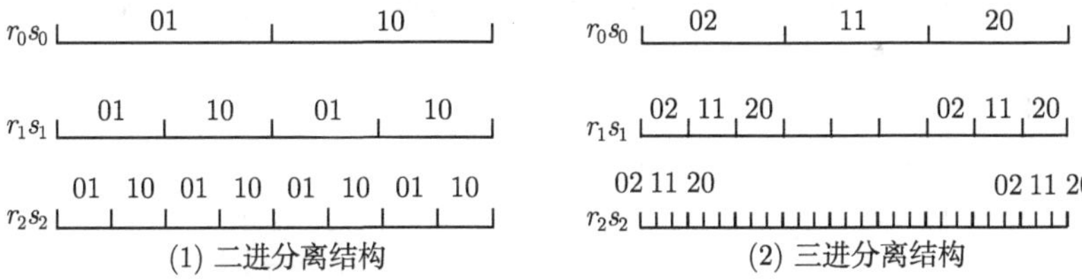

图 2.13 $[0,1]$ 区间的二进与三进分离结构

在这种情况下, 康托尔 (Cantor) 三分集可写为

$$[0,1] \setminus \bigcup_{j=0}^{\infty} \{r_js_j = 11\} \tag{2.3.22}$$

这里, $A \setminus B$ 表示的集合是属于 A 但不属于 B 的全体元素.

现在转到平面的情形. 设三角形 Δ, 顶点为 T_1, T_2, T_3. 采用面积坐标, 取 Δ 为坐标三角形. 令平面上的点 $P = (u, v, w) \in \Delta$, 且记

$$u = 0.u_0u_1u_2u_3\cdots, \quad v = 0.v_0v_1v_2v_3\cdots, \quad w_j = 0.w_0w_1w_2w_3\cdots \tag{2.3.23}$$

其中 $u_i, v_i, w_i \in \{0,1\}$, 取 u, v, w 小数点后第 $j+1$ 位, 组成数组 $u_jv_jw_j$. 这种做法, 可称为坐标的按位分离. 基于以上内容, 试给出三角区域的二进分离结构图.

探究

对三角形 Δ 上的点, 经过面积坐标表示 (对有理数取有限表示), 并作按位分离之后, 可得 $u_j v_j w_j$ 的分布. 连接三角形各边中点, 将 Δ 分割为 4 个子形, 称之为 1 级分割. 在 1 级分割之下, 观察 $u_0 v_0 w_0$ 分布, 容易发现, 在标记 1, 2, 3, 4 的子形上, 数组 $u_0 v_0 w_0$ 的取值分别为 $100, 010, 001, 000$. 那么得到相应的二进分离结构, 如图 2.14(2) 所示.

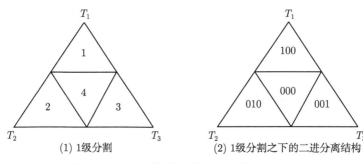

图 2.14　三角区域的二进分离结构 $(u_0 v_0 w_0)$

对 1 级分割之下的 4 个子形连接各边中点, 得到 2 级分割, 观察 $u_1 v_1 w_1$ 的分布. 一般说来, 进行 Δ 的 j 级分割, 最小子形为 4^j 个, 观察 $u_{j-1} v_{j-1} w_{j-1}$. 设想这一过程无限进行下去, 图 2.15(1) 和 (2) 分别给出了 $u_1 v_1 w_1$ 和 $u_2 v_2 w_2$ 的分布图.

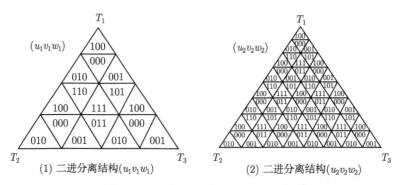

图 2.15　三角形区域的二进分离结构 $(u_1 v_1 w_1)$ 及 $(u_2 v_2 w_2)$

引申

利用坐标分离的做法, 可以画分形的典型例子: 谢尔宾斯基三角形, 本书将在第 8 章具体介绍分形. 这里先介绍一下谢尔宾斯基地毯 (Sierpiński Carpet), 它是由瓦茨瓦夫·弗朗西斯克·谢尔宾斯基 (Wacław Franciszek Sierpiński, 1882—1969)

于 1916 年提出的一种分形, 是自相似集的一种. 谢尔宾斯基地毯的构造过程是对一个实心正方形划分为 3×3 的 9 个小正方形, 去掉正中的小正方形, 再对余下的 8 个小正方形重复这一操作 …… 便能得到谢尔宾斯基地毯, 如图 2.16 所示.

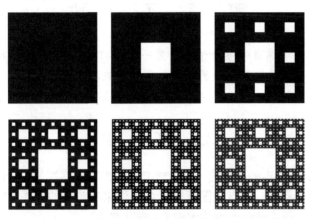

图 2.16 谢尔宾斯基地毯

此外, 谢尔宾斯基三角形 (Sierpiński Triangle) 构造与谢尔宾斯基地毯的构造相似, 区别仅在于谢尔宾斯基三角形是以三角形而非正方形为基础的. 谢尔宾斯基三角形的构造过程是对一个实心的三角形 (多数使用等边三角形) 沿三边中点的连线将它分成四个小三角形, 去掉中间的那一个小三角形, 对其余三个小三角形重复这一操作 …… 便能得到谢尔宾斯基三角形. 进而利用坐标分离的做法, 分形的典型例子谢尔宾斯基三角形就可表示为

$$\Delta \setminus \bigcup_{j=0}^{\infty} \{u_j v_j v_j = 000\} \tag{2.3.24}$$

从而可画出谢尔宾斯基三角形, 如图 2.17 所示, 它也是自相似集的例子.

图 2.17 谢尔宾斯基三角形

第 3 章 函　　数

在物质世界里常常是一些量依赖于另一些量, 即一些量的值随另一些量的值确定而确定. 函数就是这类依赖关系的一种数学概括.

——摘自《中国大百科全书·数学》(第 289 页)[①]

3.1　概　　观

函数是数学最基本的概念之一. 1673 年, 莱布尼茨首次使用 "Function" 这个用语, 中文译为 "函数", 出自中国近代著名数学家李善兰的著作《代数学》. 在中学的数学课中, 已经明确知道函数的定义: 在某变化过程中, 有两个变量 x, y, 若对于在某个范围 X 内的每个确定的值 x, 按照某种对应法则 φ, 都有唯一确定的值 y 与之对应, 则 y 就是 x 的函数, 记为 $y = \varphi(x), x \in X$. x 叫作自变量, X 为定义域, 函数值的集合叫作函数的值域 (记为 Y). 这里, "某变化过程中" "某个范围" "某种对应法则", 这 "某" 字是说不清的. 后来, 引进 "映射" 概念: 两个集合 X 和 Y, 它们的元素之间有对应关系, 记为 φ. 若对于 X 中的每一个元素, 通过 φ 在 Y 中都存在唯一一个元素与之对应, 则该对应关系 φ 就称为从 X 到 Y 的一个映射.

映射是描述两个集合元素之间一种特殊的对应关系. 映射, 在不同的领域往往有不同的名称, 它们的本质是相同的, 如函数、算子等. 这里要说明, 定义域并不要求必须是数集, 譬如, 它可以是平面上所有的圆组成的集合. 也不要求它一定要有无限多个元素. 而通常所说的函数是指两个数集之间的映射, 定义域为实数轴上的一个区间是数值变量的最重要的情形, 其他的映射可以不是通常说的函数. 这样看来, 映射比函数在概念上更为广义. 换言之, 函数是一类特殊的映射.

当把 φ 视作映射时, 一般是强调在 φ 之下, 集合 X 与集合 Y 之间的关系, 不强调甚至不感兴趣 φ 的具体表达式. 当说 φ 是一个函数的时候, 习惯上强调其具体表达式. 微积分学里, 像中值定理、隐函数存在定理、格林函数等重要事实, 强调其函数 (曲线、曲面) 的特征.

关于函数, 还有一些有用的概念. 值域 Y 中所有的 $\varphi(x)$ 构成的子集, 称为 φ 的象, 记为 $\varphi(X)$. 若 $\varphi(X) = Y$, 则称函数 φ 是满射的. 若 φ 不把 X 中两个元素映射到 Y 的同一元素上, 则称 φ 为单射; 这时, 映射 $\varphi(x) \to x$ 是由 $\varphi(X)$ 到 X 的函数 ψ, 它对于 X 中所有的 x, 都满足 $\varphi(\psi(y)) = y$, 此时称 ψ 为 φ 的左逆. 若一

[①] 华罗庚, 苏步青. 中国大百科全书·数学. 北京: 中国大百科全书出版社, 1988.

个函数既是单射又是满射, 则称之为双射 (一一对应). 若 $\varphi: X \to Y$ 是双射, 则其左逆同时也是右逆, 这时说 φ 与 ψ 是互逆的. 其满射、单射与双射示意图如图 3.1 所示.

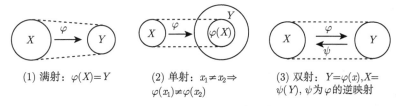

(1) 满射：$\varphi(X)=Y$　　(2) 单射：$x_1 \neq x_2 \Rightarrow$　　(3) 双射：$Y=\varphi(x), X=$
$\varphi(x_1) \neq \varphi(x_2)$　　$\psi(Y), \psi$ 为 φ 的逆映射

图 3.1　满射、单射与双射示意图

映射的概念中出现了集合这个词, 那么, 集合的定义是什么? 尽管如今集合概念已经深入到数学的各个分支, 但集合的定义尚未统一 (实际上, 研究定义的统一性并未引起学界更大的兴趣). 通常的定义是, 由有限或无限多个互不相同的元素构成的整体叫作集合. 这里, 元素指的是在相应的研究中最基本的个体.

数学的基本研究对象是集合, 这是集合概念提出之后对现代数学的认识, 人们的共识是 "集合是现代数学的奠基石". 集合的概念迟至 1873 年才由德国数学家格奥尔格·费迪南德·路德维希·菲利普·康托尔 (Georg Ferdinand Ludwig Philipp Cantor, 1845—1918) 提出, 有人还把集合的生日 1873 年 12 月 7 日作为现代数学时期的开端.

从函数说到集合论, 并不离题太远. 非数学专业的研究生, 特别是信息处理有关领域的, 建议了解一下康托尔的贡献与他在数学史上的地位, 以及诸如 "实数不可数" 的证明的故事, 知道一些他奋斗二十多年建立集合论中论述的序结构、代数结构、拓扑结构, 似乎不是可有可无.

回到数学上所讨论的函数. 注意数学上与工程上, 对函数的理解有所区别. 数学上说, 函数只是变量之间相互依赖的一个规律, 函数不意味着变量之间存在着任何 "因果" 关系. 譬如, 对在常温下一个封闭容器内的气体, 玻意耳定律叙述为压强 p 和体积 v 的乘积是一个常数 (与温度有关), 记为 $pv = c$, 于是 p 可看作 v 的函数 $p = c/v$, 以及 v 可看作 p 的函数 $v = c/p$. 但是, 这里并不含有体积的变化是压强变化的 "原因" 的意思, 正如不含有压强的变化是体积变化的 "原因" 的意思一样. 函数只是人们所关心的两个变量之间的联系方式. 有时候, 数学家与物理学家对函数的概念强调的地方有所不同. 前者通常强调是 "对应规律", 也就是说, 用在自变量 x 上, 就得到因变量 y, 就此而言 φ 是一个数学运算符号. 另一方面, 物理学家更感兴趣的是 y, 而不是那个通过 x 算出 y 的数学过程 φ. 譬如, 空气对运动物体的阻力 u 与速度 v 有关, 并且可通过实验求出来, 而不管是否有一个已知的可用来计算的明显的数学表达式 $u = f(v)$. 物理学家感兴趣的是实际的阻力, 并非任何具体的数学公式, 除非这个公式直接有助于对 u 的了解.

数学中, 函数的最简单的类型是多项式; 其次是有理函数, 它们是多项式的比; 再就是三角函数. 尽管函数的类型千变万化, 这三种虽然简单, 却是最基本的.

函数的概念是发展的. 二十世纪三十年代, 许多物理问题中所研究的自然现象出现的奇异性是古典的微积分难以应付的, 由此出现了所谓广义函数 (这是苏联数学家的称呼, 西方数学界称之为分布理论). 鉴于它的重要性, 本书会在后面章节对一种广义函数, 即狄拉克 (Dirac) 函数略作介绍.

3.1.1 函数的表达方式

解析表达方式 通过等式表达自变量与因变量的函数关系, 这种表示方法的优点是:

(1) 函数关系清楚、明确;

(2) 容易从自变量的值求出其对应的函数值;

(3) 便于研究函数的性质.

解析表达方式, 常见的有:

隐函数 一般地, 若变量 x 和 y 满足一个方程 $F(x, y) = 0$, 在一定条件下, 当 x 取某区间内的任一值时, 相应地总有满足这个方程的 y 值 (不一定唯一, 如 $x^2 + y^2 = 1$) 存在, 则就说方程 $F(x, y) = 0$ 在该区间内确定了一个隐函数. 隐函数不一定能写为 $y = f(x)$ 的形式. 因此按照函数 "设 x 和 y 是两个变量, D 是实数集的某个子集, 若对于 D 中的每个值 x, 按照一定的法则有一个确定的值 y 与之对应, 称变量 y 为变量 x 的函数, 记作 $y = f(x)$" 的定义, 隐函数不一定是 "函数", 而是 "方程".

参数方程 在取定的坐标系中, 若曲线上任一点的坐标 x, y 都是某个变量 t 的函数

$$\begin{cases} x = f(t) \\ y = g(t) \end{cases} \quad (t\text{为参数}) \tag{3.1.1}$$

并且对于 t 的每一个允许值, 由方程组 (3.1.1) 所确定的点 $M(x, y)$ 都在这条曲线上, 则方程组 (3.1.1) 叫作这条曲线的参数方程, 联系 x, y 之间的变数叫作参变数, 简称参数.

多元函数的表达 设 D 是一个平面点集, $\forall P = (x, y) \in D$, 按照一定法则 f 总有确定的值 z 与它对应, 即 $(x, y) \xrightarrow{f} z$, 则称 z 是变量 x, y 的二元函数, 记为

$$z = f(x, y) \quad \text{或} \quad z = f(P) \tag{3.1.2}$$

其中 x 和 y 称为自变量, z 称为因变量, 数集 $\{z | z = f(x, y), (x, y) \in D\}$ 称为该函数的值域, D 称为该函数的定义域.

此外, N 元函数可记为

$$(x_1, x_2, \cdots, x_n) \xrightarrow{f} u, \quad u = f(x_1, x_2, \cdots, x_n) \tag{3.1.3}$$

图示表达方式　　通过坐标系及图像能形象直观地表示出函数的变化趋势, 是利用数形结合思想进行研究的基础. 将函数用图表示出来, 逻辑思维与形象思维结合, 无疑有助于对所关注对象的认识与理解. 利用图形图像记录与传输信息, 这是人类进化过程中走出迷蒙的标志. 现代人的模拟仿真、信息可视化、虚拟现实、视频生成等, 归根结底是对映射 (函数) 的可视化研究与发展.

语言描述方式　　通过通常语言表达自变量与因变量的函数关系, 有时这种表示方法很明确, 有时又比较模糊. 往往一些老大难的数学问题, 不必借助数学符号表示, 用语言描述会简单清晰. 但若想寻求到解析的表达式则非常困难. 譬如数论中, 从小到大排列, 第 n 个素数为 N_n. 它的表达式是什么? 圆周率的第 n 位小数是 π_n, 那么 π_n 有表达式么? 又如孪生素数问题……

有表达式的函数, 未必能严格地画出它的图像或图形; 容易画出它的图 (特别是用计算机), 但是有时亦难以由此得到它的解析表达式.

3.1.2　函数的可视表达

这里再述函数图示问题. 形与数, 是数学研究的基本对象. 解析表达未必给人以直观的了解, 于是借助 "图". 数与形的关联与转化, 是数学研究的永恒内容. 逻辑推理与形象思维, 是探索自然的双翼. 逻辑推理让你做到严密论证, 获得根基与自信; 形象思维则帮助你联想、解放与创新.

函数的可视表达, 主要是画图. 此外, 像立体模型、雕塑等也是可视表达. 本书第 4 章将集中谈及.

3.1.3　泛函分析

对某集合内的每一个函数 y, 有一个 $J(y)$ 值与之对应, 简言之 $J(y)$ 可看作是函数的函数, 也就是 "泛函". 泛函分析是现代分析的基础, 泛函分析这个名词由法国数学家雅克 · 所罗门 · 阿达马 (Jacques Solomon Hadamard, 1865—1963) 首先采用. 泛函分析的建立, 体现了二十世纪在集合论影响下空间和函数这两个概念的进一步变革. 空间, 现在被理解为某类元素的集合, 这些元素按习惯被称为 "点", 这些 "点", 可以是任意的抽象对象. 点与点之间受到某种关系的约束, 而这些关系被称为空间的结构. 也就是说, "空间" 是具有某种结构的集合, 而 "函数" 的概念则被推广为两个空间之间的元素对应 (映射) 关系, 其中将函数映射为实数 (或复数) 的对应关系就是通常所说的 "泛函".

对函数深入理解, 引申到泛函, 可从了解 "希尔伯特 (Hilbert) 空间" 入手, 这是历史上第一个具体的无穷维空间: 无穷实数组 $a_1, a_2, a_3, \cdots, a_n, \cdots$, 简记为

$\{a_n | n = 1, 2, 3, \cdots\}$. 若记 $a = (a_1, a_2, a_3, \cdots, a_n, \cdots)$, 当 a 平方可和时, 则由 a 的全体组成的空间被称为 l^2 空间. 再设 $b = (b_1, b_2, b_3, \cdots, b_n, \cdots)$, 则有 $\langle a, b \rangle = \sum_{n=1}^{\infty} a_n b_n$. 几何的说法, 将每个无穷数组看作是空间中的一个 "点"; 进而该 "点" 有无穷多个坐标 $a_1, a_2, a_3, \cdots, a_n, \cdots$, 看作是 "向量", 引进 "向量长度"; 继而, 像三维空间那样引进两个向量 "正交" 的概念, 直到把无穷向量的集合, 推广到全体在区间 $[0,1]$ 上平方可积函数的集合 $L^2[0,1]$, 并且 $L^2[0,1]$ 与 l^2 建立了一一对应关系; 于是, 一个平方可积函数可看作是无穷维空间 $L^2[0,1]$ 中的一个点. 这样一来, 函数概念的推广, 使人们认识到泛函分析就是函数空间上的微积分.

通常函数的概念, 演变到广义函数, 这是二十世纪泛函分析发展的又一重大事件. 长期以来, 科学家们一直为一类奇怪的函数所困惑, 其典型的例子是狄拉克函数:

$$\delta(x) = \begin{cases} 0, & x \neq 0, \\ \infty, & x = 0; \end{cases} \qquad \int_{-\infty}^{+\infty} \delta(x)dx = 1 \tag{3.1.4}$$

这类函数在物理学中有重要应用, 但是按已有的函数概念, 这不能叫作一个函数. 以法国的洛朗–莫伊兹·施瓦茨 (Laurent-Moïse Schwartz, 1915—2002) 为代表的数学家将这类函数解释为函数空间上的一类泛函, 使它们有了严格的数学基础. 广义函数被施瓦茨称为 "分布"(Distribution). 从这个用词就可以知道, 像 $\delta(x)$ 这样的函数, 具有广泛的影响, 在概率论与统计学, 乃至函数逼近、计算几何学, 它都显示出基本的作用.

3.2　具 体 数 学

德国数学家菲利克斯·克莱因 (Felix Klein, 1849—1925) 认为: "函数教育应该成为数学教育的灵魂, 以函数教育为中心, 将全部数学教材集中在它的周围进行充分的综合." 由此可见, 函数在数学教育上有举足轻重的地位. 在数学领域, 函数是一种关系, 这种关系是被定义在两集合间, 从而使输入值集合中的每项元素皆能对应唯一一项输出值集合中的元素. 通常, 函数以数学表达式给出. 函数的图像, 代表几何造型、信号的波形等. 函数可以从不同的角度进行分类, 如连续与非连续、单调与非单调、单变量与多变量和确定性与随机性.

3.2.1　函数的运算

当函数 f 以 x 作为输入值时, 通常记作 $f(x)$. 函数的一些运算, 比如: 微分运算可被记为 $f'(x)$; 积分运算可被记为: $F(x) = \int_{-\infty}^{x} f(t)dt$; 函数的相加、相乘. 例如, 函数的上下平移, 就是函数与常数函数相加. 将两个函数相加, 其实就是把它们的值加起来. 既然谈了相加, 就包含了相减 (先乘上 -1 后再相加), 因此不再赘述.

另外, 将函数拉高, 就是函数与常数函数相乘. 两个函数相乘, 在一个函数靠近 1 的时候, 函数乘积靠近另一个函数的曲线; 在一个函数有根 (函数图像与 x 轴有交点) 的时候, 函数积也有根. 实际应用中, 最常见的函数相乘, 就是 "阻尼振荡": 一边振荡、一边缩小振幅, 最后趋于不振动. 函数相除, 作为分母的函数, 若没有根, 则情形就与相乘是一样的, 即相除就等于与倒数相乘. 若分母函数有根, 则就是讨论渐近线的问题了, 在此, 不做讨论.

函数的合成

当两个函数合并成一个函数时, 称得到的新函数为此两个函数的合成函数. 其定义为: 令 x 在函数 g 的定义域里, 且 $g(x)$ 在函数 f 的定义域中, 则函数 $h = f(g(x))$ 称为 f 与 g 的合成函数, 通常记为 $f \circ g$, 即 $f \circ g(x) = f(g(x))$, 并且 $f \circ g(x)$ 的定义域为 "在 g 的定义域中, 所有使得 $g(x)$ 落在 $f(x)$ 的定义域里" 的 x 所形成的集合.

例 令 $f(x) = x^2$, $g(x) = x+1$, 那么 $f \circ g(x) = f(g(x)) = (x+1)^2 = x^2 + 2x + 1$. 这里需注意, 将 f 与 g 合成的函数不一定等于将 g 与 f 合成的函数. 譬如, 当 $f(x) = 2x-3$, $g(x) = x^2+1$ 时, $f \circ g(x) = 2x^2 - 1$, 而 $g \circ f(x) = 4x^2 - 12x + 10 \neq f \circ g(x)$.

函数的分解

从各种不同的角度作函数分解:

(1) 任何函数都可分解成一个偶函数与一个奇函数之和;

(2) 复函数分解为 $f(x) = f_r(x) + jf_i(x)$, 它的共轭复函数为 $f^*(x) = f_r(x) - jf_i(x)$. 从而给出实部与虚部的表达式, 这里 $j = \sqrt{-1}$.

此外, 正交分解和分形描述等有关于函数的分解, 将在后续章节中给予讨论.

函数的卷积

函数的卷积研究, 最早可追溯到十九世纪的欧拉、泊松 (Poisson), 在现代地震勘探、超声诊断、光学成像、系统辨识等信号处理领域, 卷积与反卷积无处不在.

令函数 $f(x)$, $g(x)$ 是定义在 $\mathbb{R}^n$ 上的可测函数 (Measurable Function), 函数 $f(x)$, $g(x)$ 的卷积记作 $f(x) * g(x)$ 或 $(f * g)(x)$, 它是其中一个函数翻转并平移后与另一个函数的乘积的积分, 是一个对平移量的函数, 即

$$(f * g)(x) \stackrel{\text{def}}{=\!=} \int_{\mathbb{R}^n} f(t)g(x-t)dt \tag{3.2.1}$$

若函数不是定义在 $\mathbb{R}^n$ 上, 则可把函数定义域以外的值都规定成零, 这样就变成一个定义在 $\mathbb{R}^n$ 上的函数.

卷积具有如下性质:

(1) **交换律**　$f(x) * g(x) = g(x) * f(x).$

(2) **分配律**　$f(x) * [g(x) + h(x)] = f(x) * g(x) + f(x) * h(x).$

(3) **结合律**　$f(x) * [g(x) * h(x)] = [f(x) * g(x)] * h(x).$

(4) **卷积的微分和积分**　两个函数相卷积后的导数等于其中一个函数的导数与另一个函数的卷积; 两个函数相卷积后的积分等于其中一个函数的积分与另一个函数的卷积.

(5) **卷积定理**　函数卷积的傅里叶 (Fourier) 变换是函数傅里叶变换的乘积, 即 $F\{f * g\} = F\{f\} \times F\{g\}$, 其中 $F\{f\}$ 表示 f 的傅里叶变换.

3.2.2　典型的函数

熟悉的常见函数有: 正反比例函数、二次函数、指数函数、对数函数、幂函数等. 熟知它们的性质, 如定义域、值域、单调性、奇偶性、周期性、对称性、渐近性等, 有助于更好地理解与应用这些函数. 下面, 介绍几个其他的常见的典型函数.

概率质量函数

在概率中, 若随机变量 X 只可能取有限个或可列个值, 称这种随机变量为离散型随机变量. 设离散型随机变量 X 可能取的值为 $x_1, x_2, \cdots, x_n$, 且 X 取这些值的概率为: $P\{X = x_k\} = p_k \ (k = 1, 2, \cdots, n)$, 则称上述一系列等式为随机变量 X 的概率质量函数 (或分布律).

为了直观起见, 有时将 X 的概率质量函数 (或分布律) 用表 3.1 表示.

表 3.1　随机变量 X 的概率质量函数

X	x_1	x_2	$\cdots$	x_n
P	p_1	p_2	$\cdots$	p_n

由概率的定义知, 离散型随机变量 X 的概率分布具有以下两个性质:

(1) $p_k \geqslant 0 \ (k = 1, 2, \cdots)$; (非负性)

(2) $\sum_k p_k = 1.$ (归一性)

这里当 X 取有限个值 n 时, 记号为 $\sum_{k=1}^{n}$, 当 X 取无限可列个值时, 记号为 $\sum_{k=1}^{\infty}$. 熟知二项分布、泊松分布、几何分布及超几何分布等几种常用的离散型随机变量分布的概率质量函数是有必要的, 这里不再赘述.

除了离散型随机变量外, 还有一类重要的随机变量——连续型随机变量, 这种随机变量 X 可取 $[a, b]$ 或 $(-\infty, +\infty)$ 等某个区间的一切值. 如灯泡的寿命、顾客买东西排队等待的时间等. 由于这种随机变量的所有可能取值无法像离散型随机变量那样一一排列, 因此也就不能用离散型随机变量的概率质量函数 (分布律) 来描述它的概率分布. 在理论上和实践中刻画这种随机变量的概率分布常用的方法是概率密度函数.

概率密度函数

设 X 为随机变量, 若存在一个定义在整个实轴上的函数, 满足条件:

(1) $f(x) \geqslant 0$;

(2) $\displaystyle\int_{-\infty}^{+\infty} f(x)dx = 1$;

(3) 对于任意实数 $a, b(a \leqslant b)$, 有

$$P\{a \leqslant X \leqslant b\} = \int_a^b f(x)dx \tag{3.2.2}$$

则称 X 为连续型随机变量, 而 $f(x)$ 称为 X 的概率密度函数. 熟知均匀分布、指数分布及正态分布这三种重要的连续型随机变量的概率密度函数也是有必要的. 鉴于正态分布的重要性, 为加深理解, 在此, 简要谈一下正态分布的概率密度函数 $y = \dfrac{1}{\sqrt{2\pi}\sigma}e^{-\frac{(x-\mu)^2}{2\sigma^2}}$. 事实上, 正态分布的概率密度函数是通过函数 $y = e^{-x^2}$ 的平移缩放变换得到的. 关于函数图像变换的介绍及具体实例可见 3.2.4 节中的介绍. 以下给出如何通过函数 $y = e^{-x^2}$ 的变换得到正态分布的概率密度函数.

事实上, 函数 $y = e^{-x^2}$ 的图像到函数 $y = \dfrac{1}{\sqrt{2\pi}\sigma}e^{-\frac{(x-\mu)^2}{2\sigma^2}}$ 的图像变化过程可概括如下 (这里以 $\mu = 2, \sigma = 1$ 为例): 图 3.2(1) 为函数 $y = e^{-x^2}$ 的图像, 将该图像向右平移两个单位, 得到函数 $y = e^{-(x-2)^2}$ 的图像, 如图 3.2(2) 所示; 再将该图像的横坐标伸长到原来的 2 倍, 得到函数 $y = e^{-\frac{(x-2)^2}{2}}$ 的图像, 如图 3.2(3) 所示; 最后将该图像的纵坐标缩短到原来的 $\dfrac{1}{\sqrt{2\pi}}$ 倍, 得到函数 $y = \dfrac{1}{\sqrt{2\pi}}e^{-\frac{(x-2)^2}{2}}$ 的图像, 如图 3.2(4) 所示.

进一步, 可以讨论 μ, σ 对函数 $y = e^{-x^2}$ 的图像的影响. 当 μ, σ 取不同值时, 图 3.3 给出了正态分布的概率密度函数图像. 固定 μ, 改变 σ 的大小时, 函数图形的对称轴不变, 而形状在改变. σ 越小, 图形 "高集中区域越窄"; σ 越大, 图形 "高低集中区域越宽", 如图 3.4 所示. 图 3.5 为固定 σ, 改变 μ 的大小时, 函数图形的形状不变, 只是沿着 x 轴作平移变换.

正态分布密度函数具有如下几何特征: 曲线关于 $x = \mu$ 对称; 当 $x = \mu$ 时, y 取得最大值 $\dfrac{1}{\sqrt{2\pi}\sigma}$; 曲线在 $\left(\mu \pm \sigma, \dfrac{1}{\sqrt{2\pi e}\sigma}\right)$ 处有拐点; 曲线以 x 轴为渐近线.

这里顺带提及, 正态分布亦称 "高斯分布". 1809 年, 高斯最初将正态分布的公式作为表示误差的分布写在他的著作中, 而与正态分布关系较为深刻的中心极限定理则由拉普拉斯在 1810 年以前发表. 事实上, 正态分布的公式本身是在更早的时

候就已经公开了. 最早发现正态分布公式的是棣莫弗, 初见于 1733 年的论文. 论文的内容收录在《偶然论》的第二版 (1738 年). 拉普拉斯首次提出正态分布的公式是在 1774 年的论文中. 高斯本人从未主张过自己是发现正态分布的第一人.

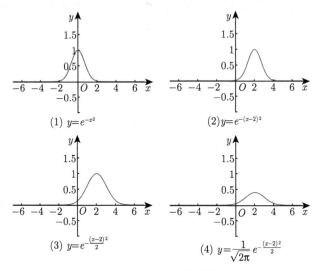

图 3.2　概率密度函数

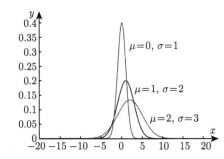

图 3.3　正态分布的概率密度函数图像 (μ, σ 取不同值)

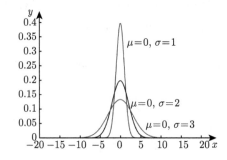

图 3.4　正态分布的概率密度函数图像 (固定 μ, 改变 σ 的大小)

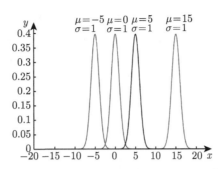

图 3.5　正态分布的概率密度函数图像 (固定 σ, 改变 μ 的大小)

　　用随机变量的概率质量函数和概率密度函数分别描述离散型和连续型随机变量的分布, 并引入 "分布函数" 的概念, 它可刻画任何一类随机变量, 为研究带来方便.

分布函数

　　设 X 为一个随机变量, x 为任意实数, 称函数 $F(x) = P\{X \leqslant x\}$ 为 X 的分布函数.

　　显然, 在上述定义中, 当 x 固定为 x_0 时, $F(x_0)$ 为事件 $\{X \leqslant x_0\}$ 的概率, 当 x 变化时, 概率 $P\{X \leqslant x\}$ 便是 x 的函数.

　　分布函数具有性质:

　　(1) $F(x)$ 是自变量 x 的单调不减函数;

　　(2) $0 \leqslant F(x) \leqslant 1$, 且 $F(-\infty) = 0$, $F(+\infty) = 1$;

　　(3) $F(x)$ 对自变量 x 右连续, 即对任意实数 x, $\lim\limits_{\Delta x \to 0^+} F(x + \Delta x) = F(x)$.

特征函数

　　令随机变量 X 的概率密度函数为 $f(x)$, 则特征函数 $\phi_X(k)$ 定义为 e^{ikx} 的期望值, 即

$$\phi_X(k) = E\big[e^{ikx}\big] = \int_{-\infty}^{+\infty} e^{ikx} f(x) dx \tag{3.2.3}$$

不难发现, 特征函数的本质是概率密度函数 $f(x)$ 的傅里叶变换, 并且任意概率密度函数都存在特征函数. 如果已知概率密度函数 $f(x)$, 往往关心其数字特征值 (譬如均值、方差). 需注意的是: 数字特征值提供了概率密度函数最重要的信息, 但不能完全确定概率密度函数的所有性质. 此外, 特征函数则与概率密度函数一一对应; 概率密度函数由特征函数的反傅里叶变换唯一确定, 有如下公式:

$$f(x) = \frac{1}{2\pi} \int_{-\infty}^{+\infty} e^{-ikx} \phi_x(k) dk \tag{3.2.4}$$

换言之, 概率密度函数 $f(x)$ 与其特征函数 $\phi_X(k)$ 是等价的.

既然概率密度函数与特征函数一一对应, 那为什么还需要引入特征函数呢? 其原因是很多问题直接用概率密度函数不易处理, 但用特征函数处理则非常方便. 譬如, 求独立随机变量之和的分布时, 特征函数能将卷积运算变为乘法运算; 将 n 阶代数矩的计算变为求 n 阶微分.

特征函数具有如下性质:

(1) $\phi_X(0) = 1$ 和 $|\phi_X(k)| \leqslant 1$;

(2) 若 $Y = aX + b$, 其中 a, b 为常数, 则 $\phi_Y(t) = e^{ibt}\phi_X(ak)$;

(3) 独立随机变量和的特征函数为每个随机变量特征函数的积, 即设 X, Y 独立, 则 $\phi_{X+Y}(t) = \phi_X(k)\phi_Y(k)$;

(4) 若 $E[x^l]$ 存在, 则 $\phi_X(k)$ 为 l 次可导, 并且对 $1 \leqslant m \leqslant l$, 有 $\phi_X^{(m)}(0) = i^m E[x^m]$.

狄拉克 (Dirac)-δ 函数

狄拉克函数 (记为 δ 函数) 为数学家、物理学家及工程技术人员所熟悉; 它由英国科学家保罗·埃德里安·莫里斯·狄拉克 (Paul Adrien Maurice Dirac, 1902—1984) 引进, 因而得名.

狄拉克函数被称为 "奇异函数" 或 "广义函数". 在物理学中常用其表示质点、点电荷等理想模型的密度分布. 在信号分析与处理研究领域中, 又将它称作单位脉冲函数. 对于自变量为一维的 δ 函数来说, 它满足下列条件:

$$\delta(x) = \begin{cases} 0, & x \neq 0 \\ \infty, & x = 0 \end{cases} \tag{3.2.5}$$

$$\int_{-\infty}^{\infty} \delta(x)dx = 1 \tag{3.2.6}$$

这表明, δ 函数在 $x \neq 0$ 点处处为零, 在 $x = 0$ 点出现无穷大极值, $x = 0$ 点又称为奇异点. 但是, 尽管 $\delta(0)$ 趋近于无穷大, 对它的积分却等于 1, 即对应着 δ 函数的 "面积" 或 "强度" 等于 1, 所以 δ 函数又叫作单位脉冲函数.

狄拉克函数具有如下性质:

(1) **积分性质**　由式 (3.2.6) 可得

$$\int_{-\infty}^{\infty} \delta(x \pm x_0)dx = 1 \tag{3.2.7}$$

即表明了 δ 函数的积分性质, 这个积分也可称之为 δ 函数的 "强度".

(2) **筛选性质**

$$\int_{-\infty}^{\infty} f(x)\delta(x)\,dx = f(0) \tag{3.2.8}$$

$$\int_{-\infty}^{\infty} f(x)\delta(x-a)\,dx = f(a) \tag{3.2.9}$$

其中 $f(x)$ 为定义在区间 $(-\infty, \infty)$ 上的连续函数.

(3) **坐标缩放性质**　设 a 为常数, 且不为零, 则有

$$\delta(ax) = \frac{\delta(x)}{|a|} \quad (a \neq 0) \tag{3.2.10}$$

推论 1　$\delta(-x) = \delta(x)$, 说明 δ 函数具有对称性.

推论 2　$\delta\left(\dfrac{x}{a}\right) = |a|\,\delta(x)\,(a \neq 0)$.

(4) **δ 函数的乘法性质**　若 $f(x)$ 在 x_0 点连续, 则有

$$f(x)\,\delta(x-x_0) = \delta(x-x_0)\,f(x_0) \tag{3.2.11}$$

由此得出推论

$$x\delta(x) = 0 \tag{3.2.12}$$

$$x\frac{d}{dx}\delta(x) = -\delta(x) \tag{3.2.13}$$

$$\int_{-\infty}^{\infty} \delta(a-x)\delta(x-b)\,dx = \delta(a-b) \tag{3.2.14}$$

事实上, 从 δ 函数出发, 并定义其 k 次磨光函数, 可以得到 k 次 B-样条基函数, 详见本书第 7 章.

抽样函数

抽样函数 (Sample Function) (也称为 $Sa(t)$ 函数) 是指正弦函数和自变量之比构成的函数, 即 $\sin t$ 与 t 之比构成的函数, 其表达式为

$$Sa(t) = \frac{\sin t}{t} \tag{3.2.15}$$

当 $t = 0$ 时, 抽样函数分子与分母都是零, 可借助洛必达法则求得

$$Sa(0) = \frac{(\sin t)'}{t'}\bigg|_{t=0} = \frac{\cos t}{1}\bigg|_{t=0} = 1 \tag{3.2.16}$$

当 $t \neq 0$ 时, 随着 t 的绝对值的增大, 函数值的绝对值不断减小, 向 0 趋近. 由于正弦函数 $\sin t$ 在 $t = n\pi\,(n \in Z, n \neq 0)$ 时函数值为 0, 因此, 抽样函数在 $t = \pm\pi, \pm2\pi, \pm3\pi, \cdots, \pm n\pi$ 时, 函数值等于零. 其波形图如图 3.6 所示.

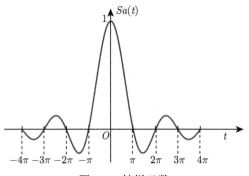

图 3.6　抽样函数

此外, 抽样函数具有以下性质:

(1) 以相邻两个过零点为端点的区间称为过零区间, 那么原点附近的过零区间宽度为 2π, 其他过零区间宽度均为 π;

(2) $Sa(t)$ 函数是偶函数;

(3) $\displaystyle\int_0^\infty Sa(t)dt = \int_{-\infty}^0 Sa(t)dt = \frac{\pi}{2}; \int_{-\infty}^\infty Sa(t)dt = \pi.$

抽样函数在信号分析与处理研究领域中有重要应用, 因为它的傅里叶变换函数是矩形波, 可将它用作低通滤波器, 得到原信号的低频频谱, 傅里叶反变换后就得到部分原信号, 从而实现信号的抽样.

3.2.3　函数泰勒级数展开

布鲁克 · 泰勒 (Brook TayLor, 1685—1731) 是十八世纪早期英国牛顿学派最优秀的代表人物, 1705 年入剑桥大学圣约翰学院, 1709 年毕业并获法学学士学位, 1714 年获法学博士学位, 1714 − 1718 年担任皇家学会秘书. 他在《正的和反的增量方法》(1715 年) 一书中首先发表了泰勒级数, 他是在研究插值公式时得到此发现的. 直到 1772 年拉格朗日才认识到这个公式的重要性并称之为 "导数计算的基础". 从微积分的观点看, 在一切函数中, 以多项式最为简单. 那么自然要问, 能否用简单的多项式来逼近一般函数呢? 众所周知的泰勒分析肯定了这一事实, 它表明, 一般的光滑函数 $f(x)$ 可用多项式来近似刻画. 泰勒分析是十八世纪初的一项重大的数学成就.

泰勒级数

熟知, 设 $f(x)$ 在 x_0 有任意阶导数, 则称

$$\sum_{n=0}^\infty \frac{f^{(n)}(x_0)}{n!}(x-x_0)^n \tag{3.2.17}$$

为 $f(x)$ 在 x_0 的泰勒级数.

特别地, 当 $x_0 = 0$ 时, $f(x)$ 的泰勒级数 $\sum_{n=0}^{\infty} \frac{f^{(n)}(0)}{n!} x^n$ 也称为麦克劳林 (Maclaurin) 级数.

由于 $f(x)$ 在 x_0 有任意阶导数, 那么存在一个 $r > 0$, 对于任意正整数 n, 有泰勒公式:

$$f(x) = \sum_{k=0}^{n} \frac{f^{(k)}(x_0)}{k!} (x - x_0)^k + R_n(x), \quad x \in (x_0 - r, x_0 + r) \tag{3.2.18}$$

其中 $R_n(x)$ 是余项. 它的拉格朗日型为

$$R_n(x) = \frac{f^{(n+1)}(\xi)}{(n+1)!} (x - x_0)^{n+1} \tag{3.2.19}$$

ξ 介于 x 和 x_0 之间, 亦可写成

$$R_n(x) = \frac{f^{(n+1)}[x_0 + \theta(x - x_0)]}{(n+1)!} (x - x_0)^{n+1}, \quad 0 \leqslant \theta \leqslant 1 \tag{3.2.20}$$

同样, 也可写成

$$R_n(x) = \frac{f^{(n+1)}[x_0 + \theta(x - x_0)]}{n!} (1 - \theta)^n (x - x_0)^{n+1}, \quad 0 \leqslant \theta \leqslant 1 \tag{3.2.21}$$

这个形式的余项被称为柯西余项.

基本初等函数泰勒展开式

下面列出几个基本初等函数在 $x = 0$ 处的泰勒展开式, 也叫作麦克劳林展开式.

(1) 函数 $f(x) = e^x$ 在 $x = 0$ 处的泰勒展开式为

$$e^x = 1 + x + \frac{x^2}{2!} + \frac{x^3}{3!} + \cdots + \frac{x^n}{n!} + \cdots$$
$$= \sum_{n=0}^{\infty} \frac{x^n}{n!}, \quad x \in (-\infty, +\infty) \tag{3.2.22}$$

(2) 函数 $f(x) = \sin x$ 在 $x = 0$ 处的泰勒展开式为

$$\sin x = x - \frac{x^3}{3!} + \frac{x^5}{5!} - \frac{x^7}{7!} + \cdots + (-1)^n \frac{x^{2n+1}}{(2n+1)!} + \cdots$$
$$= \sum_{n=0}^{\infty} \frac{(-1)^n}{(2n+1)!} x^{2n+1}, \quad x \in (-\infty, +\infty) \tag{3.2.23}$$

(3) 对式 (3.2.23) 两边同时求导, 可得函数 $f(x) = \cos x$ 在 $x = 0$ 处的泰勒展开式

$$\cos x = 1 - \frac{x^2}{2!} + \frac{x^4}{4!} - \frac{x^6}{6!} + \cdots + (-1)^n \frac{x^{2n}}{(2n)!} + \cdots$$

$$= \sum_{n=0}^{\infty} \frac{(-1)^n}{(2n)!} x^{2n}, \quad x \in (-\infty, +\infty) \tag{3.2.24}$$

(4) 函数 $f(x) = \dfrac{1}{1-x}$ 在 $x = 0$ 处的泰勒展开式为

$$\frac{1}{1-x} = 1 + x + x^2 + x^3 + \cdots + x^n + \cdots$$

$$= \sum_{n=0}^{\infty} x^n, \quad x \in (-1, 1) \tag{3.2.25}$$

由式 (3.2.25) 易得

$$\frac{1}{1+x} = 1 - x + x^2 - x^3 + \cdots + (-1)^n x^n + \cdots$$

$$= \sum_{n=0}^{\infty} (-1)^n x^n, \quad x \in (-1, 1) \tag{3.2.26}$$

(5) 对式 (3.2.26) 两边同时积分可得

$$\ln(1+x) = x - \frac{x^2}{2} + \frac{x^3}{3} - \frac{x^4}{4} + \cdots + (-1)^n \frac{x^{n+1}}{n+1} + \cdots$$

$$= \sum_{n=0}^{\infty} \frac{(-1)^n}{n+1} x^{n+1}, \quad x \in (-1, 1) \tag{3.2.27}$$

下面由函数的泰勒级数展开来给出几个基本的重要公式, 包括欧拉公式、数值微分公式、数值积分公式及牛顿法公式等.

欧拉公式与欧拉等式

借助函数 $f(x) = e^x$ 在 $x = 0$ 处的泰勒展开式, 可推导出欧拉公式.

将 $x = iz$ 代入 $f(x) = e^x$ 的麦克劳林展开式 (3.2.22) 可得

$$e^{iz} = 1 + iz + \frac{(iz)^2}{2!} + \frac{(iz)^3}{3!} + \frac{(iz)^4}{4!} + \frac{(iz)^5}{5!} + \frac{(iz)^6}{6!} + \frac{(iz)^7}{7!} + \frac{(iz)^8}{8!} + \cdots$$

$$= 1 + iz - \frac{z^2}{2!} - \frac{iz^3}{3!} + \frac{z^4}{4!} + \frac{iz^5}{5!} - \frac{z^6}{6!} - \frac{iz^7}{7!} + \frac{z^8}{8!} + \cdots$$

$$= \left(1 - \frac{z^2}{2!} + \frac{z^4}{4!} - \frac{z^6}{6!} + \frac{z^8}{8!} - \cdots\right) + i\left(z - \frac{z^3}{3!} + \frac{z^5}{5!} - \frac{z^7}{7!} + \cdots\right) \tag{3.2.28}$$

参考 $\sin x$ 和 $\cos x$ 的麦克劳林展开式 (3.2.23) 和式 (3.2.24), 可将式 (3.2.28) 改写为

$$e^{iz} = \cos z + i\sin z \qquad (3.2.29)$$

这就是著名的欧拉公式 (Euler's Formula). 该公式是复分析领域的重要公式, 它将三角函数与复指数函数神奇巧妙地联系在一起, 因其提出者欧拉而得名.

令 $z = \pi$, 利用欧拉公式有

$$e^{i\pi} = \cos\pi + i\sin\pi = -1 \qquad (3.2.30)$$

可得

$$e^{i\pi} + 1 = 0 \qquad (3.2.31)$$

这是欧拉公式的特殊情况. 这条恒等式第一次出现于 1748 年欧拉在洛桑出版的书. 谈到欧拉, 这里顺带提及拉普拉斯和高斯, 这三人的年号都与 7 有关. 欧拉生于 1707 年, 在还差一年就满 77 岁的时候逝于 1783 年, 享年 76 岁. 拉普拉斯生于 7×7=49 的 1749 年, 逝于 1827 年, 享年 77 岁. 高斯则生于 1777 年, 逝于 1855 年, 享年 77 岁.

理查德 · 菲利普斯 · 费曼 (Richard Phillips Feynman, 1918—1988) 称恒等式 (3.2.31) 为 "数学最奇妙的公式", 因为有 1 和 0 分别是乘法和加法这两个基本运算系统的单位元素, 且有三个运算方法, 即加法、乘法与次方, 还有两个特别超越数, 即 e 与圆周率 π. 再加上 i 这个虚数单位.

泊松分布的概率质量函数

进一步, 借助函数 $f(x) = e^x$ 在 $x = 0$ 处的泰勒展开 $e^x = \sum_{n=0}^{\infty} \dfrac{x^n}{n!}$, 可得

$$e^{\lambda} = \sum_{n=0}^{\infty} \frac{\lambda^n}{n!} \qquad (3.2.32)$$

所以,

$$e^{-\lambda} \cdot \sum_{n=0}^{\infty} \frac{\lambda^n}{n!} = 1 \qquad (3.2.33)$$

这使我们联想到泊松分布的概率质量函数

$$P\{X = k\} = \frac{e^{-\lambda}\lambda^k}{k!} \qquad (3.2.34)$$

泊松分布的参数 λ 是单位时间 (或单位面积) 内随机事件的平均发生率.

泊松分布是一种统计与概率学里常见的离散型概率分布, 由法国数学家、几何学家和物理学家西莫恩 · 德尼 · 泊松 (Siméon Denis Poisson, 1781—1840) 在

1838 年时发表. 泊松在 1812 年当选为巴黎科学院院士, 他推广了 "大数定律", 并导出了泊松积分. 在数学中, 以泊松的姓名命名的有: 泊松定理、泊松公式、泊松方程、泊松分布、泊松过程、泊松积分、泊松级数、泊松变换、泊松代数、泊松比、泊松流、泊松核、泊松稳定性、泊松求和法等. 事实上, 泊松分布适合于描述单位时间内随机事件发生的次数的概率分布. 如某一服务设施在一定时间内收到的服务请求的次数、电话交换机接到呼叫的次数、汽车站台的候客人数、机器出现的故障数、自然灾害发生的次数、DNA 序列的变异数、放射性原子核的衰变数等.

数值微分公式

借助泰勒展开式, 便可构造函数 $f(x)$ 在点 $x = x_0$ 处的一阶导数和二阶导数的数值微分公式.

取步长 $h > 0$, 则

$$f(x_0 + h) = f(x_0) + hf'(x_0) + \frac{h^2}{2}f''(\xi_1), \quad \xi_1 \in (x_0, x_0 + h) \tag{3.2.35}$$

故

$$f'(x_0) = \frac{f(x_0 + h) - f(x_0)}{h} - \frac{h}{2}f''(\xi_1), \quad \xi_1 \in (x_0, x_0 + h) \tag{3.2.36}$$

同理

$$f(x_0 - h) = f(x_0) - hf'(x_0) + \frac{h^2}{2}f''(\xi_2), \quad \xi_2 \in (x_0 - h, x_0) \tag{3.2.37}$$

故

$$f'(x_0) = \frac{f(x_0) - f(x_0 - h)}{h} + \frac{h}{2}f''(\xi_2), \quad \xi_2 \in (x_0 - h, x_0) \tag{3.2.38}$$

式 (3.2.36) 和式 (3.2.38) 是计算 $f'(x_0)$ 的数值微分公式, 其截断误差为 $O(h)$. 为提高精度, 将泰勒展开式多写几项

$$f(x_0 + h) = f(x_0) + hf'(x_0) + \frac{h^2}{2}f''(x_0) + \frac{h^3}{6}f'''(x_0) + \frac{h^4}{24}f^{(4)}(\xi_1), \quad \xi_1 \in (x_0, x_0 + h) \tag{3.2.39}$$

$$f(x_0 - h) = f(x_0) - hf'(x_0) + \frac{h^2}{2}f''(x_0) - \frac{h^3}{6}f'''(x_0) + \frac{h^4}{24}f^{(4)}(\xi_2), \quad \xi_2 \in (x_0 - h, x_0) \tag{3.2.40}$$

两式相减得

$$f'(x_0) = \frac{f(x_0 + h) - f(x_0 - h)}{2h} - \frac{h^2}{6}f'''(x_0) + O(h^3) \tag{3.2.41}$$

式 (3.2.41) 也是计算 $f'(x_0)$ 的数值微分公式, 其截断误差为 $O(h^2)$, 比式 (3.2.36) 和 (3.2.38) 精度高. 两式相加, 若 $f^{(4)}(x) \in C[x_0 - h, x_0 + h]$, 则有

$$f''(x_0) = \frac{f(x_0 + h) - 2f(x_0) + f(x_0 - h)}{h^2} - \frac{h^2}{12}f^{(4)}(\xi), \quad \xi \in [x_0 - h, x_0 + h] \quad (3.2.42)$$

式 (3.2.42) 是计算 $f''(x_0)$ 的数值微分公式, 其截断误差为 $O(h^2)$.

数值积分公式

在数值积分方面, 函数的泰勒展开也非常重要. 下面将基于函数的泰勒展开讨论最基本的三种矩形积分公式.

将函数 $f(x)$ 在 $x = a$ 处泰勒展开, 得

$$f(x) = f(a) + f'(\eta)(x - a), \quad \eta \in [a, x] \quad (3.2.43)$$

两边在 $[a, b]$ 上积分, 得

$$\begin{aligned}
\int_a^b f(x)dx &= \int_a^b f(a)dx + \int_a^b f'(\eta)(x - a)dx \\
&= (b - a)f(a) + \int_a^b f'(\eta)(x - a)dx \\
&= (b - a)f(a) + f'(\eta)\int_a^b (x - a)dx \\
&= (b - a)f(a) + \frac{1}{2}f'(\eta)(b - a)^2, \quad \eta \in [a, b] \quad (3.2.44)
\end{aligned}$$

将函数 $f(x)$ 在 $x = b$ 处作泰勒展开, 得

$$f(x) = f(b) + f'(\eta)(x - b), \quad \eta \in [x, b] \quad (3.2.45)$$

两边在 $[a, b]$ 上积分, 得

$$\begin{aligned}
\int_a^b f(x)dx &= \int_a^b f(b)dx + \int_a^b f'(\eta)(x - b)dx \\
&= (b - a)f(b) + \int_a^b f'(\eta)(x - b)dx \\
&= (b - a)f(b) + f'(\eta)\int_a^b (x - b)dx \\
&= (b - a)f(b) - \frac{1}{2}f'(\eta)(b - a)^2, \quad \eta \in [a, b] \quad (3.2.46)
\end{aligned}$$

将函数 $f(x)$ 在 $x = \dfrac{a + b}{2}$ 处泰勒展开, 得

$$f(x) = f\left(\frac{a + b}{2}\right) + f'\left(\frac{a + b}{2}\right)\left(x - \frac{a + b}{2}\right) + \frac{1}{2}f''(\eta)\left(x - \frac{a + b}{2}\right)^2, \quad \eta \in [a, b]$$

$$(3.2.47)$$

$$\int_a^b f(x)dx = (b-a)f\left(\frac{a+b}{2}\right) + f'\left(\frac{a+b}{2}\right)\int_a^b \left(x - \frac{a+b}{2}\right)dx$$

$$+ \frac{1}{2}\int_a^b f''(\eta)\left(x - \frac{a+b}{2}\right)^2 dx$$

$$= (b-a)f\left(\frac{a+b}{2}\right) + \frac{1}{24}f''(\eta)(b-a)^3, \quad \eta \in [a,b] \tag{3.2.48}$$

因此得到下面三种矩形积分公式:

$$\int_a^b f(x)dx = (b-a)f(a) + \frac{f'(\eta)}{2}(b-a)^2 \tag{3.2.49}$$

$$\int_a^b f(x)dx = (b-a)f(b) - \frac{f'(\eta)}{2}(b-a)^2 \tag{3.2.50}$$

$$\int_a^b f(x)dx = (b-a)f\left(\frac{a+b}{2}\right) + \frac{f''(\eta)}{24}(b-a)^3 \tag{3.2.51}$$

显然, 在数值积分计算的实际应用中, 式 (3.2.49)– 式 (3.2.51) 的计算精度是远远达不到要求的. 更一般地, 可将积分区间划分为几个小区间, 每个小区间上应用矩形积分公式, 即得到相应的复合求积公式。当然, 还有很多数值积分公式用以提高计算精度, 这里不做展开.

牛顿法

借助函数 $f(x)$ 在 x_k 处的泰勒展开, 可得到一种解非线性方程的迭代法: 牛顿法.

将 $f(x)$ 在 x_k 作泰勒展开, 去掉二阶及二阶以上项 (即线性化) 后得

$$f(x) = f(x_k) + f'(x_k)(x - x_k) \tag{3.2.52}$$

设 $f(x_k) \neq 0$, 令上面的 $f(x) = 0$, 用 x_{k+1} 代替右端的 x, 就得到方程 $f(x) = 0$ 的迭代公式

$$x_{k+1} = x_k - \frac{f(x_k)}{f'(x_k)} \tag{3.2.53}$$

即迭代函数为

$$\varphi(x) = x - \frac{f(x)}{f'(x)} \tag{3.2.54}$$

式 (3.2.54) 的几何意义如图 3.7 所示, 图中 MN 是曲线 $y = f(x)$ 过 $(x_k, f(x_k))$ 点的切线, 它与 x 轴的交点即为 x_{k+1}, 这种方法称为牛顿切线法 (简称牛顿法或切线法), 它是线性化与迭代法的结合.

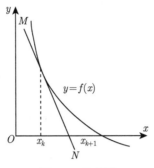

图 3.7 牛顿法

事实上, 由于

$$\varphi'(x) = \frac{f(x)f''(x)}{f'^2(x)} \tag{3.2.55}$$

若 x^* 是 $f(x) = 0$ 的单根, 即 $f(x^*) = 0$, $f'(x^*) \neq 0$, 则 $\varphi'(x^*) = 0$. 进一步计算, 易得

$$\varphi''(x^*) = \frac{f''(x^*)}{f'(x^*)} \tag{3.2.56}$$

一般情形 $\varphi''(x^*) \neq 0$, 这时牛顿法二阶收敛. 进一步的研究发现, 当 x^* 是 $f(x) = 0$ 的重根时, $\varphi'(x^*) \neq 0$, 牛顿法只是一阶收敛, 并且重数越高收敛越慢. 下面继续介绍几种解非线性方程的迭代方法.

1. 割线法

牛顿法在求 x_{k+1} 时, 不但要给出函数值 $f(x_k)$, 还必须计算 $f'(x_k)$, 其中 $k = 1, 2, 3, \cdots$. 当 $f(x)$ 比较复杂时, 计算 $f'(x_k)$ 可能有困难, 因此选择差商 $\dfrac{f(x_k) - f(x_{k-1})}{x_k - x_{k-1}}$ 代替导数 $f'(x_k)$, 从而获得如下迭代公式:

$$x_{k+1} = x_k - \frac{f(x_k)}{f(x_k) - f(x_{k-1})}(x_k - x_{k-1}), \quad k = 1, 2, 3, \cdots \tag{3.2.57}$$

用式 (3.2.57) 求方程 $f(x) = 0$ 根的近似值方法就叫作割线法 (也称为弦截法), 它要给出 x_0 和 x_1 的值, 才能逐次计算出 x_2, x_3, $\cdots$. 割线法的收敛速度相当快, 是工程计算常用的方法之一.

2. 斯特芬森方法

若将函数 $f(x_k + f(x_k))$ 在 $x = x_k$ 处作一阶泰勒展开, 则有

$$f(x_k + f(x_k)) \approx f(x_k) + \frac{f'(x_k)}{1!}f(x_k) \tag{3.2.58}$$

故

$$f'(x_k) = \frac{f(x_k + f(x_k)) - f(x_k)}{f(x_k)} \tag{3.2.59}$$

将式 (3.2.59) 代入式 (3.2.53) 可得

$$x_{k+1} = x_k - \frac{f(x_k)}{f(x_k + f(x_k)) - f(x_k)} f(x_k), \quad k = 0, 1, 2, \cdots \tag{3.2.60}$$

式 (3.2.60) 是二阶收敛的, 它要求计算两个函数值而不需要计算导数值, 被称为斯特芬森 (Steffensen) 方法; 它也是割线法的一种变形.

3. 牛顿下山法

牛顿法收敛性依赖初始值 x_0 的选取. 一般而言, 牛顿法只有局部收敛性, 即初始值 x_0 在所求根 x^* 附近才保证收敛. 若 x_0 偏离所求根 x^* 较远, 则牛顿法可能发散, 即由 x_k 得到的 x_{k+1} 不能使 $|f|$ 减小. 因此, 在 x_k 和 x_{k+1} 之间找一个更好的点 $\overline{x}_{k+1}$, 使得 $|f(\overline{x}_{k+1})| < |f(x_k)|$. 不妨设 $\overline{x}_{k+1}$ 是 x_k 与 x_{k+1} 的加权平均, 即

$$\overline{x}_{k+1} = \lambda x_{k+1} + (1-\lambda)x_k, \quad k = 0, 1, 2, \cdots \tag{3.2.61}$$

其中 $\lambda(0 < \lambda \leqslant 1)$ 称为下山因子, 如图 3.8 所示. 若将式 (3.2.53) 代入式 (3.2.61), 则可得牛顿下山法, 即

$$\begin{aligned}
\overline{x}_{k+1} &= \lambda \left[x_k - \frac{f(x_k)}{f'(x_k)} \right] + (1-\lambda)x_k \\
&= x_k - \lambda \frac{f(x_k)}{f'(x_k)}
\end{aligned} \tag{3.2.62}$$

选择下山因子时, 从 $\lambda = 1$ 开始逐次将 λ 的值减半进行计算, 直到能使 $|f(\overline{x}_{k+1})|$ $< |f(x_k)|$ 成立为止, 其中 $\lambda = 1$ 时为牛顿法.

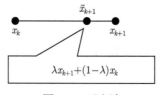

图 3.8　下山法

上述表明了泰勒展开的重要作用, 但泰勒分析也存在不足. 其一, 它要求函数 $f(x)$ 是足够光滑并提供各阶导数值; 其二, 泰勒分析的整体逼近效果不佳, 它仅能保证在展开点 x_0 的某个邻域内有效.

3.2.4 函数展开成傅里叶级数

十九世纪初, 傅里叶指出: 任何函数, 无论怎样复杂, 均可表示为三角级数的形式:

$$f(x) \sim \frac{a_0}{2} + \sum_{n=1}^{\infty} (a_n \cos nx + b_n \sin nx) \tag{3.2.63}$$

傅里叶在《热传导的解析理论》(1882 年) 这本数学经典文献中, 肯定了今日被称为 "傅里叶分析" 的重要数学方法. 著名数学家莫里斯·克莱因评价这一数学成就是 "十九世纪数学的第一大步, 并且是真正极为重要的一步".

十九世纪末曾有不少数学家研究过三角级数. 大数学家欧拉早就获知三角函数的正交性并提供了三角级数的系数公式, 即建立了现今以傅里叶命名的三角级数展开式. 问题在于, 所有这些方面的研究工作, 处处都渗透了这样一个矛盾现象: 虽然当时正在进行着把所有类型的函数都表示成三角级数, 而欧拉、让·勒朗·达朗贝尔 (Jean le Rond d'Alembert, 1717—1783)、拉格朗日始终没有放弃过这样的立场, 即认为并非任意的函数都可以用这样的级数来表示.

正是基于这一背景, 傅里叶关于任意函数都可以表示为三角级数这一思想被誉为 "数学史上最大胆和最辉煌的概念".[①]

函数列 $\{1, \cos x, \sin x, \cos 2x, \sin 2x, \cdots, \cos nx, \sin nx, \cdots\}$ 称为三角函数系. 该函数列在区间 $[-\pi, \pi]$ 上正交, 即其中任意两个不同的函数之积在 $[-\pi, \pi]$ 上的积分等于零.

熟知, 一般地, 如 $A_0 + \sum_{n=1}^{\infty} A_n \sin(n\omega t + \varphi_n)$ 的级数叫作三角级数. 取 $x = \omega t$, 由于 $\sin(nx + \varphi_n) = \sin\varphi_n \cos nx + \cos\varphi_n \sin nx$, 设 $A_0 = \frac{a_0}{2}$, $A_n \sin\varphi_n = a_n$, $A_n \cos\varphi_n = b_n$, 得三角级数的一般形式

$$\frac{a_0}{2} + \sum_{n=1}^{\infty} (a_n \cos nx + b_n \sin nx) \tag{3.2.64}$$

式 (3.2.64) 是以三角函数系为基所作的一种特殊形式的函数项级数, 其中 $a_i, b_j (i = 0, 1, \cdots; j = 1, 2, \cdots)$ 称为系数. 要讨论它的收敛问题和展开问题, 也就是对于一个周期函数 $f(x)$, 能否展成某个三角级数, 使得此三角级数收敛于 $f(x)$ 本身. 对于这些问题的研究, 法国数学家傅里叶给出了系统而又深刻的结果, 因而就把由某一函数所 "展成" 的三角级数 (3.2.64) 称为傅里叶级数.

三角级数的系数与其和函数的关系

假设级数 (3.2.64) 在区间 $[-\pi, \pi]$ 上一致收敛, 且和函数记为 $f(x)$, 则有 $f(x) = \frac{a_0}{2} + \sum_{n=1}^{\infty} (a_n \cos nx + b_n \sin nx)$. 利用三角函数系的正交性, 则得三角级数的系数

---

① 王能超. 算法演化论. 北京: 高等教育出版社, 2008.

与其和函数的关系式

$$a_n = \frac{1}{\pi} \int_{-\pi}^{\pi} f(x) \cos nx dx, \quad n = 0, 1, 2, \cdots \tag{3.2.65}$$

$$b_n = \frac{1}{\pi} \int_{-\pi}^{\pi} f(x) \sin nx dx, \quad n = 1, 2, \cdots \tag{3.2.66}$$

三角级数的系数与其和函数的关系提示我们, 下一步可以思考已知函数 $f(x)$ 的 "展开" 问题.

傅里叶系数和傅里叶级数

设函数 $f(x)$ 在区间 $[-\pi, \pi]$ 上黎曼 (Riemann) 可积, 称公式

$$a_n = \frac{1}{\pi} \int_{-\pi}^{\pi} f(x) \cos nx dx, \quad n = 0, 1, 2, \cdots \tag{3.2.67}$$

$$b_n = \frac{1}{\pi} \int_{-\pi}^{\pi} f(x) \sin nx dx, \quad n = 1, 2, \cdots \tag{3.2.68}$$

为欧拉–傅里叶公式; 称由欧拉–傅里叶公式得到的 a_n 和 b_n 为函数 $f(x)$ 的傅里叶系数; 并称以傅里叶系数 a_n 和 b_n 为系数的三角级数 $f(x) = \frac{a_0}{2} + \sum_{n=1}^{\infty}(a_n \cos nx + b_n \sin nx)$ 为函数 $f(x)$ 的傅里叶级数, 记为

$$f(x) \sim \frac{a_0}{2} + \sum_{n=1}^{\infty}(a_n \cos nx + b_n \sin nx) \tag{3.2.69}$$

严格来讲, 在未讨论收敛性, 即证明 $\frac{a_0}{2} + \sum_{n=1}^{\infty}(a_n \cos nx + b_n \sin nx)$ 一致收敛到 $f(x)$ 之前, 不能将 "$\sim$" 改为 "$=$"; 此处 "$\sim$" 也不包含 "等价" 之意, 而仅仅表示 $\frac{a_0}{2} + \sum_{n=1}^{\infty}(a_n \cos nx + b_n \sin nx)$ 是 $f(x)$ 的傅里叶级数, 或者说 $f(x)$ 的傅里叶级数是 $\frac{a_0}{2} + \sum_{n=1}^{\infty}(a_n \cos nx + b_n \sin nx)$.

关于上述收敛性和展开问题, 约翰 · 彼得 · 古斯塔夫 · 勒热纳 · 狄利克雷 (Johann Peter Gustav Lejeune Dirichlet, 1805—1859) 认为, 若周期函数 $f(x)$ 满足条件:

(1) 在一个周期内连续或只有有限个第一类间断点;

(2) 在一个周期内只有有限个极值点,

那么 $f(x)$ 的傅里叶级数收敛, 且有

$$\frac{a_0}{2} + \sum_{n=1}^{\infty}(a_n \cos nx + b_n \sin nx) = \begin{cases} f(x), & x \text{为连续点} \\ \dfrac{f(x_+) + f(x_-)}{2}, & x \text{为间断点} \end{cases}$$

其中 a_n 和 b_n 为函数 $f(x)$ 的傅里叶系数. 上述条件也称为狄利克雷条件, 显然函数展成傅里叶级数的条件比展成幂级数的条件低得多. 那么, 在实际应用中要求 $[-\pi, \pi]$ 上 $f(x)$ 的傅里叶级数展开, 只需求出傅里叶系数.

展开举例

例 1 设函数 $f(x) = x$, $x \in [-\pi, \pi]$, 求函数的傅里叶级数.

解 函数 $f(x) = x$ 是 $[-\pi, \pi]$ 上的奇函数, 故 $a_n = 0$, $n = 0, 1, 2, \cdots$;

$$
\begin{aligned}
b_n &= \frac{1}{\pi} \int_{-\pi}^{\pi} x \sin nx \, dx = \frac{2}{\pi} \int_0^{\pi} x \sin nx \, dx \\
&= \frac{2}{\pi} \left[-\frac{x \cos nx}{n} \Big|_0^{\pi} + \frac{1}{n} \int_0^{\pi} \cos nx \, dx \right] = (-1)^{n-1} \frac{2}{n}, \quad n = 1, 2, \cdots
\end{aligned}
$$

因此有

$$
2 \sum_{n=1}^{\infty} (-1)^{n-1} \frac{\sin nx}{n} = \begin{cases} f(x), & -\pi < x < \pi \\ 0, & x = \pm\pi \end{cases}
$$

例 2 展开函数 $f(x) = |x|$, $x \in [-\pi, \pi]$.

解 因为 $f(x) = |x|$ 是 $[-\pi, \pi]$ 上的偶函数, 故 $b_n = 0$, $n = 1, 2, \cdots$;

$$
a_0 = \frac{2}{\pi} \int_0^{\pi} x \, dx = \pi
$$

$$
a_n = \frac{2}{\pi} \int_0^{\pi} x \cos nx \, dx = \frac{2}{n\pi} x \sin nx \Big|_0^{\pi} - \frac{2}{n\pi} \int_0^{\pi} \sin nx \, dx
$$

$$
= \frac{2}{n^2 \pi} \cos nx \Big|_0^{\pi} = \frac{2}{n^2 \pi} (\cos n\pi - 1) = \begin{cases} -\dfrac{4}{n^2 \pi}, & n \text{为奇数} \\ 0, & n \text{为偶数} \end{cases}
$$

函数 $f(x) = |x|$ 在 $[-\pi, \pi]$ 上连续且按段光滑, 又 $f(-\pi) = f(\pi)$, 因此有

$$
|x| = \frac{\pi}{2} - \frac{4}{\pi} \sum_{k=1}^{\infty} \frac{\cos(2k-1)x}{(2k-1)^2}, \quad x \in [-\pi, \pi]
$$

令 $x = \pi$, 则有

$$
\pi = \frac{\pi}{2} + \frac{4}{\pi} \sum_{k=1}^{\infty} \frac{1}{(2k-1)^2}
$$

故

$$
\sum_{k=1}^{\infty} \frac{1}{(2k-1)^2} = \frac{\pi^2}{8}
$$

例 3 在区间 $(-\pi, \pi)$ 内把函数 $f(x) = x^2$ 展开成傅里叶级数.

解 因为 $f(x) = x^2$ 是 $[-\pi, \pi]$ 上的偶函数, 则 $b_n = 0$, $n = 1, 2, \cdots$;

$$a_0 = \frac{2}{\pi} \int_0^\pi x^2 dx = \frac{2}{3}\pi^2$$

$$a_n = \frac{1}{\pi} \int_{-\pi}^\pi x^2 \cos nx dx = \frac{2}{\pi} \int_0^\pi x^2 \cos nx dx$$

$$= \frac{2}{\pi} \left[\frac{x^2 \sin nx}{n} \Big|_0^\pi - \frac{2}{n} \int_0^\pi x \sin nx dx \right]$$

$$= \frac{4}{n\pi} \left[\frac{x}{n} \cos nx \Big|_0^\pi - \frac{1}{n} \int_0^\pi \cos nx dx \right]$$

$$= \frac{4}{n\pi} \frac{(-1)^n \pi}{n} = \frac{(-1)^n 4}{n^2}, \quad n = 1, 2, \cdots$$

函数 $f(x) = x^2$ 在 $(-\pi, \pi)$ 上连续, 因此有

$$x^2 = \frac{\pi^2}{3} + 4 \sum_{n=1}^\infty (-1)^n \frac{\cos nx}{n^2}, \quad x \in (-\pi, \pi)$$

由于 $f(-\pi) = f(\pi)$, 则该展开式在 $[-\pi, \pi]$ 上也成立. 在该展开式中取 $x = \pi$, 得

$$\pi^2 = \frac{\pi^2}{3} + 4 \sum_{n=1}^\infty (-1)^n (-1)^n \frac{1}{n^2}$$

故

$$\sum_{n=1}^\infty \frac{1}{n^2} = \frac{\pi^2}{6}$$

取 $x = 0$, 可得

$$\sum_{n=1}^\infty \frac{(-1)^{n+1}}{n^2} = \frac{\pi^2}{12}$$

3.2.5 函数图像变换

了解函数图像变换有利于理解和研究函数的性质. 这一部分谈函数的图像变换.

平移变换

函数 $y = f(x+x_0)+y_0$ 的图像可看作是由函数 $y = f(x)$ 的图像先向左 $(x_0 > 0)$ 或向右 $(x_0 < 0)$ 平移 $|x_0|$ 个单位, 再向上 $(y_0 > 0)$ 或向下 $(y_0 < 0)$ 平移 $|y_0|$ 个单位得到的.

伸缩变换

函数 $y = af(bx)$ 的图像可看作是由函数 $y = f(x)$ 的图像先将横坐标伸长 ($|b| < 1$) 或缩短 ($|b| > 1$) 到原来的 $\dfrac{1}{|b|}$ 倍, 再把纵坐标伸长 ($|a| > 1$) 或缩短 ($|a| < 1$) 到原来的 $|a|$ 倍得到的.

对称变换

函数当中, 图像关于某点或某条直线对称的情况较多, 除函数的奇偶性、互为反函数的两函数与对称性有关之外, 还经常会出现其他一些情况, 这就需要掌握 "以点代线" 的数学方法对具体情况进行分析. 常见情况有以下几种.

(1) 关于特殊直线的轴对称变换.

函数 $y = f(x)$ 关于 y 轴对称的函数为: $y = f(-x)$; 函数 $y = f(x)$ 关于 x 轴对称的函数为: $y = -f(x)$; 函数 $y = f(x)$ 关于 $y = x$ 对称的函数为: $y = f(x)$ 的反函数.

(2) 关于特殊点的对称变换.

函数 $y = f(x)$ 关于原点 $(0,0)$ 对称的函数为: $y = -f(-x)$.

(3) 自身对称变换.

若函数 $y = f(x)$ 满足 $f(x) = f(2a - x)$ 或 $f(a - x) = f(a + x)$, 则函数 $y = f(x)$ 的图像关于直线 $x = a$ 对称. 特别地, 当 $a = 0$ 时, 函数 $y = f(x)$ 为偶函数.

旋转变换

图像的旋转变换可借助三角形的全等, 找到特殊点经旋转变换后所得点的坐标, 进而发现图像变换的规律.

(1) 函数 $y = f(x)$ 绕原点顺时针方向旋转 $90°$ 的函数为 $f(y) = -x$;

(2) 函数 $y = f(x)$ 绕原点逆时针方向旋转 $90°$ 的函数为 $f(-y) = x$.

关于绕原点旋转的变换实际上就是关于原点对称的问题.

下面举例说明函数图像的变换, 探讨由 $y = \sin x$ 的图像到 $y = A\sin(\omega x + \phi)$ 的图像变化过程, 参数 ω, ϕ, A 对函数图像的影响; 进一步加深理解振幅变换、相位变换和周期变换; 从而加深理解三角函数图像各种变换的实质和内在规律; 进而理解函数图像变换的内在本质.

例 由正弦函数 $y = \sin x$ 图像变换得到函数 $y = 3\sin\left(2x + \dfrac{\pi}{3}\right)$ 的图像. 通常有如下两种变换顺序:

方法 I $\quad y = \sin x \rightarrow y = \sin\left(x + \dfrac{\pi}{3}\right) \rightarrow y = 3\sin\left(2x + \dfrac{\pi}{3}\right)$.

方法 II $\quad y = \sin x \rightarrow y = \sin 2x \rightarrow y = 3\sin\left(2x + \dfrac{\pi}{3}\right)$.

按照第一种方法, 由函数 $y = \sin x$ 的图像变换到 $y = \sin\left(2x + \dfrac{\pi}{3}\right)$ 的图像, 其步骤如下:

(1) 把 $y = \sin x$ 的图像上的所有的点向左平移 $\dfrac{\pi}{3}$ 个单位长度, 得到 $y = \sin\left(x + \dfrac{\pi}{3}\right)$ 的图像.

(2) 再把 $y = \sin\left(x + \dfrac{\pi}{3}\right)$ 的图像上各点的横坐标缩短 $(\omega > 1)$ 到原来的 $\dfrac{1}{2}$ 倍 (纵坐标不变), 得到 $y = \sin\left(2x + \dfrac{\pi}{3}\right)$ 的图像.

(3) 然后把 $y = \sin\left(2x + \dfrac{\pi}{3}\right)$ 的图像上所有点的纵坐标伸长 $(A > 1)$ 到原来的 3 倍 (横坐标不变), 得到 $y = 3\sin\left(2x + \dfrac{\pi}{3}\right)$ 的图像.

上述变换过程可概括为: 相位变换 $\rightarrow$ 周期变换 $\rightarrow$ 振幅变换.

两个不同函数在 $x = -\dfrac{\pi}{6}, \dfrac{\pi}{12}, \dfrac{\pi}{3}, \dfrac{7\pi}{12}, \dfrac{5\pi}{6}$ 的值如表 3.2 所示.

表 3.2　不同点处的函数值

x	$-\dfrac{\pi}{6}$	$\dfrac{\pi}{12}$	$\dfrac{\pi}{3}$	$\dfrac{7\pi}{12}$	$\dfrac{5\pi}{6}$
$y = \sin\left(2x + \dfrac{\pi}{3}\right)$	0	1	0	-1	0
$y = 3\sin\left(2x + \dfrac{\pi}{3}\right)$	0	3	0	-3	0

按方法 I, 函数图像的变换如 3.9 所示.

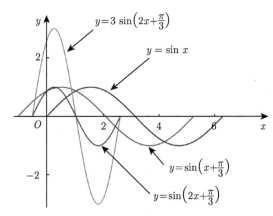

图 3.9　函数图像的变换 I

一般地, 由 $y = \sin x$ 图像变换得到函数 $y = A\sin(\omega x + \phi)$ 的图像, 其步骤如下:

(1) 把 $y = \sin x$ 的图像上的所有的点向左 $(\varphi > 0)$ 或向右 $(\varphi < 0)$ 平行移动 $|\varphi|$ 个单位长度, 得到 $y = \sin(x + \varphi)$ 的图像.

(2) 再把 $y = \sin(x+\varphi)$ 的图像上各点的横坐标缩短 ($\omega > 1$) 或伸长 ($0 < \omega < 1$) 到原来的 $\dfrac{1}{\omega}$ 倍 (纵坐标不变), 得到 $y = \sin(\omega x + \phi)$ 的图像.

(3) 然后把 $y = \sin(\omega x + \phi)$ 的图像上所有点的纵坐标伸长 ($A > 1$) 或缩短 ($0 < A < 1$) 到原来的 A 倍 (横坐标不变), 得到 $y = A\sin(\omega x + \phi)$ 的图像.

按照第二种方法, 函数 $y = \sin x$ 的图像变换到函数 $y = \sin\left(2x + \dfrac{\pi}{3}\right)$ 的图像, 关键是由正弦函数 $y = \sin 2x$ 图像变换得到函数 $y = \sin\left(2x + \dfrac{\pi}{3}\right)$ 的图像. 事实上, 把 $y = \sin 2x$ 的图像上所有的点向左平移 $\dfrac{\pi}{6}$ 个单位长度, 得到函数 $y = \sin\left(2x + \dfrac{\pi}{3}\right)$ 的图像.

注意不同顺序中平移量的不同. 先相位变换后周期变换时, 需向左平移 $\dfrac{\pi}{3}$ 个单位; 先周期变换后相位变换时, 需向左平移 $\dfrac{\pi}{6}$ 个单位而不是 $\dfrac{\pi}{3}$ 个单位. 平移量是由 x 的改变量确定的.

总结规律: 周期变换 → 相位变换 → 振幅变换.

函数 $y = \sin 2x$ 在 $x = 0, \dfrac{\pi}{4}, \dfrac{\pi}{2}, \dfrac{3\pi}{4}, \pi$ 的值分别为 $0, 1, 0, -1, 0$. 函数 $y = \sin\left(2x + \dfrac{\pi}{3}\right)$ 在 $x = -\dfrac{\pi}{6}, \dfrac{\pi}{12}, \dfrac{\pi}{3}, \dfrac{7\pi}{12}, \dfrac{5\pi}{6}$ 的值分别为 $0, 1, 0, -1, 0$. 按方法 II, 函数图像的变换如图 3.10 所示.

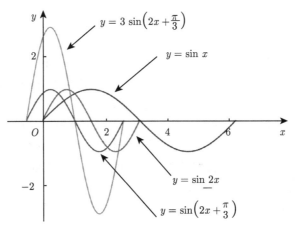

图 3.10 函数图像的变换 II

不难发现, 把 $y = \sin\omega x$ 的图像上的所有的点向左 ($\varphi > 0$) 或向右 ($\varphi < 0$) 平行移动 $\dfrac{|\varphi|}{\omega}$ ($\omega > 0$) 个单位长度, 得到 $y = \sin(\omega x + \phi)$ 的图像.

对比两种变换过程说明: 先相位变换后周期变换平移 $|\varphi|$ 个单位长度. 先周期

变换后相位变换平移 $\dfrac{|\varphi|}{\omega}$ $(\omega > 0)$ 个单位长度.

函数图像及其变换要了解前面提及的几种常见函数, 譬如, 正反比例函数、二次函数、指数函数、对数函数、幂函数等, 掌握它们的性质, 如定义域、值域、单调性、奇偶性、周期性、对称性、渐近性等. 在此基础上熟练掌握函数图像的几种变换, 如平移变换、伸缩变换、对称变换、旋转变换等. 这样就可把握函数图像变化规律, 研究函数的性质.

3.3　数　学　实　验

本节数学实验首先研究魏尔斯特拉斯 (Weierstrass) 函数; 然后讨论余弦函数的泰勒展开问题; 最后探讨吉布斯 (Gibbs) 现象.

3.3.1　实验一　魏尔斯特拉斯函数

内容

已知: 定义如下一类魏尔斯特拉斯函数

$$W(x) = \sum_{n=1}^{+\infty} \lambda^{(s-2)n} \sin(\lambda^n x), \quad \lambda > 1, \quad 1 < s < 2 \tag{3.3.1}$$

试画出在区间 $[-2, 1]$ 上, 不同取值 λ 和 s 下的魏尔斯特拉斯函数图像, 并观察图像是否有自相似现象.

探究

事实上, 魏尔斯特拉斯函数是一类处处连续而处处不可导的实值函数. 1872年, 德国数学家卡尔 · 特奥多尔 · 威廉 · 魏尔斯特拉斯 (Karl Theodor Wilhelm Weierstrass, 1815—1897) 利用函数项级数构造出了一个无处可微而处处连续的函数, 那便是著名的魏尔斯特拉斯函数. 历史上, 魏尔斯特拉斯函数是一个著名的数学反例. 魏尔斯特拉斯函数出现之前, 数学家们对函数的连续性认识并不深刻. 许多数学家认为除了少数一些特殊的点以外, 连续的函数曲线在每一点上总会有斜率. 魏尔斯特拉斯函数的出现说明了所谓的 "病态" 函数的存在性, 改变了当时数学家对连续函数的看法. 图 3.11 给出了一些不同取值 λ 和 s 下的魏尔斯特拉斯函数图像.

从图 3.11 可以发现魏尔斯特拉斯函数图像某些部分会和整体自相似. 事实上, 将魏尔斯特拉斯函数在任一点放大, 所得到的局部图都和整体图形相似. 因此, 无论如何放大, 函数图像都不会显得更加光滑, 也不存在单调的区间. 这就是分形特性, 本书将在第 8 章详细介绍分形.

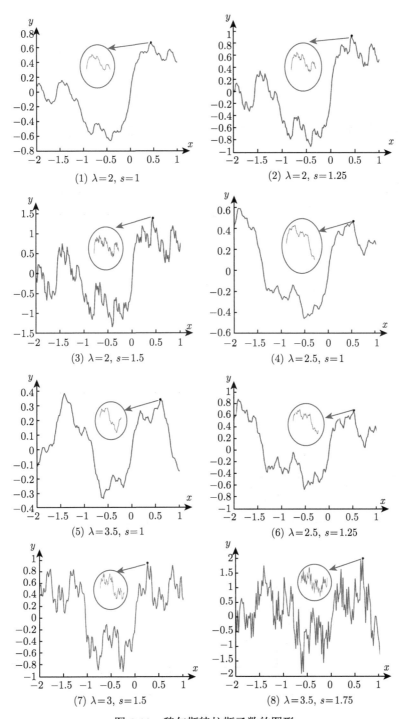

图 3.11 魏尔斯特拉斯函数的图形

引申

按照构造魏尔斯特拉斯函数的方法, 也可构造出类似函数, 譬如: Minassian-Gaisser 函数.

考虑函数序列 $\{F_i\}$. 在 $[0,1]$ 区间上给出一个分段线性函数: 从 $(0,0)$ 至 $\left(\dfrac{1}{2},\dfrac{1}{2}\right)$ 以及从 $\left(\dfrac{1}{2},\dfrac{1}{2}\right)$ 至 $(1,0)$ 分别用直线段连接, 如此的函数记为 $f_1(x)$, 如图 3.12(1) 所示, 并令 $F_1(x) = f_1(x)$. 将 $[0,1]$ 区间 5 等分, 构造齿型函数 $f_2(x)$, 如图 3.12(2) 所示, 齿型的高度为 $\dfrac{1}{5}$, 定义 $F_2(x) = f_1(x) + f_2(x)$(图 3.13). 以后每个函数 $f_i(x)$ 的齿型数目皆为 $f_{i-1}(x)$ 的 5 倍, 齿型高度减半, 然后定义

$$F_i(x) = F_{i-1}(x) + f_i(x) = \sum_{j=1}^{i} f_j(x) \tag{3.3.2}$$

这样得到处处连续处处不可微的 Minassian-Gaisser 函数:

$$F(x) = \lim_{n\to\infty} F_n(x) \tag{3.3.3}$$

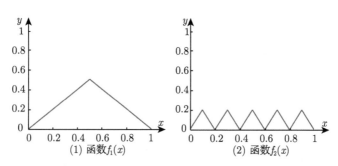

图 3.12　Minassian-Gaisser 函数序列的构造

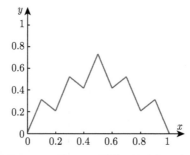

图 3.13　Minassian-Gaisser 函数: $F_2(x) = f_1(x) + f_2(x)$

此外, 也可构造类似 Minassian-Gaisser 的函数, 如图 3.14 和图 3.15 所示. 图

3.15 中, $y_0 = \cos \pi x$; $y_1 = \cos \pi x + \dfrac{1}{2}\cos 5\pi x$; $y_2 = \cos \pi x + \dfrac{1}{2}\cos 5\pi x + \dfrac{1}{4}\cos 25\pi x$.

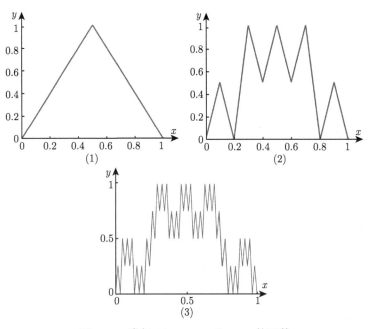

图 3.14 类似 Minassian-Gaisser 的函数

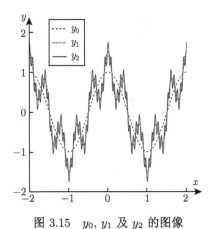

图 3.15 y_0, y_1 及 y_2 的图像

3.3.2 实验二 函数泰勒展开之阶数影响

内容

已知: 函数 $y = \cos x$, 试给出其在展开点 $x_0 = 0$ 时的 2 阶、6 阶、10 阶、18 阶、28 阶和 38 阶泰勒展开的逼近函数的图形. 然后扩大显示区间范围, 观察这些

不同阶数的泰勒展开式在展开点 $x_0 = 0$ 附近对函数 $y = \cos x$ 的逼近情况.

探究

固定 $x_0 = 0$, 观察阶数 n 的影响. 对 $y = \cos x$ 在 $x \in [-5\pi, 5\pi]$ 作 2 阶、6 阶、10 阶、18 阶、28 阶和 38 阶泰勒展开, 那么可得相应的逼近函数, 它们的图形如图 3.16 所示.

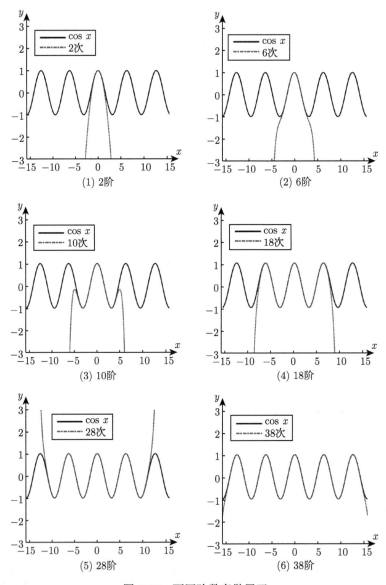

图 3.16   不同阶数泰勒展开

进一步地, 扩大显示区间范围, 观察不同阶数 n 对函数 $y = \cos x$ 的逼近情况. 通过观察泰勒多项式图形与函数图形的重合与分离情况, 可看出在 $[-\pi, \pi]$ 范围内 $y = \cos x$ 的 8 次及以上泰勒多项式与函数图形几乎重合 (图 3.17). 而在 $[-2\pi, 2\pi]$ 范围内 $y = \cos x$ 的各次泰勒多项式陆续与 $y = \cos x$ 的图像分离 (图 3.18), 但其 16 次及更高次的泰勒多项式仍然紧靠着 $y = \cos x$. 而在 $[-3\pi, 3\pi]$ 范

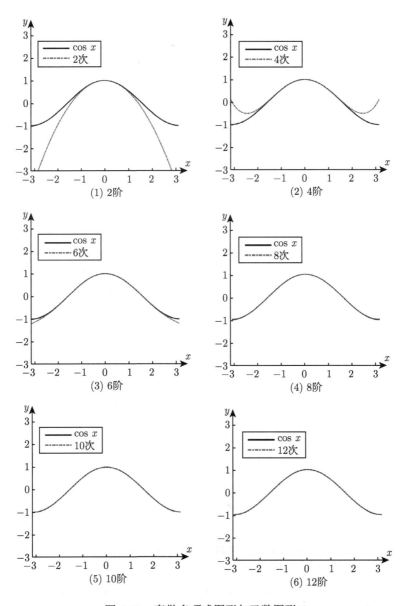

图 3.17　泰勒多项式图形与函数图形 I

围内, 其 16 次泰勒多项式的图形与 $y = \cos x$ 的图像分离 (图 3.19). 由此可见, 函数的泰勒展开多项式对于函数的近似程度随着次数的提高而提高, 但对于任一确定次数的多项式, 它只在展开点附近的一个局部范围内才有较好的近似精确度.

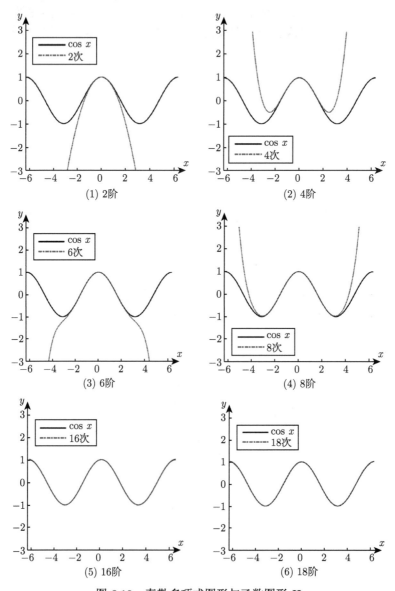

图 3.18　泰勒多项式图形与函数图形 II

此外, 当 n 为固定值时, 对函数 $y = \cos x$ 作泰勒展开后, 当 x_0 的取值改变时, 可观察函数图形的变化情况.

令 $n = 10$, 分别在 $x_0 = 0$, $x_0 = 5$, $x_0 = 10$ 处对函数作泰勒展开, 进而可得函数图形, 如图 3.20 所示. 可以发现, 当展开点 x_0 取不同值时, 原函数的泰勒展开图像与原函数图像的接近程度也是不同的.

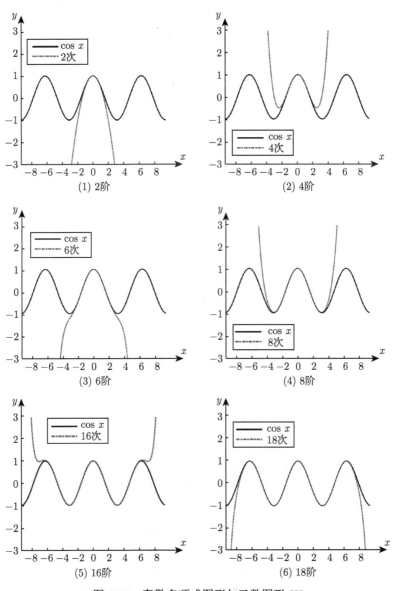

图 3.19 泰勒多项式图形与函数图形 III

引申

上述用不同阶数泰勒展开逼近函数 $y = \cos x$ 都存在误差. 事实上, 用计算机进行实际问题的数值计算时, 往往求得的是问题的近似解, 且都存在误差. 用计算机解决实际问题的一般过程如图 3.21 所示. 误差是不可避免的, 所以必须注重误差分析, 要分析误差的来源和误差的传播情况, 还要对误差作出估计.

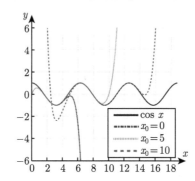

图 3.20   固定 n 值, 对函数 $y = \cos x$ 作泰勒展开

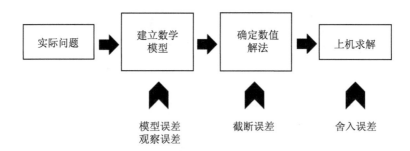

图 3.21   计算机解决实际问题的一般过程

常见的误差如下：

(1) 从实际问题中抽象 (简化) 出数学模型时, 通常只抓住少量的主要因素, 而忽略其余次要因素, 因此数学模型与实际问题之间存在误差, 这种误差即为模型误差 (Modeling Error);

(2) 通过测量得到模型中参数的值, 但观测得到的值与模型中参数的真实值本身总存在误差, 这种误差即为观测误差 (Measurement Error);

(3) 当数学模型不能得到精确解时, 通常要采用数值方法求模型的近似解, 但近似解与精确解之间存在误差, 这种误差即为方法误差或截断误差 (Truncation Error);

(4) 由于计算机的字长有限, 原始数据在计算机上表示会产生误差, 这种误差即为舍入误差 (Round-off Error).

在此, 本书给出一个运用泰勒展开计算数值积分的实例, 并进行相应的误差分析.

例 给定函数 $y = e^{-x^2}$, 计算其在区间 $[0,1]$ 上的积分值, 并评估其截断误差及舍入误差.

解 将 e^{-x^2} 作泰勒展开后再积分, 有

$$\int_0^1 e^{-x^2} dx = \int_0^1 \left(1 - x^2 + \frac{x^4}{2!} - \frac{x^6}{3!} + \frac{x^8}{4!} - \cdots \right) dx$$

$$= \underbrace{1 - \frac{1}{3} + \frac{1}{2!} \times \frac{1}{5} - \frac{1}{3!} \times \frac{1}{7}}_{S_4} + \underbrace{\frac{1}{4!} \times \frac{1}{9}}_{R_4} - \cdots \qquad (3.3.4)$$

取 $\displaystyle\int_0^1 e^{-x^2} dx \approx S_4$, 其中 $S_4 = 1 - \frac{1}{3} + \frac{1}{2!} \times \frac{1}{5} - \frac{1}{3!} \times \frac{1}{7}$, 则 $R_4 = \frac{1}{4!} \times \frac{1}{9} - \frac{1}{5!} \times \frac{1}{11} + \cdots$,

称其为截断误差, 这里 $|R_4| < \frac{1}{4!} \times \frac{1}{9} < 0.005$, $S_4 = 1 - \frac{1}{3} + \frac{1}{10} - \frac{1}{42} \approx 1 - 0.333 + 0.1 - 0.024 = 0.743$. 当舍入误差记为 ε 时, 则有 $|\varepsilon| < 0.0005 \times 2$, 即 0.001 (注: 算出的数据保留到小数点后 3 位, 将其第 4 位按四舍五入原则舍去, 则存在舍入误差 0.0005).

3.3.3 实验三 吉布斯现象

内容

已知: 函数

$$f(x) = \begin{cases} -1 & -\pi \leqslant x < 0, \\ 0 & x = 0, \\ 1 & 0 < x \leqslant \pi \end{cases} \qquad (3.3.5)$$

其图像如图 3.22 所示.

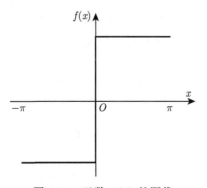

图 3.22 函数 $f(x)$ 的图像

利用第 3 章之具体数学中谈到的傅里叶函数, 试生成该函数的傅里叶级数, 并绘制出该函数的傅里叶级数部分和 (即项数 $n = 1, 5, 10, 15, 20, 100$) 函数的图形.

探究

利用具体数学中的知识, 易知, 它的傅里叶级数

$$\frac{a_0}{2} + \sum_{n=1}^{\infty} (a_n \cos nx + b_n \sin nx) \tag{3.3.6}$$

中, 系数

$$a_n = 0 \quad (n \geqslant 0), \qquad b_n = 2\frac{1 - (-1)^n}{n\pi} \quad (n \geqslant 1) \tag{3.3.7}$$

傅里叶级数的部分和为

$$S_{2n-1}(x) = \frac{4}{\pi} \left(\sin x + \frac{\sin 3x}{3} + \cdots + \frac{\sin(2n-1)x}{2n-1} \right), \quad n \geqslant 1 \tag{3.3.8}$$

在计算机上, 按照式 (3.3.8) 绘制出傅里叶级数部分和函数 $S_{2n-1}(x)$, $n = 1, 5, 10, 15, 20, 100$ 的图形如图 3.23 所示. 通过图 3.23 不难发现在间断点处函数的图形会出现波动, 即吉布斯现象.

引申

傅里叶展开的有限项表示在函数 $f(x)$ 的间断点 $x = 0$ 附近, 出现了明显的波动. 熟知, 用有限项傅里叶级数表达间断信号时, 在间断点处会出现波动, 并且这种波动不能因求和的项数增大而彻底消失, 这就是著名的吉布斯现象[1]. 亨利 · 威尔布里厄姆 (Henry Wilbraham, 1825—1883) 于 1848 年首先观察到这一现象, 后来经约西亚 · 威拉德 · 吉布斯 (Josiah Willard Gibbs, 1839—1903) 作出深入细致的研究. 在正交函数理论及其应用的研究中, 吉布斯现象的消减问题一直倍受重视. 至于不能因求和的项数增大而彻底消失, 可从下面的计算结果得到解释.

要想知道 $S_{2n-1}(x)$ 在 $x = 0$ 附近的波动情况, 计算导数:

$$S'_{2n-1}(x) = \frac{4}{\pi} (\cos x + \cos 3x + \cdots + \cos(2n-1)x), \quad n \geqslant 1 \tag{3.3.9}$$

利用三角恒等式, 得

$$S'_{2n-1}(x) = \frac{2\sin(2nx)}{\pi \sin x}$$

---

[1] 齐东旭, 宋瑞霞, 李坚. 非连续正交函数: U- 系统、V- 系统、多小波及其应用. 北京: 科学出版社, 2011.

由于 $S_{2n-1}(x)$ 为奇函数, 只需注意大于 0 的情形, 此时最接近 0 的极值点为 $x = \dfrac{\pi}{2n}$, 并有

$$S_{2n-1}\left(\frac{\pi}{2n}\right) = \frac{4}{\pi}\left(\sin\frac{\pi}{2n} + \frac{\sin\dfrac{3\pi}{2n}}{3} + \cdots + \frac{\sin\dfrac{(2n-1)\pi}{2n}}{2n-1}\right), \quad n \geqslant 1 \qquad (3.3.10)$$

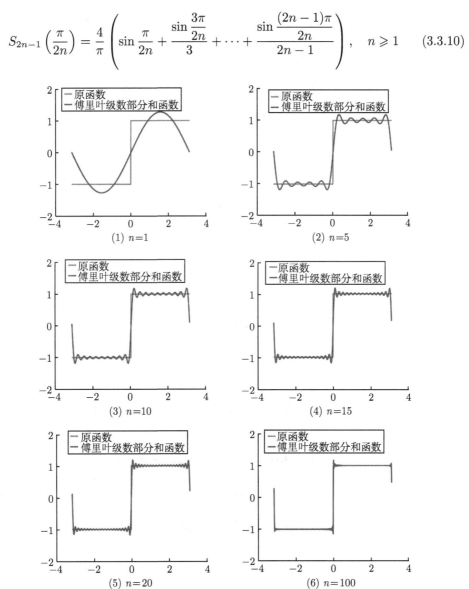

图 3.23 吉布斯现象

为了研究当 n 增大时 $S_{2n-1}\left(\dfrac{\pi}{2n}\right)$ 的渐近性态, 借助函数

$$F(x) = \frac{\sin x}{x}, \quad x \in [0, \pi] \qquad (3.3.11)$$

在区间 $[0, \pi]$ 的划分 $\left\{ \dfrac{k\pi}{n} \middle| k = 1, 2, 3, \cdots, n \right\}$ 之下, 函数

$$F(x) = \frac{\sin x}{x} \tag{3.3.12}$$

的和式

$$\frac{\pi}{n} \left(\frac{\sin \dfrac{\pi}{2n}}{\dfrac{\pi}{2n}} + \frac{\sin \dfrac{3\pi}{2n}}{\dfrac{3\pi}{2n}} + \cdots + \frac{\sin \dfrac{(2n-1)\pi}{2n}}{\dfrac{(2n-1)\pi}{2n}} \right) \tag{3.3.13}$$

收敛到

$$\int_0^\pi F(x)dx \tag{3.3.14}$$

易见和式等于

$$\frac{\pi}{2} S_{2n-1}\left(\frac{\pi}{2n} \right) \tag{3.3.15}$$

因此

$$\lim_{n \to \infty} S_{2n-1}\left(\frac{\pi}{2n} \right) = \frac{2}{\pi} \int_0^\pi \frac{\sin x}{x} dx \tag{3.3.16}$$

对被积函数中的 $\sin x$ 作泰勒展开得到

$$\frac{2}{\pi} \int_0^\pi \frac{\sin x}{x} dx = 2 - \frac{\pi^2}{9} + \frac{\pi^4}{300} - \frac{\pi^6}{17640} + \cdots \approx 1.17898 \tag{3.3.17}$$

即

$$\lim_{n \to \infty} S_{2n-1}\left(\frac{\pi}{2n} \right) = 1.17898 \cdots \tag{3.3.18}$$

这说明无论 n 多么大, 总有 $\dfrac{\pi}{2n}$ 使式 (3.3.18) 达到峰值, 而 $f\left(\dfrac{\pi}{2n} \right) = 1$, 即高出 $0.17898\cdots$, 这一推理适于一般情况. 对 $[-\pi, \pi]$ 上以某 x_0 为间断点的分段光滑函数 $f(x)$, 其傅里叶级数的部分和在间断点 x_0 处波动的大小约为

$$0.09[f(x_0+) - f(x_0-)] \tag{3.3.19}$$

无论理论还是应用, 吉布斯现象是一个引人注目的研究问题[1], [2].

① Gottlieb D, Shu C W. On The Gibbs phenomenon and its resolution. SIAM Review, 1997, 39(4): 644-668.

② Jerri A J. The Gibbs Phenomenon in Fourier Analysis, Splines and Wavelet Approximations. Dordrech: Kluwer Academic Publishers, 1998.

第4章 画 图

图画的最大价值就是, 让我们看到我们从没看见过的东西.

——(美国) John Tukey

4.1 概 观

作为传递信息的手段, 图比语言文字包含更丰富的内容, 因此人们常说 "百闻不如一见" 和 "一幅图抵得上一万句话".

人类在走出迷蒙的年代后, 便围绕着图的认识与实践开始了艰苦漫长的探索过程. 简陋的壁画与石刻, 留下某些事件的记忆; 继而象形文字的出现以特定的图示使彼此得以沟通. 从远古的洞穴岩石上的石刻可以看出, 在没有文字以前, 图形就是一种有效的交流工具.

工程制图是一类最广泛的应用, 它因应用领域的不同, 衍生与发展出许多不同的分支.

譬如, 人类关注大自然, 首先就是天文地理, 其中绘图是核心内容. 地图和地图制图学的发展已有悠久的历史. 诸如, 古希腊地理学家克劳狄乌斯·托勒密 (Claudius Ptolemaeus, 约 90—168) 的《地理学指南》就是一部地图制图学著作. 托勒密研究了简单的圆锥投影并绘制了世界地图. 欧洲文艺复兴时期, 著名地图制图学家杰拉杜斯·墨卡托 (Gerardus Mercator, 1512—1594) 对地图制图学的发展起了重大的推动作用. 十七世纪以后, 直到今天, 地图制图的研究一直是火热发展的大事. 现今, 它发展到所谓的 "宇宙制图"(Cosmic Mapping), 即用现代科学技术观测和绘制地球、月球、太阳系以及其他已知星系的制图技术 …… 想象一下宇宙的真正形状, 它到底是时空扭结的环形, 还是不规则形状? 不同主张的天体物理学家们都有着各不相同的推断和论证. 给宇宙制图, 分析数据是一项艰难的工作. 不可能站在宇宙之外绘制这份 "地图", 不言广漠的宇宙, 只就太阳系, 它位于银河系之内, 尚且不能观测银河系的全貌, 更不可能站在宇宙之外绘制这份 "宇宙地图".

回到身边, 我们生活在一个图形的世界里. 图, 有平面的、有立体的; 有黑白的、有彩色的; 有静止的、有运动的; 有具体的、有抽象的. 它可以是科学或工程上的表达与记录, 也包括艺术作品中的影视、绘画和雕塑. 有的图呈现明确的意义, 有的图毫无所指. 还有已经画好了的图, 却称为 "不可能图形". 就连写在纸上的各种文字, 也是特定的图, 只不过人们习惯上称它为 "字" 而已.

画图, 与使用的工具紧密相关. 数学上, 有起源于古希腊的尺规作图问题. 尺规作图是指只用无刻度的直尺和圆规作图, 并且只准许使用有限次, 来解决不同的平面几何作图题. 这里值得一提的是 "不可能" 用尺规作图完成的作图问题, 其中最著名的是被称为几何三大问题的古典难题: ①三等分任意角问题; ②倍立方问题: 作一个立方体, 使它的体积是已知立方体的体积的两倍; ③化圆为方问题: 作一个正方形, 使它的面积等于已知圆的面积. 在 2400 年前的古希腊已提出这些问题, 直至 1837 年, 法国数学家皮埃尔 · 洛朗 · 万芝尔 (Pierre Laurent Wantzel, 1814—1848) 首先证明 "三等分角" 和 "倍立方" 为尺规作图不能问题. 1882 年德国数学家卡尔 · 路易斯 · 费迪南德 · 冯 · 林德曼 (Carl Louis Ferdinand von Lindemann, 1852—1939) 证明 π 是超越数后, "化圆为方" 也被证明为尺规作图不能问题. 谈画图而说到尺规作图, 主要不在于这种作图现在有什么实用价值, 而是如何证明历史上由它引出的 "某种问题是不可解的". 要明确: "不可能" 与 "未解决" 是两回事, 说 "不可能" 这一断语, 是要严格论证的.

现在谈图, 自然与网络信息技术的出现紧密相关. 数学中的画图与处理图的问题, 与纯数学理论问题研究不同, 前者依赖所使用画图工具的更新与进步. 今天, 画图工具主要是指计算机, 形成一个新的学科分支 —— 计算机图形学. 至于将来, 难说什么样子, 因为未来的画图工具与今日相比, 必然不可同日而语. 但不管怎样, 作为信息可视化手段的画图, 或许是永恒的研究题目. 作为视觉信息传达途径的作图, 涉及生理学、心理学、脑科学等, 有很深入而广泛的研究空间.

早年的计算机名副其实是只能 "计算", 不能画图. 直到 1950 年, 第一台图形显示器作为美国麻省理工学院 (Massachusetts Institute of Technology, MIT) 旋风 I 号 (Whirlwind I) 计算机的附件诞生了. 该显示器用一个类似于示波器的阴极射线管 (Cathode Ray Tube, CRT) 来显示一些简单的图形, 这是关键的突破. 由此, 预示着计算机图形学的诞生, 虽然在整个二十世纪五十年代, 只有电子管计算机.

1962 年, 麻省理工学院林肯实验室的伊凡 · 爱德华 · 萨瑟兰 (Ivan Edward Sutherland, 1938—) 发表了一篇题为 " Sketchpad: 一个人机交互通信的图形系统" 的博士论文, 他在论文中首次使用了计算机图形学 "Computer Graphics" 这个术语, 论证了交互计算机图形学是一个可行的、有用的研究领域, 从而确定了计算机图形学作为一个崭新的科学分支的独立地位. 他在论文中所提出的一些基本概念和技术, 如交互技术、分层存储符号的数据结构等至今还在广泛应用. 二十世纪七十年代, 光栅显示器的产生, 是计算机图形学发展过程中一个重要的历史时期. 从二十世纪八十年代中期以来, 超大规模集成电路的发展, 为图形学的飞速发展奠定了物质基础. 计算机的运算能力的提高, 图形处理速度的加快, 使得图形学的各个研究方向得到充分发展, 图形学已广泛应用于动画、科学计算可视化、CAD/CAM、影视娱乐等各个领域.

最后, 本书以 SIGGRAPH 会议的情况, 来结束计算机图形学的历史回顾. ACM SIGGRAPH 会议是计算机图形学领域最权威的国际会议及最负盛名的盛事平台, 每年在美国召开, 参加会议的人数在 50000 左右. 世界上没有第二个领域每年召开如此规模巨大的专业会议, SIGGRAPH 会议很大程度上促进了图形学的发展. SIG-GRAPH 会议全称是 "Special Interest Group on Computer Graphics and Interactive Techniques". 继在北美所获得巨大成功后, 2008 年 SIGGRAPH 首度进驻亚洲, 并迅速成为顶尖计算机图形技术研究成果的一个发布平台. 它不仅向亚洲本地专业人才或行业展示了众多尖端技术, 也为亚洲与国际计算机图形技术研究员之间提供了一个更直接交流新意念的平台. 2016 年 12 月 5 日至 8 日, 第九届 ACM SIG-GRAPH ASIA 会议在澳门举行, 其主题是 "通向未来的钥匙", 因为不断探索新方向, 并重审计算机图形学的未来始终至关重要. 这里顺带提及, 作者有幸受邀参加了第九届 ACM SIGGRAPH ASIA 会议的组织工作, 亲身体验到了计算机图形学的飞速发展.

就计算机图形学的数学基础而言, 必须提到如下事实: 1964 年 MIT 的教授史蒂芬·安森·孔斯 (Steven Anson Coons, 1912—1979) 提出了被后人称为超限插值的新思想, 通过插值四条任意的边界曲线来构造曲面. 同在二十世纪六十年代早期, 法国雷诺汽车公司的工程师皮埃尔·艾蒂安·贝齐尔 (Pierre Étienne Bézier, 1910—1999) 发展了一套被后人称为贝齐尔曲线、曲面的理论, 成功地用于几何外形设计, 并开发了用于汽车外形设计的 UNISURF 系统. 孔斯方法和贝齐尔方法, 以及此前于 1946 年由艾萨克·雅各布·勋伯格 (Isaac Jacob Schoenberg, 1903—1990) 建立的样条函数方法, 是计算机辅助几何设计 (Computer Aided Geometric Design, CAGD) 最早的开创性工作. 值得一提的是, 计算机图形学的最高奖是以史蒂芬·安森·孔斯的名字命名的, 而获得第一届 (1983) 和第二届 (1985) Steven A. Coons 奖的, 恰好是萨瑟兰和贝齐尔, 这可谓是计算机图形学的一段佳话.

图, 是可视信息. 信息的可视化, 就是画图. 图的数字化, 引出太多的问题: 表达与存储、分解与合成、放大与缩微、清晰与模糊、真实与模拟、提取与隐蔽······回过头来想, 探讨图形图像的理论及其应用, 这是在现实与虚幻两个世界中的作为.

4.1.1　仿真图与示意图

数学中的画图, 是强调数量关系与空间形式中的后者, 一般认为画图问题属于几何学. 把千变万化的图分为两类: 一类是仿真图, 另一类是示意图.

所谓仿真图形, 是指图形与所要表示的对象看上去在形状上一致, 譬如, 图 4.1 中的 (1) 和 (3), 分别表示圆及螺线. 它们分别是车轮及海螺形状的仿真. 而示意图形则不强调与客观对象的形状相近, 它着意于内在机理的数量关系. 图 4.1 中的 (2) 和 (4) 就是示意图.

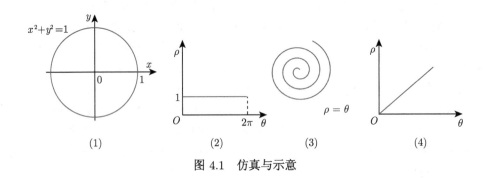

图 4.1　仿真与示意

通常说的示意图, 是大体上描述或表示物体的形状、相对大小、不同对象之间的联系 (关系), 以及表现某种对象的工作基本原理、描述某种过程的简单图示. 示意图的特点是简单明了, 突出重点, 忽略很多次要的细节. 如图 4.2 所示, 人们常用示意图表达工作流程、原子结构以及各种标识等.

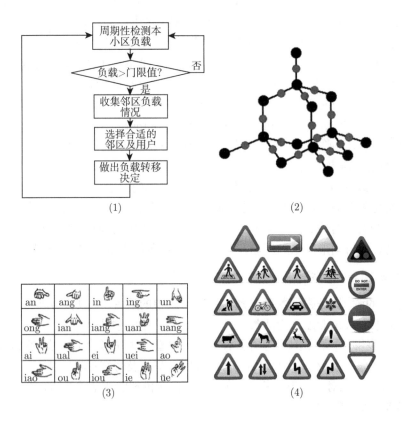

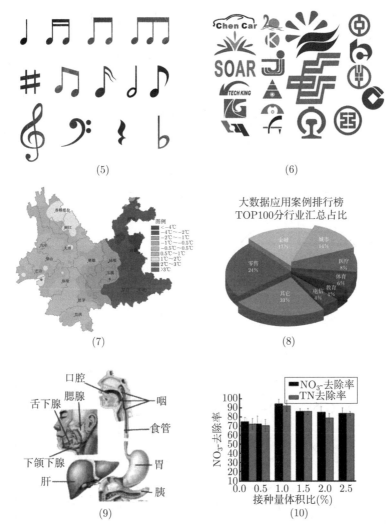

(5)　　　　　　　　　　　　(6)

(7)　　　　　　　　　　　　(8)

(9)　　　　　　　　　　　　(10)

图 4.2　示意图举例

　　仿真图所表达的意义,可以与人的经验联系起来加以判断,从而理解其含义. 而示意图则与作者的构思紧密相关. 一般说来,它应该通俗易懂. 这里指出另一类示意图,它被某一领域的人员采用,若不了解作者的意图,则不易明白示意图的准确意义. 譬如,对多变量函数关系的作图,多指标样本数据统计中有雷达图、星座图、脸谱图等.

1. 雷达图

　　选定平面上点 O 为原点,取适当长度画一个圆. 经 O 点出发的射线将圆分成相等的 p 个部分. 这 p 个半径作为 p 个变量的坐标轴. 这一方法适合于多指标样本的图示. 作图时根据数据波动的范围设定坐标轴的刻度, 将每个样本表示在坐标轴上, 顺次连接样本在每个坐标轴上相应的坐标, 得到一个 p 边形. 这个 p 边形表达了这个样品的特性, 叫作雷达图. 譬如, 给出样本数据如表 4.1 所示, 那么它的雷达图为图 4.3(1) 所示.

表 4.1　多指标样本数据

	x_1	x_2	x_3	x_4	x_5
y_1	a_{11}	a_{12}	a_{13}	a_{14}	a_{15}
y_2	a_{21}	a_{22}	a_{23}	a_{24}	a_{25}
y_3	a_{31}	a_{32}	a_{33}	a_{34}	a_{35}

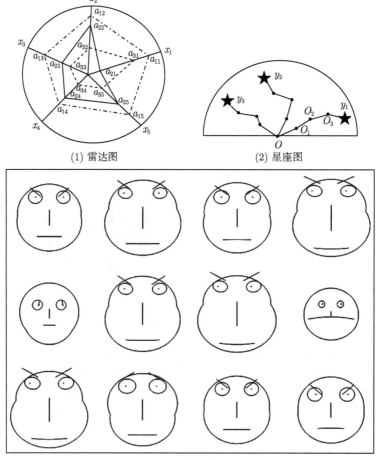

(1) 雷达图　　　　　　　　　　(2) 星座图

(3) 脸谱图

图 4.3　多指标样本的图示

2. 星座图

本书在此介绍的星座图也是为了表达多指标样本数据. 将表 4.1 中的数据作变换, 使其范围归为 $[0, \pi]$, 这时数据表示为 ξ_{ij}. 以点 O 为圆心, 且以 1 为半径作圆. 为了画出样本 y_1 的 "星", 先以点 O 为圆心, 以变量 x_1 相应的权 w_1 为半径作圆, 在半圆上相应弧度为 ξ_{11} 的点记为 O_1; 再以 O_1 为圆心, w_2 为半径作圆, 在半圆上相应弧度为 ξ_{12} 的点记为 O_2; 再以 O_2 为圆心, w_3 为半径作圆, 在半圆上相应弧度为 ξ_{13} 的点记为 O_3; $\cdots\cdots$ 一直求到 O_{p-1}, 则它代表 y_1 的星座, 标为 $Z_{1,O_{o_1 o_2 \cdots o_{p-1}}}$, 其称为路径. 对样本 $y_2, \cdots, y_m$ 作类似处理, 于是得到的星座和相应的路径就全面刻画了每个样本的特征. 表 4.1 相应的星座图如图 4.3(2) 所示.

3. 脸谱图

将每个指标用人脸的某一部位的形状或尺寸表达, 于是, 若样本相近, 则相应的脸谱也相像; 样本的性质若相差甚远, 则各自的脸谱会很不相同. 脸谱图的作图方法很灵活, 将变量与脸的长短、鼻子的长短、嘴的位置及上翘的角度、眼睛的位置及倾斜等参数相对应, 如图 4.3(3) 所示, 这种示意图也称 Chernoff 脸谱.

此外, 还有连接向量图、三角多项式图、树形图等方法. 这些作图方法一般在多指标样本的绘制中经常用到, 可参阅统计分析的有关书籍. 虽然人们设计了各种如上所述的方法, 但多变量的函数画图仍然是远未解决的问题. 一方面, 上述方法尚嫌就事论事; 另一方面, 它原则上尚未突破原有坐标系基本概念的框架.

4.1.2　作图与作图工具紧密相关

画图要用工具. 最原始的作图工具是手指头、木棍之类, 后来使用圆规和无刻度直尺. 图形的载体为沙盘、石壁、布帛、纸张等. 尺规作图是欧氏几何中训练思维的优美体操.

尺规作图的热潮过去了, 现在是计算机作图的时代, 并诞生了计算机图形学. 那么, 什么是计算机图形学? 姑且不追求计算机图形学到底怎样科学定义, 一般来说, 它是一种使用数学算法将二维或三维图形转化为计算机显示器的栅格形式的科学.

现代计算机上绘制的一幅图画归根结底是一组有限的点集. 这个点集中的点与数学中点的概念不同之处在于它是被物化了的像素 (Pixel), 指的是离散后的最小单元, 因而有尺寸上的大小. 像素能被赋值三个分量 RGB, 因而可有不同的颜色与灰度. 这样看来, 一幅计算机图画本质上就是一组数据, 或者更根本上说, 它是有一定结构的 0 和 1 两个数码的排列组合.

计算机图形学的宗旨, 是研究如何用计算机作图形的表示、如何用计算机作图形的计算、如何用计算机作图形的处理 (显示、存储、传输、分析、转换等), 主要包含四大部分的具体内容: 建模、渲染、动画和人机交互. 特别提醒注意的是, 近年出现的新兴的人机交互设备, 譬如: Kinect, 它是外部设备, 微软于 2010 年推出. 此外, 表达空间造型的 3D 打印技术的兴起, 值得特别关注. 前者关乎信息输入, 后者关乎输出.

　　如同高效的计算功能带来的巨大的好处一样, 计算机绘图功能的强化, 不仅仅将人从艰难的作图劳作中解脱出来, 它的另一个重要影响在于对理论研究的推动, 促使理论研究与实际应用进入良性的循环: 从理论研究推导和猜想, 经过直观的图示, 获得验证或启迪, 再深入理论研究 ……　不必多说, 计算机作图和处理图像的功能已经带来巨大的社会效益和经济效益, 成为不可忽视的高技术产业的支柱. 在当代及未来信息市场的激烈竞争中, 数与形的学问无疑是决定成败的关键, 这就是说数学的作用是举足轻重的.

4.1.3　画图的两种思路

　　主要有依表达式画图和按像素画图两种. ①依表达式画图: 若给定了函数的表达式, 则可先设置自变量向量, 再根据表达式计算函数值向量, 然后可绘制出图形; ②按像素画图: 数字图像由一颗一颗的有颜色的点 (或称像素) 整齐地排排站所构成, 排列成为一个长方形的 "点矩阵", 有点类似马赛克点描法画图的方法. 每个像素具有各自的颜色值, 像素数越多, 表示存储的图像细节越多. 进而可编写程序把图像的像素画出并显示.

4.2　具 体 数 学

　　画图, 一般说来要遵循一定的规则. 函数作图规定坐标系, 否则人们很难互相沟通. 即便是以计算机为工具的画图 (图形生成、图像处理), 仍然需要遵循相应规则. 计算机图形或图像处理问题, 看似规模宏大, 构成繁杂, 总要归结到像素. 但艺术家说 "作画无定式", 其意是在基本规则基础上不拘形式、打破陈规. 它不是对基本规则的破坏, 而是突破那些习惯了的道路而独辟蹊径. 所讨论的数学上的画图, 说到深处亦然如此.

　　下面主要介绍如何画图, 或者说画图过程中涉及到的一些数学问题. 其内容包括以极坐标系下画心脏线和莲花线等为例来说明如何依数学函数的表达式画图, 还给出了一些依函数等高线的表达式和随机涂色方法生成的美术图案; 计算机图形图像的按像素画图和引申出来的数字图像的分拆与重组; 艺术家埃舍尔创作性的画图, 用以传递一些抽象的数学元素; 基于不同投影技术的地图绘制方法; 以及画图与识图的关系.

4.2.1 依表达式画图

当知道函数的表达式后, 那么可设置函数的自变量向量, 从而根据表达式就可计算函数值向量. 进一步地, 函数的图像就能画在相应的坐标系中, 诸如, 人们熟知的笛尔儿坐标系、极坐标系等. 这即为熟知的依函数的表达式画图. 在第 3 章中介绍过: 当一个函数表达式具有 $y = A\sin(\omega x + \varphi)$ 的形式时, 图像可在直角坐标系中画出; 事实上, 它的图像也可在极坐标系中画出. 图 4.4 给出一些结果以供参考, 其中 $x \in [-2\pi, 2\pi]$.

下面, 在极坐标系下以画心脏线为例来说明如何依函数的表达式画图. 在极坐标系的世界里, 流传着关于笛尔儿的一个美丽的传说. 传说十七世纪, 笛尔儿感染了黑死病, 临死时写了一封信给思念多年的法国公主克里斯汀. 国王截到信件, 发现那是一道数学公式, 召集了全国数学家破译, 无果, 就交给了公主克里斯汀. 克里斯汀收到老师的信, 一看, 果然只有一道方程

$$r = a(1 - \cos\theta) \tag{4.2.1}$$

在当时条件下, 人们很难想象这个表达式的样子. 现在有了计算机, 就可通过计算机编程来认识这条曲线.

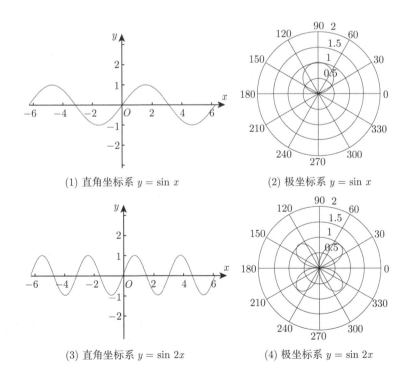

(1) 直角坐标系 $y = \sin x$

(2) 极坐标系 $y = \sin x$

(3) 直角坐标系 $y = \sin 2x$

(4) 极坐标系 $y = \sin 2x$

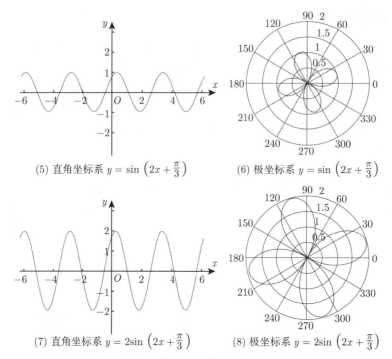

(5) 直角坐标系 $y = \sin\left(2x + \frac{\pi}{3}\right)$ (6) 极坐标系 $y = \sin\left(2x + \frac{\pi}{3}\right)$

(7) 直角坐标系 $y = 2\sin\left(2x + \frac{\pi}{3}\right)$ (8) 极坐标系 $y = 2\sin\left(2x + \frac{\pi}{3}\right)$

图 4.4 函数在不同坐标系下的图形

取 $a = 3$ 进行极坐标曲线作图, 如图 4.5(1) 所示, 这条曲线就是著名的心脏线. 那么自然有一问题, a 的取值对心脏线图像的影响如何? 图 4.5(2) 和图 4.5(3) 分别给出当 a 的取值为 1 和 -1 时得到的心脏线的图像.

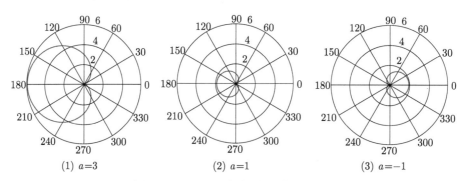

(1) $a=3$ (2) $a=1$ (3) $a=-1$

图 4.5 a 取不同值时的极坐标曲线图

在其他不变的情况下, a 为正数时, 心脏线的心尖朝左, a 取负数时, 心脏线的心尖朝右, a 的绝对值大小与心脏线的大小成正比. 不管怎样, 除非 $a = 0$, 否则不变的都是一颗 "心".

此外, 4 种常见心脏线方程, 如下所示:

$$\rho(\theta) = a(1 \pm \cos\theta),$$
$$\rho(\theta) = a(1 \pm \sin\theta) \tag{4.2.2}$$

进而可把 4 条曲线画在同一个坐标系内, 如图 4.6 所示, 其中 $a = 2$.

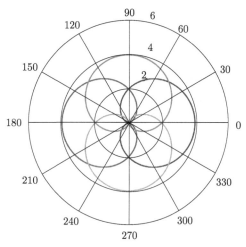

图 4.6　四种常见心脏线图像

事实上, 像这样著名的极坐标曲线还有很多, 比如玫瑰线、圆盘线及螺线. 熟知, 中华人民共和国澳门特别行政区的区徽类似于一朵莲花, 用相应的极坐标函数可生成一朵类似于莲花的曲线. 下面将要介绍莲花线.

莲花线

事实上, 极坐标系是一个二维坐标系统, 该坐标系统中的点由一个夹角和一段相对原点-极点的距离来表示. 其具体表述为: 在平面内取一点 O, 叫作极点; 由点 O 引入一条射线 Ox, 叫作极轴; 再选定一个长度单位和角度的正方向 (通常规定从极轴逆时针转动的角度为正), 这样就构成了一个平面极坐标系. 对于平面内的任意一点 P, 用 ρ 表示点 P 到极点 O 的距离, θ 表示 Ox 轴到 OP 的角度, 其中 ρ 叫作点 P 的极径, θ 叫作点 P 的极角. 有序数对 (ρ, θ) 就叫作点 P 的极坐标, 记为 $P(\rho, \theta)$. 在这些概念的基础上, 就可得到常见曲线的极坐标方程, 譬如前面介绍的心脏线. 图 4.7(1) 和图 4.7(2) 分别给出极坐标函数 $\rho = \sin\theta + \sin^3\left(\dfrac{5\theta}{2}\right)$ 和 $\rho = \cos\theta + \cos^3\left(\dfrac{5\theta}{2}\right)$ 在极坐标系下的函数图像, 可以发现这两个极坐标函数可生成类似于莲花的曲线, 其中 $\theta \in [0, 4\pi]$.

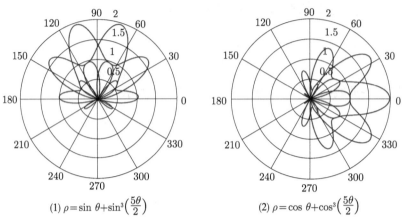

(1) $\rho = \sin\theta + \sin^3\left(\dfrac{5\theta}{2}\right)$ (2) $\rho = \cos\theta + \cos^3\left(\dfrac{5\theta}{2}\right)$

图 4.7   莲花线

函数与数学纹理

熟知, 生活中, 绝大部分漂亮的美术图案都是由画家手工创作, 其实一些漂亮的美术图案也可依函数表达式来生成. 当对特定的二元函数作等高线图形或直接计算函数值, 然后在涂色的时候利用随机数, 便能生成意想不到的图案. 设有二元函数 $z = f(x,y)$, $x,y \in [-a,a] \times [-a,a]$, 若画出它的函数图像, 则通常为曲面, 且有多种方法可画出立体效果的曲面图示, 较为简单直观的方法是把它画在它的定义域上, 人们最常见的等高线就是在定义域上表达的二元函数, 当任意取一个值域中的常数 C, 把它理解为高度, 那么 $f(x,y) = C$ 就是一条等高线. 譬如函数 $z = x^2 + y^2$, $x,y \in [-5,5]$ 的三维空间图, 如图 4.8 所示; 它相应的等高线图, 如图 4.9 所示.

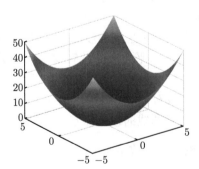

图 4.8   函数 $z = x^2 + y^2$, $x,y \in [-5,5]$ 的
三维空间图

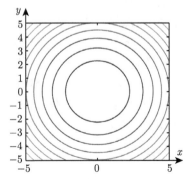

图 4.9   函数 $z = x^2 + y^2$, $x,y \in [-5,5]$ 的
等高线图

事实上, 二元函数 $z = f(x,y)$ 表达的是一张曲面, 它与不同高度的水平面作截线, 投影在定义域上便是一族曲线, 然后利用随机数进行涂色, 可生成各式各样的图案. 函数 $z = x^2 + y^2$, $x,y \in [-5,5]$ 的图案, 如图 4.10 所示. 二元函数 $z = f(x,y)$ 可随意设计, 当对不同的二元函数作等高线图后, 并借助计算机上灵活的色彩显示方法, 可生成千变万化的图案. 这些图案可能是不可预知的、富于美感的曲线族, 不仅可以自我欣赏, 也可为美术设计人员提供参考.

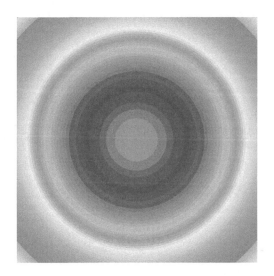

图 4.10   函数 $z = x^2 + y^2$, $x,y \in [-5,5]$ 的图案

譬如给定如下一些函数：

(a) $z = x^2 + y^2 - 10[\cos(2\pi x) + \cos(2\pi x)] + 20$, $x,y \in [-5,5]$;

(b) $z = x^{2/3} + y^{2/3} - 3xy$, $x,y \in [-\pi,\pi]$;

(c) $z = |\cos(xy) + \sin(x+y)\ln[\cos(xy) + \sin(x+y)]|$, $x,y \in [-\pi,\pi]$;

(d) $z = \cos(xy) + \sin(x+y)$, $x,y \in [-\pi,\pi]$;

(e) $z = \dfrac{1}{8}\cos(3x+3y)\cos(3xy)$, $x,y \in [-5\pi,0]$;

(f) $z = \dfrac{1}{8}\cos(3x+3y)\cos(3xy)$, $x,y \in [-5\pi,5\pi]$.

对这些给定的二元函数作等高线图形或直接计算函数值, 然后利用随机数进行涂色. 图 4.11 展示的图案就是用上述给定的二元函数 (a) 到 (f) 生成的.

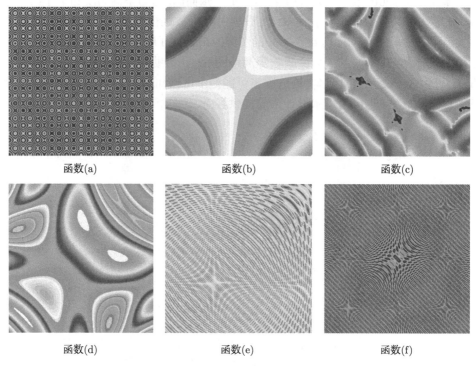

函数(a)   函数(b)   函数(c)

函数(d)   函数(e)   函数(f)

图 4.11   函数图案

4.2.2   按像素画图

图像可分块来画, 分块指的是将数字图像细分为多个图像子块 (像素的集合) 的过程. 在此选取了大小为 512×512 像素的 "lena" 图像进行分块, 并分别选取块大小为 64×64, 32×32, 16×16, 8×8 和 4×4 的像素, 然后计算每块中像素的平均值, 并把该平均值赋值给相应块, 如图 4.12 所示. 可以看出, 当块的尺寸越小时, 最后得到的图就越与原图相近, 这可理解为数学中的无限逼近, 即只要选取的块越小, 那么得到的图就越逼近原图.

计算机的屏幕是密密麻麻的所谓像素排列而成的点阵. 计算机上的画图, 归根结底是基于 "点" 的显示. 屏幕上的点 (像素), 除了它的位置之外, 还有其他属性 (灰度、颜色), 这些属性都用数字标注. 这样一来, 图形与数字之间建立了对应关系, 于是, 图被数字化了.

图的数字化带来了一系列的变革, 譬如, 以数据形式的存储、传输、变换等. 以下介绍一些关于按像素画图的具体应用, 包括数字图像的分拆与重组、数字图像的融合和数字图像的分存.

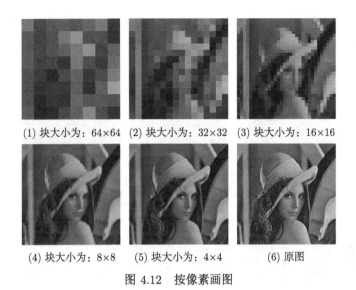

(1) 块大小为：64×64 (2) 块大小为：32×32 (3) 块大小为：16×16

(4) 块大小为：8×8 (5) 块大小为：4×4 (6) 原图

图 4.12 按像素画图

数字图像的分拆与重组

给定一幅数字图像 A, 它对应着一个 (当 A 只有灰度而无其他颜色) 或三个 (当 A 有多种色彩, 即 RGB) 数字矩阵. 假若想把 A 分拆开来, 只要联想矩阵能作怎样的分拆. 把数字图像割成几块, 这就是一种分拆, 图 4.13 给出几种分拆结果以供参考.

(1)非均匀分拆结果示意Ⅰ (2)非均匀分拆结果示意Ⅱ (3)非均匀分拆结果示意Ⅲ

图 4.13 数字图像的分拆

此外, 图 4.14 示意了一种特别的分拆, 它把图像像素排列的行与列的次序按奇数与偶数分开, 成为四个较小的图像, 见图 4.14(2). 这四个较小的图像, 看起来似乎相同, 实际上并不一样. 它相当于把原图 A 左上角的相邻四个像素分配到小尺寸四个图像的左上角, 再顺次取四个像素, 做类似的分配. 顺次选取的这四个像素在图 A 中是相邻的, 它们的属性 (灰度、色彩) 相差不大, 即相关性较强, 人的肉眼不易察觉它们的差别. 图像相关性分析可参见本书第 6 章具体数学之矩方法.

进一步, 把图 4.14(2) 中的每个较小的图像, 仍按这种方式对像素的奇偶行列分离抽取和重组, 成为图 4.14(3) 所示的 16 个更小的图. 如此下去, 进行 5 步, 如图 4.14(6) 所示.

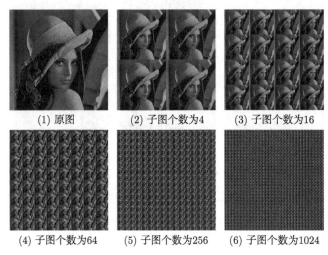

(1) 原图   (2) 子图个数为4   (3) 子图个数为16

(4) 子图个数为64   (5) 子图个数为256   (6) 子图个数为1024

图 4.14   奇偶行列的像素抽取过程

自然要问, 这种分拆结果如何?

为了简单, 假设原图 A 像素的行与列的数目为 2^m, 那么按上述方式作出图 4.14(1), (2), (3)······ 直到 (m), 则 (m) 中的小小的图像将有 2^{2m} 个, 每个小图只有一个像素, 结果回到了原图 A. 就在它的前一步, 图 $(m-1)$ 的每个小小的图像含四个像素, 整体图像看起来模糊一片.

现在反过来思考. 图 $(m-1)$ 中的小小的图像只有 4 个像素, 它与原图 A (可记为图 (0)) 基本上没有共同之处. 图 $(m-2)$ 中只有 16 个像素的小图, 也与原图相差甚远. 逐渐地, $(m-3)$, $(m-4)$······ 它们每个整体图像中包含的小图像, 其像素的数目越来越多, 从模糊到清晰, 越来越接近原图, 直至复原. 用计算机图形学的术语, 分辨率逐渐增强: 每一步都在前面小图的基础上尺寸增大二倍, 并且显现更多的细节.

从一幅低分辨率的小尺寸图像, 生成它的大尺寸图像, 这显然有实用价值. 医学图像和遥感图像都希望将图像放大, 以便观察细微之处; 街上随地可见的巨幅广告招贴, 也追求其清晰细腻. 然而, 做出满意的放大并不容易, 因为你手中的小图片分辨率有限, 它本身缺少必要的细节信息. 一个自然想到的放大途径, 是通过采样获得离散数据, 再选用适当的插值方法, 这种做法可在一定程度上得到满意的放大效果, 但达到理想的程度很难. 放大倍数稍高, 质量变坏, 不被人们认可. 人们仍在努力于图像的放大技术研究, 有人从求解偏微分方程反问题的角度期待获得更满意的解决, 这是专门的话题, 本书不作引申.

4.2.3 埃舍尔画图

有许多艺术家, 如莱昂纳多 · 达 · 芬奇 (Leonardo da Vinci, 1452—1519), 他们的作品具有特殊的感染力, 并且能引起具有技术导向的观众更深层次的欣赏. 二十世纪中这类艺术家里最出名的便是毛里茨 · 科内利斯 · 埃舍尔 (Maurits Cornelis Escher, 1898—1972). 埃舍尔, 著名的荷兰艺术家, 他的作品强烈地吸引了科学家和工程师们近半个世纪的关注. 这些作品被转载用于科学杂志、期刊以及图集中, 并且被用作教科书的封面、广告画、挂历以及受欢迎的大众媒体中. 原因之一在于埃舍尔使用了诸如普通多面体、周期性设计、镜像图形以及莫比乌斯带 (Möbius Band) 这样一些工程技术专家所熟悉的物体, 他画中的这些物体传递了一种协调和序列的感受. 他的作品能够流行的第二个原因是他在作品中所采用的诸如反射、伸长、变形、投影和其他类似的变换来对空间进行不同寻常的处理, 这种处理方式会使具有技术倾向的观众产生强烈的共鸣. 由于埃舍尔本人并不是职业数学家, 甚至没有受过什么数学训练, 所以这一点就显得更加难能可贵了. 他对空间不同寻常的直观处理尽管来自于审美学基础, 但还是展示出了复杂的数学工具, 譬如结构映像和双曲图形, 因此设想这些抽象意义上的数学操作并不完全是任意的, 而是与人类的感知相关的.

埃舍尔试图通过向中心或边缘处逐渐减小瓦片的尺寸来在有限的区域内捕捉无限延续的感觉. 在他早期的尝试中 (图 4.15(1)), 通过向画面的中心逐渐减小瓦片的尺寸来表达无限的感觉. 在随后的作品中, 又向相反的方向进行 (图 4.15(2) 和 (3)), 即尺寸的减小是在向画面的周边方向进行的, 从而实现无限性的表达. 埃舍尔自己发现这些早期的作品不大令人满意, 便继续寻求改进的方式. 他的后期作品包括两幅木版画, 分别是圆形极限 III(Circle Limit III) (图 4.15(4)) 和圆形极限 IV(Circle Limit IV)(图 4.15(5)), 这些是这类作品中最有名的.

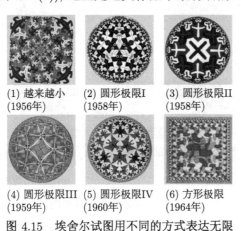

(1) 越来越小　　(2) 圆形极限I　　(3) 圆形极限II
(1956年)　　　(1958年)　　　(1958年)

(4) 圆形极限III　(5) 圆形极限IV　(6) 方形极限
(1959年)　　　(1960年)　　　(1964年)

图 4.15　埃舍尔试图用不同的方式表达无限

4.2.4   不同投影下的地图

地图投影就是指建立地球表面 (或其他星球表面或天球面) 上的点与投影平面 (即地图平面) 上点之间的一一对应关系的方法, 即建立它们之间的数学转换公式. 它将作为一个不可展平的曲面即地球表面投影到一个平面, 保证了空间信息在区域上的联系与完整. 这个投影过程将产生投影变形, 而且不同的投影方法具有不同性质和大小的投影变形. 图 4.16 给出一些地球的投影图.

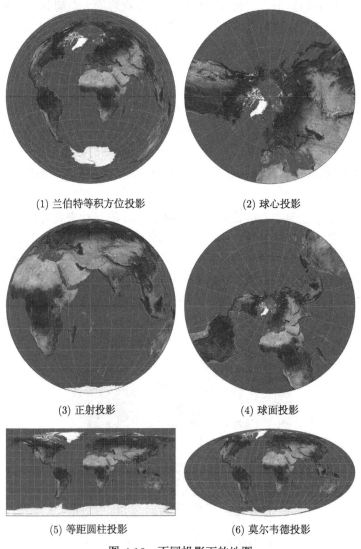

(1) 兰伯特等积方位投影   (2) 球心投影

(3) 正射投影   (4) 球面投影

(5) 等距圆柱投影   (6) 莫尔韦德投影

图 4.16   不同投影下的地图

兰伯特等积方位投影 (Lambert Azimuthal Equal-Area Projection)

该投影由约翰·海因里希·兰伯特 (Johann Heinrich Lambert, 1728—1777) 于 1772 年发现得到, 通常用于绘制大区域地图 (譬如整个大洲或半球), 该投影是方位等面积投影, 但不支持透视. 在投影的中心畸变为 0, 离投影中心距离越远, 畸变越大.

球心投影 (Gnomonic Projection)

此投影是一个从中心投影到与表面相切的一个平面的透视投影. 此投影既不等面积也不保角, 且在半球的边界处有很大畸变, 但从投影中心出发的方向是真实的. 球心切面投影属于中央透视投影之一, 依其切点所在位置为赤道、极或其他地方.

正射投影 (Orthographic Projection)

正射投影即投影平面切于地球面上一点, 视点在无限远处, 投影光线是互相平行的直线, 并与投影平面相垂直, 可显示出半球, 按投影面位置可分为正轴、横轴与斜轴三种. 投影中心无变形, 离中心越远变形越大, 所有纬线圈 (正轴) 或等高圈 (横轴、斜轴) 无长度变形. 此投影变形较大, 不适用于一般地图, 常用于天体图, 如月球图或其他天体图.

球面投影 (Stereographic Projection)

球面投影是等角透视方位投影之一. 承影面切于球面, 视点位于切点的对点上, 投影平面垂直于过视点的直径.

莫尔韦德投影 (Mollweide Projection)

莫尔韦德投影是经线投影成为椭圆曲线的一种等面积伪圆柱投影. 该投影规定离中央经线 ±90° 的经线投影后合成一个圆, 圆的水平直径及其延长线作为赤道的投影, 圆的垂直直径作为中央经线的投影. 这个圆的半径, 根据该圆的面积等于地球面积的一半来确定.

等距圆柱投影 (Equidistant Cylindrical Projection)

等距圆柱投影又称方格投影, 是假想球面与圆筒面相切于赤道, 赤道为没有变形的线. 经纬线网格, 同一般正轴圆柱投影, 经纬线投影成两组相互垂直的平行直线. 其特性是: 保持经距和纬距相等, 经纬线成正方形网格; 沿经线方向无长度变形; 角度和面积等变形线与纬线平行, 变形值由赤道向高纬逐渐增大. 该投影适合于低纬地区制图.

4.2.5　画图与识图联系紧密

计算机上的图形是一类集合. 因而集合论中的序结构、代数结构和拓扑结构成为研究计算机图形的基本问题. 又由于这是特殊的集合, 其机理与视觉心理学、视觉生理学以及脑科学有密切的关系, 也就是说, 对图的研究应与视觉和大脑的研究联系起来. 人们对同一图形可能产生不同的理解, 对简单的图形会产生复杂的联想, 甚至在图形面前出现错觉和幻觉, 这是值得注意研究的事情.

1. 二义性

观察图 4.17(1), 画的是一本打开的书. 但是若问你这本书是向前打开, 还是向后打开, 则是不能确定的. 换句话说, 这幅图具有二义性. 图 4.17(2) 流行很广. 它的题目是 "My wife and my mother in law". 只要仔细观察, 它既可理解成画的是一位少妇, 也可理解为一位老婆婆. 图 4.17(3) 像是鱼缸里的两条鱼, 水草下垂, 气泡上浮, 也可理解为画的是一个女孩的一双眼睛, 且有浓密的头发, 脸上有一些雀斑. 图 4.17(4) 可理解为画的是一只兔子, 也可说是一只鸭子.

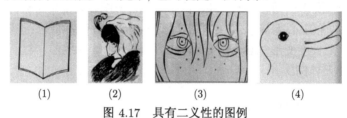

|(1)|(2)|(3)|(4)|

图 4.17　具有二义性的图例

2. 错觉

下面给出让人产生错觉的几何图形 (图 4.18 中从左到右, 从上往下依次记为01 图—10 图).

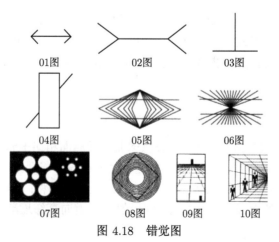

图 4.18　错觉图

图 4.18(01-02 图) 叫米勒–莱尔错觉 (Müller-Lyer Illusion). 左边中间的线段与右边中间的线段是等长的, 但看起来右边中间的线段比左边的要长. 原因是箭头号向外的线段引起距离较大的眼动, 箭头向内的线段引起较小的眼动, 因此前者看上去要长一些.

图 4.18(03 图) 叫菲克错觉 (Fick Illusion). 看起来垂直线比水平线长. 原因是眼睛做上下运动比做水平运动困难一些, 人们看垂直线比看水平线费力, 因而垂直看起来长一些.

图 4.18(04 图) 叫波根多夫错觉 (Poggendorff Illusion). 一条直线的中部被信纸所遮盖, 看起来直线两端向外移部分不再是直线了. 原因是对图形左半部分, 大脑首先会将左边平行线识别成由左边直线向两线之间夹角的锐角方向 (逆时针方向) 倾斜而成. 这一识别结果 (即逆时针方向倾斜) 被大脑滞留. 对图形右半部分, 大脑会将右边平行线识别成由右边直线向两线之间夹角的锐角方向 (逆时针方向) 倾斜而成. 这一识别结果 (即逆时针方向倾斜) 被大脑滞留, 当对直线的左右两部分进行识别时, 大脑中滞留的识别结果就会对这一次的识别结果产生影响, 即会产生左右两部分不在同一条直线上的错觉.

冯特错觉 (Wundt Illusion), 如图 4.18(05 图) 所示: 两条平行的直线被许多菱形分割后, 看起来这两条平行线显得向内弯曲.

黑林错觉 (Hering Illusion), 如图 4.18(06 图) 所示: 两条平行线看起来中间部分凸了起来, 由十九世纪德国心理学家卡尔·埃瓦尔德·康斯坦丁·黑林 (Karl Ewald Konstantin Hering, 1834—1918) 首先发现.

艾宾豪斯错觉 (Ebbinghaus Illusion), 如图 4.18(07 图) 所示: 它是一种对实际大小知觉上的错视. 在最著名的错觉图中, 两个完全相同大小的圆放置在一张图上, 其中一个用较大的圆围绕, 另一个用较小的圆围绕. 被较大的圆围绕的圆看起来比用较小的圆围绕的圆要小. 不能说得到结论毫无差错, 但你自己未必有所察觉. 此外, 图 4.18(08 图) 中, 菱形的边是直的; 图 4.18(09 图) 中, 前后长方形是一样高; 图 4.18(10 图) 中, 人也是一样高.

3. 视幻

弗雷泽螺旋 最有影响的幻觉图形之一. 你所看到的好像是个螺旋, 但其实它是一系列完好的同心圆. 每一个小圆的 "缠绕感" 通过大圆传递出去产生了螺旋效应. 遮住插图的一半, 幻觉将不再起作用.

闪烁的网格幻觉 当你的眼睛环顾图像时, 连接处的圆片将会一闪一闪, 这种幻觉产生的原因目前还不十分清楚.

曲线幻觉 竖线似乎是弯曲的, 但其实他们是笔直而相互平行的. 当你的视网膜把边缘和轮廓译成密码, 幻觉就偶然地在视觉系统发生. 这就是曲线幻觉.

曲线正方形 这些是完全的正方形吗? 正方形看起来是变形了, 但其实它们的边线都是笔直而彼此平行的.

以上四种视幻如图 4.19 所示.

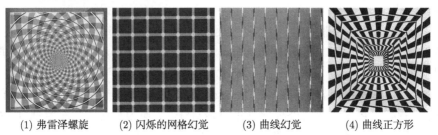

(1) 弗雷泽螺旋   (2) 闪烁的网格幻觉   (3) 曲线幻觉   (4) 曲线正方形

图 4.19 视幻

4. "不可能" 图形

不可能图形 (Impossible Figure, 也称为 Undecidable Figure, Impossible Object) 是在现实世界中, 不可能客观存在的事物, 只会在二维世界存在的一种图形. 它是由人类的视觉系统瞬间意识地对一个二维图形的三维投射而形成的光学错觉, 在几何意义上它不可能存在, 但研究它将会对人脑图像形成提供医学上的帮助.

不可能立方体 (Impossible Cube), 由埃舍尔为他的一幅作品 *Belvedere* 所设计的. 这幅作品中坐在建筑物墙角的小男孩手里拿的就是不可能立方体. 不可能立方体简单描述一下就是在这个立方体中某一条应该靠近观察者的棱神奇地被一条应该远离观察者的棱挡在了更远处, 使人产生错觉, 它在现实世界是不可能客观存在的. 如图 4.20 所示.

彭罗斯三角形 (Penrose triangle) 第一次是被瑞典艺术家奥斯卡 · 路透斯沃德 (Oscar Reuter-svärd, 1915—2002) 创造出来的, 如图 4.21 所示. 而后在二十世纪五十年代被数学家罗杰 · 彭罗斯 (Roger Penrose, 1931—) 所推广. 其特点被以不可能图形为灵感来创作的艺术家埃舍尔在其作品中很好地体现出来. 类似的图形还有彭罗斯正方形、彭罗斯五边形等.

图 4.20 不可能立方体   图 4.21 彭罗斯三角形

彭罗斯阶梯 (Penrose Stairs), 由莱昂内尔 · 彭罗斯 (Lionel Penrose, 1898—1972) 和他的儿子罗杰 · 彭罗斯创作. 它是彭罗斯三角形的一个变式, 如图 4.22 所示. 这是一个由二维图形的形式表现出来的拥有 4 个 90° 拐角的四边形楼梯. 由于它是个从不上升或下降的连续封闭循环图, 所以一个人可永远在上面走下去而不会升高. 显然这在三维空间中是不可能的.

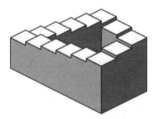

图 4.22　彭罗斯阶梯

4.3　数 学 实 验

本节数学实验首先给出切比雪夫 (Chebyshev) 多项式的图形, 并讨论当把多条切比雪夫多项式曲线重叠地画在同一平面的同一区域上时所发现的有趣现象; 然后探讨用阿诺尔德 (Arnold) 变换来画图; 最后给出不同投影下的月表地形图, 并研究如何通过球谐展开系数对月表数字高程模型 (Digital Elevation Model, 简称 DEM) 图进行重构.

4.3.1　实验一　切比雪夫多项式

内容

已知: n 次切比雪夫多项式定义为

$$T_n(x) = \cos(n \arccos(x)), \quad |x| \leqslant 1, \quad n = 0, 1, 2, 3, \cdots \tag{4.3.1}$$

当 $n = 0, 1$ 时, $T_0(x) = 1$, $T_1(x) = x$, 进而有递推关系:

$$T_{n+1}(x) = 2x T_n(x) - T_{n-1}(x), \quad n = 1, 2, 3, \cdots \tag{4.3.2}$$

试给出前 9 个切比雪夫多项式, 并根据 4.2 节中介绍的依表达式画图, 画出切比雪夫多项式曲线图.

探究

切比雪夫多项式出现在十九世纪, 以俄国著名数学家巴夫尼提 · 列波维奇 · 切比雪夫 (Pafnuty Lvovich Chebyshev, 1821—1894) 名字命名. 它是一种基于多倍角的余弦函数或正弦函数的展开式, 并以递归方式定义, 是数学中的一类重要的特殊的函数. 根据 n 次切比雪夫多项式定义及递推关系 $T_{n+1}(x) = 2xT_n(x) - T_{n-1}(x), n = 1, 2, 3, \cdots$ 可得切比雪夫多项式的前 9 个, 分别为

$$T_0(x) = 1;$$
$$T_1(x) = x;$$
$$T_2(x) = 2x^2 - 1;$$
$$T_3(x) = 4x^3 - 3x;$$
$$T_4(x) = 8x^4 - 8x^2 + 1;$$
$$T_5(x) = 16x^5 - 20x^3 + 5x;$$
$$T_6(x) = 32x^6 - 48x^4 + 18x^2 - 1;$$
$$T_7(x) = 64x^7 - 112x^5 + 56x^3 - 7x;$$
$$T_8(x) = 128x^8 - 256x^6 + 160x^4 - 32x^2 + 1$$

图 4.23 是绘制的上述 9 个切比雪夫多项式曲线.

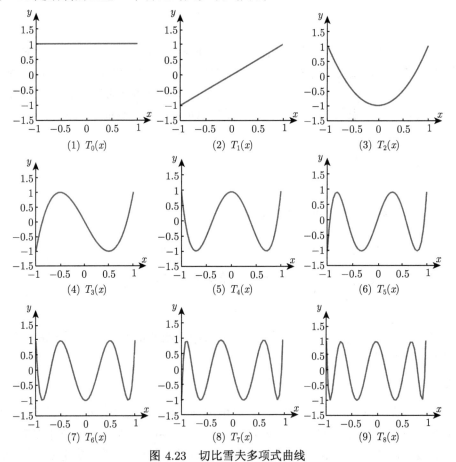

图 4.23   切比雪夫多项式曲线

引申

在画一组函数的图像的时候, 往往是对每个函数单独来画图, 图 4.23 中画出了 9 个切比雪夫多项式曲线, 但若把多条切比雪夫多项式曲线重叠地画在同一平面的同一区域上, 则不难发现许多有趣的现象, 图 4.24 就是把 30 条切比雪夫多项式曲线叠绘在一起, 并且这些曲线位于正方形 $[-1,1] \times [-1,1]$ 内.

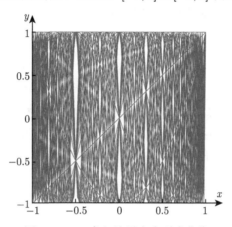

图 4.24　30 条切比雪夫多项式曲线

观察这张图, 在切比雪夫多项式中, 当 n 取 0 和 1 时, 勉强可以看到其相应的切比雪夫多项式曲线, 当 n 逐渐增大, 便很难分辨其相应的切比雪夫多项式曲线了. 但是, 一些有趣的新奇现象出现: 有许多空白条纹出现, 形成了没有曲线通过的空白区, 构成了新的图形; 即使再增加切比雪夫多项式曲线, 空白区依旧不会有任何一条曲线穿过.

这些现象并非偶然, 它导致了人们对切比雪夫多项式的进一步思考和研究. 因此研究任意两条切比雪夫多项式曲线的交点, 从方程

$$T_n(x) - T_m(x) = 0, \quad 1 \leqslant m \leqslant n \tag{4.3.3}$$

得到交点为

$$
\begin{aligned}
a_j &= \cos \frac{2j\pi}{m+n}, \quad j = 0, 1, 2, \cdots, \frac{m+n}{2}, \\
b_k &= \cos \frac{2k\pi}{n-m}, \quad k = 1, 2, \cdots, \frac{n-m-1}{2}
\end{aligned}
\tag{4.3.4}
$$

由 $T_n^{'}(x) = n \dfrac{\sin n\theta}{\sin \theta}$, $x = \cos \theta$, 可得

$$
\begin{aligned}
mT_n^{'}(a_j) + nT_m^{'}(a_j) &= 0, \quad -1 < a_j < 1, \\
mT_n^{'}(b_k) - nT_m^{'}(b_k) &= 0, \quad -1 < b_k < 1
\end{aligned}
\tag{4.3.5}
$$

若 $(x, T_n(x))$ 为 T_n 与 T_m 的一个交点, 且 $(x, T_n(x)) \in [-1, 1] \times [-1, 1]$, 则 $T_n'(x) T_m'(x) \ne 0$, 因此得

$$\frac{T_n'(x)}{T_m'(x)} = \begin{cases} -\dfrac{n}{m}, & x = a_j \\ \dfrac{n}{m}, & x = b_k \end{cases} \tag{4.3.6}$$

当 $0 < m \leqslant n$ 及 $T_m(x) = T_n(x) = y$ 时, 则有

$$(1 - T_{n-m}(x))(T_2(y) - T_{n-m}(x)) = 0 \tag{4.3.7}$$

由于 $x = b_k$, $k = 1, 2, \cdots, \dfrac{n-m-1}{2}$ 使 $T_{n-m}(x) = 1$, 于是 a_j, $j = 0, 1, 2, \cdots, \dfrac{m+n}{2}$ 在 $T_2(y) = T_{n-m}(x)$ 上. 从这些讨论, 可发现空白区隐藏的抛物线、笛尔儿叶形线等. $T_2(y) = T_1(x)$ 为一条抛物线, $T_2(y) = T_3(x)$ 为笛尔儿叶形线. 所以说, 画图让我们看到我们从没看见过的东西.

4.3.2   实验二   利用阿诺尔德变换画图

内容

已知: 给定如图 4.25 所示的两张彩色 RGB 图 (大小为 257×257), 试用阿诺尔德变换, 并根据本章具体数学中介绍的依像素画图, 绘制不同变换次数下生成的图像.

(1) 原图 "lena"   (2) 原图 "house"

图 4.25   原始图像

探究

熟知, 阿诺尔德变换, 也称猫脸变换, 它是弗拉基米尔 · 伊戈列维奇 · 阿诺尔德 (Vladimir Igorevich Arnold, 1937—2010) 在遍历理论的研究中提出来的. 阿诺尔德变换具有周期性, 即对图像连续进行阿诺尔德变换, 最终又能得到原图像. 变换的周期和图像的尺寸有关. 当图像是一张方形的图像时, 阿诺尔德变换存在逆变换. 经过 N 次阿诺尔德变换后的图像可通过 N 次逆变换恢复图像.

假设图像是一个单位正方形, (x, y) 为这个正方形上的点, 将 (x, y) 变到另一点 (x', y') 的变换为

$$\begin{bmatrix} x' \\ y' \end{bmatrix} = \begin{bmatrix} 1 & 1 \\ 1 & 2 \end{bmatrix} \begin{bmatrix} x \\ y \end{bmatrix} \quad \mod 1 \tag{4.3.8}$$

这个变换就是阿诺尔德变换.

事实上, 在计算机上显示的一幅图像, 实际上是由像素点上的灰度、颜色的数值构成的图像矩阵, 这个点阵的点的坐标 x 和 y 用整数 $0, 1, 2, 3, \cdots, N-1$ 表示, 运算时按 $\mod N$ 进行, 于是式 (4.3.8) 可写成如下形式:

$$\begin{bmatrix} x' \\ y' \end{bmatrix} = \begin{bmatrix} 1 & 1 \\ 1 & 2 \end{bmatrix} \begin{bmatrix} x \\ y \end{bmatrix} \quad \mod N, \quad x, y \in \{0, 1, 2, \cdots, N-1\} \tag{4.3.9}$$

采用整数坐标可以控制舍入误差, 从而有

$$P_{ij}^{n+1} = A P_{ij}^n \quad \mod N, \ n = 0, 1, 2, \cdots \tag{4.3.10}$$

其中 $A = \begin{bmatrix} 1 & 1 \\ 1 & 2 \end{bmatrix}$, $P_{ij}^n \in (i, j)^T$, $i, j \in \{0, 1, 2, \cdots, N-1\}$, 上标代表迭代次数. 式 (4.3.9) 给出了点的位置变化. 当计算出新的点 P_{ij}^{n+1} 后, 立即将原来 P_{ij}^n 处的信息 (灰度、颜色) 移植过来. 当遍历了原来图像上的所有点后, 下一个新的图像便产生了. 阿诺尔德变换的原理是先作 x 轴方向的错切变换, 再作 y 轴方向的错切变换, 最后的模运算相当于切割回填操作, 其变换示意图如图 4.26 所示. 图 4.26(1) 是原图; 图 4.26(2) 是做水平方向的错切; 图 4.26(3) 是在图 4.26(2) 的基础上做一次竖直方向的错切; 图 4.26(4) 是对图像求模, 得到变换后的图像.

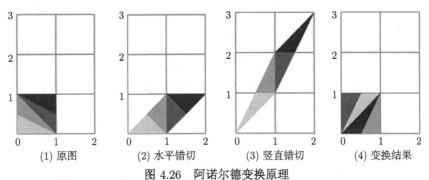

图 4.26 阿诺尔德变换原理

此外, 若接着变下去, 则会越变越乱. 但是, 只要原来的正方形上的图像是小小的点子组成的, 那么, 变到一定的步数, 就回到原来的由小点子组成的图像. 显然, 对于其他任何图像, 都能这样, 变乱它、再变 —— 再变, 最后又回来了. 对于如图 4.25 给定的图像, 其不同次数的阿诺尔德变换分别如图 4.27 和图 4.28 所示.

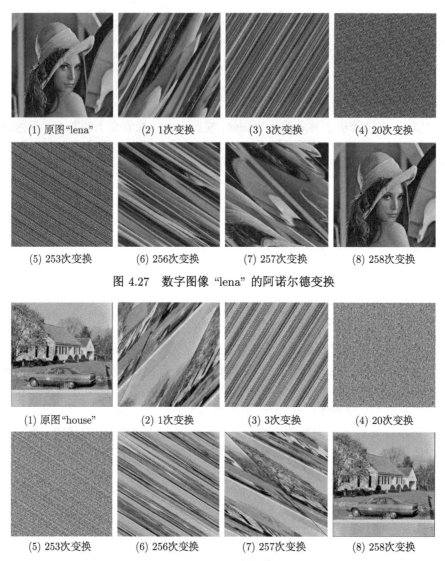

(1) 原图"lena"   (2) 1次变换   (3) 3次变换   (4) 20次变换

(5) 253次变换   (6) 256次变换   (7) 257次变换   (8) 258次变换

图 4.27   数字图像 "lena" 的阿诺尔德变换

(1) 原图"house"   (2) 1次变换   (3) 3次变换   (4) 20次变换

(5) 253次变换   (6) 256次变换   (7) 257次变换   (8) 258次变换

图 4.28   数字图像 "house" 的阿诺尔德变换

引申

阿诺尔德变换通常在图像处理前对图像做预处理, 譬如在数字盲水印嵌入前对水印进行置乱, 也可用于普通的图像加密. 通常一次阿诺尔德变换达不到理想效果, 需要对图像进行连续多次的变换. 由本章实验二可以知道, 阿诺尔德变换是具有周期性的, 对一幅图像反复使用阿诺尔德变换, 可在某一时刻恢复原始图像. 但是阿诺尔德变换的周期性与图像的大小有关, 若利用它的周期性来达到恢复原图的目的, 则势必要花费很长时间. 然而在实际应用中, 应该尽可能地减少计算时间和计算量, 而这可通过阿诺尔德反变换的方法解决. 阿诺尔德反变换的推导过程如下:

根据式 (4.3.8), 令

$$
\begin{cases}
x' = x + y - t_1 N \\
y' = x + 2y - t_2 N
\end{cases}
\tag{4.3.11}
$$

其中 t_1 和 t_2 为整数, 从而有

$$
\begin{bmatrix} 1 & 1 \\ 1 & 2 \end{bmatrix}^{-1} \begin{bmatrix} x' \\ y' \end{bmatrix} \mod N = \begin{bmatrix} 2 & -1 \\ -1 & 1 \end{bmatrix} \begin{bmatrix} x + y - t_1 N \\ x + 2y - t_2 N \end{bmatrix} \mod N
$$

$$
= \begin{bmatrix} x + (t_2 - 2t_1)N \\ y + (t_1 - t_2)N \end{bmatrix} \mod N = \begin{bmatrix} x \\ y \end{bmatrix}
\tag{4.3.12}
$$

那么, 可得一次阿诺尔德反变换, 即

$$
\begin{bmatrix} x \\ y \end{bmatrix} = \begin{bmatrix} 1 & 1 \\ 1 & 2 \end{bmatrix}^{-1} \begin{bmatrix} x' \\ y' \end{bmatrix} \mod N
\tag{4.3.13}
$$

由数学归纳法可知, 若作 n 次阿诺尔德变换, 即

$$
\begin{bmatrix} x' \\ y' \end{bmatrix} = \begin{bmatrix} 1 & 1 \\ 1 & 2 \end{bmatrix}^n \begin{bmatrix} x \\ y \end{bmatrix} \mod N
\tag{4.3.14}
$$

则可得多次阿诺尔德反变换, 即

$$
\begin{bmatrix} x \\ y \end{bmatrix} = \begin{bmatrix} 2 & -1 \\ -1 & 1 \end{bmatrix}^n \begin{bmatrix} x' \\ y' \end{bmatrix} \mod N
\tag{4.3.15}
$$

其中 (x, y) 为原图像的像素点, (x', y') 为变换后图像的像素点. 阿诺尔德反变换的方法使阿诺尔德变换后的图像恢复不再需要算出图像变换的周期, 恢复的效率可以提高. 当对 "lena" 图像和 "house" 图像分别作 100 次阿诺尔德变换时, 图 4.29 和图 4.30 分别给出相应的阿诺尔德变换与阿诺尔德反变换的结果. 这里需要指出, 阿诺尔德变换的周期性值得进一步深入探讨.

(1) 原图 "lena"　　(2) 100次阿诺尔德变换　　(3) 阿诺尔德反变换

图 4.29　数字图像 "lena" 的阿诺尔德反变换

(1) 原图 "house"　　(2) 100 次阿诺尔德变换　(3) 阿诺尔德反变换

图 4.30　数字图像 "house" 的阿诺尔德反变换

4.3.3　实验三　画不同投影下的月表地形图

内容

已知: 在 MIT 网站 http://imbrium.mit.edu/DATA/LOLA_GDR/CYLINDR ICAL/FLOAT_IMG/可以下载月球的高程数据. 试根据下载的数据画出月球表面的投影图.

探究

熟知, 由于月球是一个不可展的球体, 使用物理方法将月表展平会引起褶皱、拉伸和断裂, 因此要使用地图投影实现由曲面向平面的转化. 月球勘测轨道飞行器 (Lunar Reconnaissance Orbiter, LRO) 是美国 2009 年发射的月球探测卫星, 其上搭载的月球轨道激光测高仪 (Lunar Orbiter Laser Altimeter, LOLA) 的激光波长为 1064.4 nm, 脉冲重复频率为 28 Hz. 月球轨道激光测高仪在月球轨道上通过接收其发射的被月球表面反射回来的激光脉冲工作. 通过计算激光抵达月球表面再回来的时间, 月球轨道激光测高仪能计算出到月球表面的距离, 其在轨期间, 采集了全月的月球高程数据. 在 4.2 节中, 介绍了等积方位投影、球心投影、莫尔韦德投影、正射投影、球面投影和等距圆柱投影. 从而, 根据从 MIT 网站下载的月球轨道激光测高仪获取的月球高程数据, 可做出月表的投影图. 图 4.31 给出相应的月表投影图, 以供参考.

引申

通过球谐展开可以对月球数据进行分析. 所谓球面调和函数, 也称球谐函数, 它是球坐标下拉普拉斯方程的解. 拉普拉斯方程表示为 $\Delta\psi = 0$, 其中算符 Δ 在三维情形下, 其直角坐标与球坐标的表示分别为

$$\Delta\psi = \frac{\partial^2\psi}{\partial x^2} + \frac{\partial^2\psi}{\partial y^2} + \frac{\partial^2\psi}{\partial z^2} \tag{4.3.16}$$

$$\Delta\psi = \frac{1}{r^2}\frac{\partial}{\partial r}\left(r^2\frac{\partial\psi}{\partial r}\right) + \frac{1}{r^2\sin\theta}\frac{\partial}{\partial\theta}\left(\sin\theta\frac{\partial\psi}{\partial\theta}\right) + \frac{1}{r^2\sin^2\theta}\frac{\partial^2\psi}{\partial\phi^2} \tag{4.3.17}$$

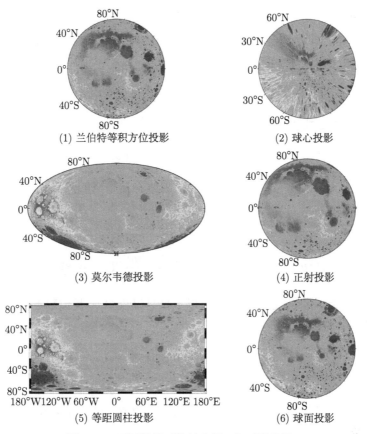

(1) 兰伯特等积方位投影   (2) 球心投影

(3) 莫尔韦德投影   (4) 正射投影

(5) 等距圆柱投影   (6) 球面投影

图 4.31 不同投影下的月表图 (文后附彩图)

设定球坐标下的函数 $f(r,\theta,\phi) = R(r)\Theta(\theta)\Phi(\phi)$, 代入拉普拉斯方程, 用分离变量法得到

$$\frac{1}{\Phi(\phi)}\frac{d^2\Phi(\phi)}{d\phi^2} = -m^2, \tag{4.3.18}$$

$$l(l+1)\sin^2(\theta) + \frac{\sin(\theta)}{\Theta(\theta)}\frac{d}{d\theta}\left[\sin(\theta)\frac{d\Theta}{d\theta}\right] = m^2 \tag{4.3.19}$$

在三维球系统的研究中引入了 l 阶勒让德 (Legendre) 多项式 $P_l(x)$, 它可用罗德里格 (Rodrigues) 公式表示为

$$P_l(x) = \frac{1}{2^l l!}\frac{d^l}{dx^l}(x^2 - 1)^l \tag{4.3.20}$$

满足微分方程

$$(1 - x^2)\frac{d^2y}{dx^2} - 2x\frac{dy}{dx} + l(l+1)y = 0 \tag{4.3.21}$$

并且有正交性

$$\langle P_l(x), P_{l'}(x) \rangle = 0, \quad l \neq l' \tag{4.3.22}$$

从勒让德多项式的导函数派生的如下多项式:

$$P_n^m(x) = (-1)^m (1 - x^2)^{m/2} \frac{d^m P_n(x)}{dx^m} \tag{4.3.23}$$

称为关联勒让德多项式, 它们满足正交性条件

$$\langle P_l^m(x), P_{l'}^{m'}(x) \rangle = 0, \quad l \neq l' \tag{4.3.24}$$

由于对奇数 $m \leqslant n$, $P_n^m(x)$ 包含 $\sqrt{1 - x^2}$, 因此不是严格的多项式. 通常的勒让德多项式就是这里 $m = 0$ 的特殊情形. 球面调和函数, 记为 $Y_l^m(\theta, \phi)$, 与关联勒让德多项式联系在一起, 令

$$Y_l^m(\theta, \phi) = (-1)^m \sqrt{\frac{(2l+1)(l-|m|)!}{4\pi(l+|m|)!}} P_l^m(\cos\theta) e^{im\phi} \tag{4.3.25}$$

这里的 Y_l^m 称为 l 和 m 的球谐函数. 以上推导过程中, i 是虚数单位, P_l^m 是伴随勒让德多项式. 它们满足正交关系

$$\langle Y_l^m(x), Y_{l'}^{m'}(x) \rangle = 0, \quad l \neq l' \tag{4.3.26}$$

$$Y_l^m(\theta, \phi) = \begin{cases} \sqrt{2} K_l^m \cos(m\phi) P_l^m(\cos\theta), & m > 0, \\ \sqrt{2} K_l^m \sin(-m\phi) P_l^{-m}(\cos\theta), & m < 0, \\ K_l^0 P_l^0(\cos\theta), & m = 0. \end{cases} \tag{4.3.27}$$

其中

$$K_l^m = \sqrt{\frac{(2l+1)(l-|m|)!}{4\pi(l+|m|)!}}, \quad l = 0, 1, 2, 3, \cdots, \quad m = -l, \cdots, l \tag{4.3.28}$$

为球谐函数的正交化因子.

$l = 0$:

$$Y_0^0(\theta, \phi) = \frac{1}{2}\sqrt{\frac{1}{\pi}} \tag{4.3.29}$$

$l = 1$:

$$Y_1^{-1}(\theta, \phi) = \frac{1}{2}\sqrt{\frac{3}{2\pi}} e^{-i\phi} \sin\theta = \frac{1}{2}\sqrt{\frac{3}{2\pi}} \frac{(x-iy)}{r}$$

$$Y_1^0(\theta, \phi) = \frac{1}{2}\sqrt{\frac{3}{\pi}} \cos\theta = \frac{1}{2}\sqrt{\frac{3}{\pi}} \frac{z}{r} \tag{4.3.30}$$

$$Y_1^1(\theta, \phi) = \frac{-1}{2}\sqrt{\frac{3}{2\pi}} e^{i\phi} \sin\theta = \frac{-1}{2}\sqrt{\frac{3}{2\pi}} \frac{(x+iy)}{r}$$

$l = 2$：

$$Y_2^{-2}(\theta,\phi) = \frac{1}{4}\sqrt{\frac{15}{2\pi}}e^{-2i\phi}\sin^2\theta = \frac{1}{4}\sqrt{\frac{15}{2\pi}}\frac{(x-iy)^2}{r^2}$$

$$Y_2^{-1}(\theta,\phi) = \frac{1}{2}\sqrt{\frac{15}{2\pi}}e^{-i\phi}\sin\theta\cos\theta = \frac{1}{2}\sqrt{\frac{15}{2\pi}}\frac{(x-iy)z}{r^2}$$

$$Y_2^0(\theta,\phi) = \frac{1}{4}\sqrt{\frac{5}{\pi}}(3\cos^2\theta-1) = \frac{1}{4}\sqrt{\frac{5}{\pi}}\frac{-x^2-y^2+2z^2}{r^2} \qquad (4.3.31)$$

$$Y_2^1(\theta,\phi) = \frac{-1}{2}\sqrt{\frac{15}{2\pi}}e^{i\phi}\sin\theta\cos\theta = \frac{-1}{2}\sqrt{\frac{15}{2\pi}}\frac{(x+iy)z}{r^2}$$

$$Y_2^2(\theta,\phi) = \frac{1}{4}\sqrt{\frac{15}{2\pi}}e^{2i\phi}\sin^2\theta = \frac{1}{4}\sqrt{\frac{15}{2\pi}}\frac{(x+iy)^2}{r^2}$$

$l = 3$：

$$Y_3^{-3}(\theta,\phi) = \frac{1}{8}\sqrt{\frac{35}{\pi}}e^{-3i\phi}\sin^3\theta = \frac{1}{8}\sqrt{\frac{35}{\pi}}\frac{(x-iy)^3}{r^3}$$

$$Y_3^{-2}(\theta,\phi) = \frac{1}{4}\sqrt{\frac{105}{2\pi}}e^{-2i\phi}\sin^2\theta\cos\theta = \frac{1}{4}\sqrt{\frac{105}{2\pi}}\frac{(x-iy)^2z}{r^3}$$

$$Y_3^{-1}(\theta,\phi) = \frac{1}{8}\sqrt{\frac{21}{\pi}}e^{-i\phi}\sin\theta(5\cos^2\theta-1) = \frac{1}{8}\sqrt{\frac{21}{\pi}}\frac{(x-iy)(4z^2-x^2-y^2)}{r^3}$$

$$Y_3^0(\theta,\phi) = \frac{1}{4}\sqrt{\frac{7}{\pi}}(5\cos^3\theta-3\sin\theta) = \frac{1}{4}\sqrt{\frac{7}{\pi}}\frac{z(2z^2-3x^2-3y^2)}{r^3}$$

$$Y_3^1(\theta,\phi) = \frac{-1}{8}\sqrt{\frac{21}{\pi}}e^{i\phi}\sin\theta(5\cos^2\theta-1) = -\frac{1}{8}\sqrt{\frac{21}{\pi}}\frac{(x+iy)(4z^2-x^2-y^2)}{r^3}$$

$$Y_3^2(\theta,\phi) = \frac{1}{4}\sqrt{\frac{105}{2\pi}}e^{2i\phi}\sin^2\theta\cos\theta = \frac{1}{4}\sqrt{\frac{105}{2\pi}}\frac{(x+iy)^2z}{r^3}$$

$$Y_3^3(\theta,\phi) = \frac{-1}{8}\sqrt{\frac{35}{\pi}}e^{3i\phi}\sin^3\theta = -\frac{1}{8}\sqrt{\frac{35}{\pi}}\frac{(x+iy)^3}{r^3}$$

$$(4.3.32)$$

式 (4.3.27) 对实值情形, 图 4.32 给出 $\mathrm{Re}|Y_l^m(\theta,\phi)|$ 的示意图.

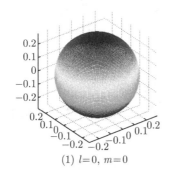
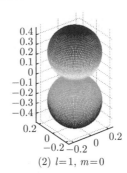

(1) $l=0$, $m=0$ (2) $l=1$, $m=0$

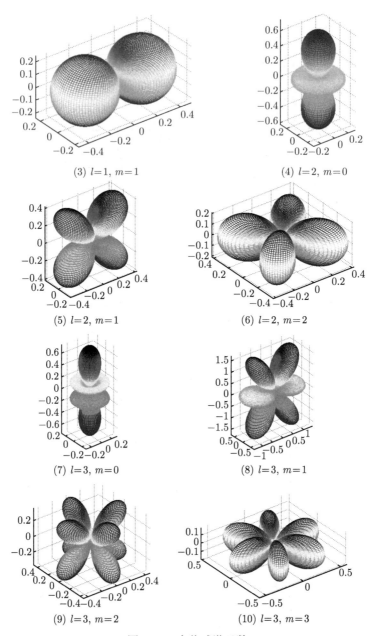

(3) $l=1, m=1$

(4) $l=2, m=0$

(5) $l=2, m=1$

(6) $l=2, m=2$

(7) $l=3, m=0$

(8) $l=3, m=1$

(9) $l=3, m=2$

(10) $l=3, m=3$

图 4.32　实值球谐函数

球谐函数是一个标准的正交化函数. 在球面上, 任何平方可积函数都可被展开成线性相关的函数.

$$Y(\lambda, \theta) = \sum_{l=0}^{N} \sum_{m=0}^{l} \overline{P}_l^m(\cos\theta)(\overline{C}_l^m \cos m\lambda + \overline{S}_l^m \sin m\lambda) \tag{4.3.33}$$

该方程的 λ 和 θ 为经度和纬度, N 是最大的阶次, P_l^m 为 l 阶 m 次的规格化的连带勒让德函数. C_l^m 和 S_l^m 是规格化的系数. 可构造以下方程:

$$Y^i = P_1^0 C_1^0 + P_1^1 (\cos\theta)(C_1^1 \cos m\lambda^i + S_1^1 \sin m\lambda^i) + \cdots$$
$$+ P_N^N (\cos\theta)(C_N^N \cos N\lambda^i + S_N^N \sin N\lambda^i) \tag{4.3.34}$$

方程未知量的个数为 $N(N+1)$, 利用最小二乘法, 对上述的式子进行计算, 可获得系数.

利用月球高程数据 (Lunar Orbiter Laser Altimeter (LOLA) PDS Data Node: http://imbrium.mit.edu/), 对其进行球谐展开获得系数, 通过系数进行数据重构, 得到不同阶次的重构图像. 图 4.33 给出了 50 阶、100 阶、150 阶及 200 阶的重构图投射到球上的结果.

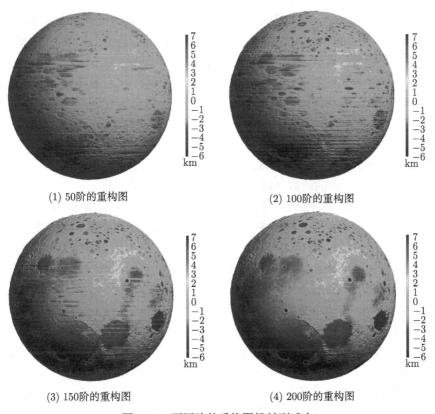

(1) 50阶的重构图

(2) 100阶的重构图

(3) 150阶的重构图

(4) 200阶的重构图

图 4.33 不同阶的重构图投射到球上

第5章 空 间

在数学中"空间"的一般概念是复杂的, 这是 Euclid 空间几何学概念的推广和演变的结果.

—— 摘自《数学百科全书 (第四卷)》(第 898 页)[①]

5.1 概 观

数学中所说的空间, 来自集合论的启迪. 把具有一定性质的元素的集合定义为空间. 集合论以整体作为对象宏观地进行研究, 这与古典的研究 "从局部开始" 很不相同. 数学中 "空间" 的手法, 在代数学中表现得较早, 典型的如群、环、域, 皆以集合为整体对象来做研究.

把客观世界的研究对象, 抽象为 "元素" 和 "空间", 把对象之间的关系抽象为 "算子", 于是把表面上彼此不相关的学科分支统一在它的普遍规律和共同框架之下, 这就是 "泛函分析"(也就是一种广泛意义之下的函数分析). 注意, 泛函分析的出现, 使研究能够摆脱 "就事论事" 的局限, 其作为数学的高度抽象性的研究成果, 具有广泛而深入的应用性. 具体地, 譬如在高等数学中, 求范数、求定积分等都是泛函. 高等数学中讨论的函数是泛函的特例, 它把数映射为数.

产生自三维欧氏空间的现代数学空间概念极为广泛, 名词繁多 (拓扑空间、张量空间、概率空间 ······). 本章将梗概介绍三大空间: 距离空间、赋范线性空间和内积空间. 通行的名称是, 把数空间到数空间的映射称为函数; 把赋范线性空间到赋范线性空间的映射称为算子; 把赋范线性空间到数空间的映射称为泛函.

关于距离空间、赋范线性空间和内积空间的定义, 接下来会依次给出. 这里给出梗概叙述:

距离空间定义了空间中任意两个元素 x, y (可以是两个向量、两个函数等) 之间 "距离"(实数, 记为 $\rho(x, y)$), 继而依据实数理论, 对某种距离的定义之下建立收敛、完备的概念.

赋范线性空间定义了任意 x 的范数 (实数, 记为 $\|x\|$), 若按距离定义范数且完备 $\rho(x, y) = \|x - y\|$, 则称之为巴拿赫 (Banach) 空间.

内积空间定义了空间中任意两个元素 x, y 之间 "内积"(实数或复数, 记为 $\langle x, y \rangle$), 继而由内积导出范数 $\|x\| = \sqrt{\langle x, x \rangle}$.

---

① 《数学百科全书》编译委员会. 数学百科全书 (第四卷). 北京: 科学出版社, 1999.

可以证明凡是内积空间都是赋范线性空间, 因而也是距离空间. 一般规定凡是内积空间的范数皆由内积导出, 其中距离也由内积导出的范数确定.

历史上, 内积空间比一般赋范线性空间出现还早, 其理论十分丰富, 它保持了欧氏空间的许多几何特征, 使得这个领域的很多概念以及证明方法显得直观自然. 内积空间可以说是欧氏空间最自然的推广, 内积空间按范数 $\|x\| = \sqrt{\langle x, x \rangle}$ 完备, 则称为希尔伯特空间, 其源于德国数学家大卫 · 希尔伯特 (David Hilbert, 1862—1943), 简称 H 空间. 因其范数是由内积导出的, 所以 H 空间是一个特殊的巴拿赫空间.

由内积可引出正交的概念, 保持欧氏空间的几何用语, 除正交 (垂直) 之外, 还有 "夹角" "正交投影" "勾股定理" 等一系列具有几何特征的表达方式.

特别说到正交, 指的是: 若在 H 空间中有一组非零元素 $x_1, x_2, x_3, \cdots$, 其中任何两个不同的元素都满足 $\langle x_i, x_j \rangle = 0$ ($i \neq j$), 称 x_i, x_j 是正交的, $x_1, x_2, x_3, \cdots$ 是正交系. 若在 H 空间的一个正交系中, 每个元素的范数都为 1, 则称 $x_1, x_2, x_3, \cdots$ 为标准正交系. 譬如:

在 R^n 中, $e_1 = (1, 0, 0, \cdots, 0), e_2 = (0, 1, 0, \cdots, 0), e_3 = (0, 0, 1, \cdots, 0), \cdots, e_n = (0, 0, 0, \cdots, 1)$ 是一个标准正交系. 在平方可和序列空间 (记为 l^n) 中, $e_1 = (1, 0, 0, \cdots, 0, \cdots), e_2 = (0, 1, 0, \cdots, 0, \cdots), e_3 = (0, 0, 1, \cdots, 0, \cdots), \cdots, e_n = (0, 0, 0, \cdots, 1, \cdots)$ 是一个标准正交系; 在 $L^2[0, 2\pi]$ 中, 规定内积为 $\langle f, g \rangle = \dfrac{1}{\pi} \int_0^{2\pi} f(t)g(t)dt$, 其中 $f, g \in [0, 2\pi]$, 则三角函数系 $\dfrac{1}{\sqrt{2}}, \cos t, \sin t, \cdots, \cos nt, \sin nt, \cdots$ 是一个标准正交系.

若 $\{e_1, e_2, e_3, \cdots\}$ 是 H 空间中的完备标准正交系, 则对任意 $x \in H$, 有 $x = \sum_j \langle x, e_j \rangle e_j$, 称之为 x 关于 $\{e_j | j = 1, 2, 3, \cdots\}$ 的傅里叶级数, 称 $\langle x, e_j \rangle$ 为关于 $\{e_j | j = 1, 2, 3, \cdots\}$ 的傅里叶系数. 该级数的几何意义是 x 等于它的各分量 $\langle x, e_j \rangle e_j$ 的向量和. 回顾第 3 章之具体数学中的傅里叶级数, 现在已经把那里的级数展开式, 推广到抽象的 H 空间, 通常叫作广义傅里叶级数.

5.1.1 线性空间

首先看什么是距离空间.

若 R 为非空集合, 其中任意两个元素 x, y, 都按一定的规则与一个实数 (记为 $\rho(x, y)$) 相对应, 并且 $\rho(x, y)$ 满足以下条件 (通常称之 "距离三公理": 非负性、对称性、三角不等式条件):

(1) $\rho(x, y) \geqslant 0$, 当且仅当 $x = y$ 时等号成立; (非负性)

(2) $\rho(x, y) = \rho(y, x)$; (对称性)

(3) 对 R 中任意三个元素 x, y, z, 有 $\rho(x, z) \leqslant \rho(x, y) + \rho(y, z)$, (三角不等式条件)

这时, 称 $\rho(x, y)$ 为 R 中的 x 与 y 之间的一个距离; 称 R 为距离空间, 距离空间中

的元素也叫作 "点".

根据定义, 距离空间 R 中任意两点之间都有一个确定的距离, 它可以是通常意义上的距离概念, 然而比通常的意义下的距离概念更广泛. 也就是说, 只要是满足以上三条要求的 $\rho(x, y)$, 它都是一种 "距离", 它是人们熟知的欧氏空间中通常距离概念的抽象与推广.

什么是线性空间?

简单说, 线性空间 (记为 X) 是这样的一种集合, 其中任意两个元素相加可构成这个集合里的另一个元素, 任意元素与任意一个数相乘之后得到这个集合里的另一个元素. 这个数可以是实数, 也可以是复数. 线性空间的概念, 是三维几何向量空间和 n 维向量空间进一步推广而抽象化的概念. 完整的定义线性空间: 设 X 是一个非空集合, K 为复 (或实) 数域. 在 X 的元素之间定义了加法运算 (记为 +) 及数乘运算, 对 X 中任意的 x, y, z 及 K 中任意 λ, μ, 满足以下 10 条运算规则:

(1) $x + y \in X$; (加法封闭)

(2) $x + y = y + x$; (加法交换律)

(3) $(x + y) + z = x + (y + z)$; (加法结合律)

(4) 存在 "零元素" θ, 使得对任意 $x \in X$, 有 $x + \theta = x$; (零元素)

(5) 存在 x 的 "逆元素" $-x$, 对任意 $x \in X$, 有 $x + (-x) = \theta$; (加法逆元)

(6) $\lambda x \in X$; (数乘封闭)

(7) $(\lambda\mu)x = \lambda(\mu x)$; (数乘结合律)

(8) $\lambda(x + y) = \lambda x + \lambda y$; (向量加法分配律)

(9) $(\lambda + \mu)x = \lambda x + \mu x$; (标量加法分配律)

(10) 存在单位元 "1", 使得对任意 x, 有 $1 \cdot x = x$, (单位元)

则称 X 为复 (或实) 线性空间.

譬如:

(1) N 维实数构成线性空间, 通常记为 R^N;

(2) 区间 $[a, b]$ 上全体连续函数构成线性空间, 通常记为 $C[a, b]$;

(3) 实数域上的全体多项式构成线性空间, 通常记为 $P(x)$;

(4) 全体 $m \times n$ 实矩阵构成线性空间, 通常记为 $R^{m \times n}$.

通常人们把线性空间也叫作向量空间, 线性空间的元素也称为向量. 但是, 具体向量不同, 则向量空间的含义不同.

5.1.2 赋范线性空间

若对线性空间定义 "范数", 那么赋予了范数的线性空间称为 "赋范线性空间".

范数定义　设 K 为复 (或实) 数域, X 为 K 上的线性空间. 若对 X 中任意的 x, 都有一个非负的实数 $\|x\|$ 与之对应 (即 $f(x) = \|x\|$ 是 X 上的一个泛函), 并

且满足正定性、齐次性、三角不等式条件:

(1) $\|x\| \geqslant 0$, 且 $\|x\| = 0$ 当且仅当 $x = 0$; (正定性)

(2) $\|\lambda x\| = |\lambda| \|x\|$, $\lambda \in K$; (齐次性)

(3) $\|x + y\| \leqslant \|x\| + \|y\|$, $x, y \in X$, (三角不等式条件)

则称 $\|x\|$ 为 x 的范数, 称 X 为赋范线性空间.

由于实数可比较大小, 所以范数是一种度量大小的概念. 任何赋范线性空间都是距离空间, 因为赋范线性空间中任意两点之间的距离都可通过范数来定义: $\rho(x, y) = \|x - y\|$. 反过来, 距离空间不一定是赋范线性空间, 只有在距离空间是线性空间, 并且 $\rho(x, y) = \rho(x - y, 0)$, $\rho(\alpha x, 0) = |\alpha|\rho(x, 0)$ 的时候, 才可用距离来定义范数: $\|x\| = \rho(x, 0)$, 因此距离空间便成为赋范线性空间.

5.1.3　内积空间

所谓在实线性空间 V 上定义了内积, 指的是: 若对每一对向量 $x, y \in V$ 及任意实数 λ, 都有一个实数与它对应, 把这个实数记为 $\langle x, y \rangle$, 并且这一对应具有如下性质:

(1) $\langle x, y \rangle = \langle y, x \rangle$; (对称公理)

(2) $\langle \lambda x, y \rangle = \lambda \langle x, y \rangle$, λ 为任一实数; (齐次公理)

(3) $\langle x + y, z \rangle = \langle x, z \rangle + \langle y, z \rangle$; (加性公理)

(4) $\langle x, x \rangle \geqslant 0$, 当且仅当 x 是 V 中的零元素时, 有 $\langle x, x \rangle = 0$, (正定性公理)

则称 $\langle x, y \rangle$ 是 V 上定义的内积, 称所讨论的线性空间为内积空间, 也称欧氏空间. 特别地, 当 V 是 n 维实向量空间时, 其中向量 $x = (x_1, x_2, \cdots, x_n)^{\mathrm{T}}$ 和 $y = (y_1, y_2, \cdots, y_n)^{\mathrm{T}}$ 定义的内积为

$$\langle x, y \rangle = x_1 y_1 + x_2 y_2 + \cdots + x_n y_n \tag{5.1.1}$$

容易验证它具备上述 4 个性质, 上述内积通常称为欧氏内积. 进一步推广, 可得到加权欧氏内积 (Weighted Euclidean Inner Product), 即为

$$\langle x, y \rangle = \omega_1 x_1 y_1 + \omega_2 x_2 y_2 + \cdots + \omega_n x_n y_n, \quad \omega_i > 0, \quad i = 1, 2, \cdots, n$$

内积空间里向量 x 的长度 (或称为 x 的模) 定义为 $\sqrt{\langle x, x \rangle}$, 记作

$$\|x\| = \sqrt{\langle x, x \rangle} \tag{5.1.2}$$

x, y 之间的夹角为

$$\theta = \arccos \frac{\langle x, y \rangle}{\|x\| \|y\|} \tag{5.1.3}$$

若夹角 $\theta = \dfrac{\pi}{2}$, 便称 x, y 是正交的. 就是说, 若 $\langle x, y \rangle = 0$, 则称 x, y 互相正交 (垂直).

线性空间的基　若线性空间 V 中存在一组向量 $\{e_k | k = 1, 2, \cdots, n\}$ 使得 V 中任意一个向量都可由这组向量来唯一线性表示, 则称向量组 $\{e_k | k = 1, 2, \cdots, n\}$ 为线性空间 V 的一组基, 此时称 V 是一个 n 维线性空间.

若 $\{e_k | k = 1, 2, 3, \cdots, n\}$ 构成 n 维向量空间的一组基, 它们还满足条件

$$\langle e_n, e_m \rangle = \delta_{mn} = \begin{cases} 1, & m = n \\ 0, & m \neq n \end{cases} \tag{5.1.4}$$

则称之为 n 维向量空间的一组标准正交基, 任何 n 维向量空间都存在正交基, 这一事实可通过正交化过程来证明.

5.2　具　体　数　学

在概观中介绍了线性空间、赋范线性空间和内积空间, 一般地, 具有某些内在结构的集合称为空间. 当不附加结构时, 一般称为集合, 否则称为空间.

常用的数学空间有向量空间、线性空间、内积空间、距离空间、完备度量空间、赋范线性空间、巴拿赫空间、希尔伯特空间、欧氏空间、酉空间和几何空间等. 不妨由空间的叠加来理解一些常用的空间: 什么都没附加, 称集合; 附加度量 (测度或距离), 称度量空间 (测度空间或距离空间); 附加线性结构, 称线性空间或向量空间; 在线性空间上附加范数, 称赋范线性空间; 在赋范线性空间上附加内积, 称内积空间. 完备的赋范线性空间, 称巴拿赫空间; 完备的内积空间, 称希尔伯特空间. 本书对以上空间的介绍不逐个详细展开, 而聚焦于 L^2 空间的正交函数. 下面先从欧氏空间的正交基谈起.

5.2.1　标准正交基

如前所述, 若 V 为欧氏空间, n 个非零向量 $\alpha_1, \alpha_2, \cdots, \alpha_n \in V$, 若它们两两正交, 则称之为正交向量组. n 维欧氏空间中, 由 n 个向量构成的正交向量组称为正交基, 由单位向量构成的正交基称为标准正交基.

回顾, 几何空间 R^3 中的情况. 在直角坐标系下,

$$i = (1, 0, 0), \quad j = (0, 1, 0), \quad k = (0, 0, 1) \tag{5.2.1}$$

是由单位向量构成的正交向量组, 即

$$\langle i, j \rangle = \langle j, k \rangle = \langle k, i \rangle = 0, \quad \|i\| = \|j\| = \|k\| = 1 \tag{5.2.2}$$

其中 i, j, k 是 R^3 的一组基.

设 $\alpha = x_1 i + y_1 j + z_1 k, \beta = x_2 i + y_2 j + z_2 k \in R^3$

(1) 从 $\langle \alpha, i \rangle = x_1, \langle \alpha, j \rangle = y_1, \langle \alpha, k \rangle = z_1$, 得 $\alpha = \langle \alpha, i \rangle i + \langle \alpha, j \rangle j + \langle \alpha, k \rangle k$;

(2) $\langle \alpha, \beta \rangle = x_1 x_2 + y_1 y_2 + z_1 z_2$;

(3) $\|\alpha\| = \sqrt{x_1^2 + y_1^2 + z_1^2}$;

(4) $\langle \alpha, \beta \rangle = \arccos \dfrac{x_1 x_2 + y_1 y_2 + z_1 z_2}{\sqrt{x_1^2 + y_1^2 + z_1^2}\sqrt{x_2^2 + y_2^2 + z_2^2}}$,

即在基 i, j, k 下, R^3 中与内积有关的度量性质有简单的表达形式.

标准正交基的构造: 格拉姆–施密特 (Gram-Schmidt) 正交化过程

n 维欧氏空间中任一个线性无关向量组都能生成一组正交基.

先把线性无关的向量组 $\alpha_1, \alpha_2, \cdots, \alpha_m$ 化成正交向量组 $\beta_1, \beta_2, \cdots, \beta_m$, 步骤如下:

(1) $\beta_1 = \alpha_1$;

(2) $\beta_2 = \alpha_2 - \dfrac{\langle \alpha_2, \beta_1 \rangle}{\langle \beta_1, \beta_1 \rangle} \beta_1$;

(3) $\beta_j = \alpha_j - \sum_{i=1}^{j-1} \dfrac{\langle \alpha_j, \beta_i \rangle}{\langle \beta_i, \beta_i \rangle} \beta_i, \quad j = 1, 2, \cdots, m$;

(4) 再单位化得标准正交向量组 $\eta_1, \eta_2, \cdots, \eta_m$, 有 $\eta_i = \dfrac{1}{\|\beta_i\|} \beta_i, i = 1, 2, \cdots, m$.

例 1　把 $\alpha_1 = (1, 1, 0, 0), \alpha_2 = (1, 0, 1, 0), \alpha_3 = (-1, 0, 0, 1), \alpha_4 = (1, -1, -1, 1)$ 化成单位正交的向量组.

解　先正交化:

$$
\begin{aligned}
\beta_1 &= \alpha_1 \\
&= (1, 1, 0, 0) \\
\beta_2 &= \alpha_2 - \frac{\langle \alpha_2, \beta_1 \rangle}{\langle \beta_1, \beta_1 \rangle} \beta_1 \\
&= \left(\frac{1}{2}, -\frac{1}{2}, 1, 0 \right) \\
\beta_3 &= \alpha_3 - \frac{\langle \alpha_3, \beta_1 \rangle}{\langle \beta_1, \beta_1 \rangle} \beta_1 - \frac{\langle \alpha_3, \beta_2 \rangle}{\langle \beta_2, \beta_2 \rangle} \beta_2 \\
&= \left(-\frac{1}{3}, \frac{1}{3}, \frac{1}{3}, 1 \right) \\
\beta_4 &= \alpha_4 - \frac{\langle \alpha_4, \beta_1 \rangle}{\langle \beta_1, \beta_1 \rangle} \beta_1 - \frac{\langle \alpha_4, \beta_2 \rangle}{\langle \beta_2, \beta_2 \rangle} \beta_2 - \frac{\langle \alpha_4, \beta_3 \rangle}{\langle \beta_3, \beta_3 \rangle} \beta_3 \\
&= (1, -1, -1, 1)
\end{aligned}
$$

再单位化:

$$\eta_1 = \frac{1}{\|\beta_1\|}\beta_1 = \left(\frac{1}{\sqrt{2}}, \frac{1}{\sqrt{2}}, 0, 0\right)$$

$$\eta_2 = \frac{1}{\|\beta_2\|}\beta_2 = \left(\frac{1}{\sqrt{6}}, -\frac{1}{\sqrt{6}}, \frac{2}{\sqrt{6}}, 0\right)$$

$$\eta_3 = \frac{1}{\|\beta_3\|}\beta_3 = \left(-\frac{1}{\sqrt{12}}, \frac{1}{\sqrt{12}}, \frac{1}{\sqrt{12}}, \frac{3}{\sqrt{12}}\right)$$

$$\eta_4 = \frac{1}{\|\beta_4\|}\beta_4 = \left(\frac{1}{2}, -\frac{1}{2}, -\frac{1}{2}, \frac{1}{2}\right)$$

$\eta_1, \eta_2, \eta_3, \eta_4$ 即为所求.

5.2.2　线性无关函数之正交化

多项式之正交化过程

对多项式也可做与 5.2.1 节中类似的研究. 设 n 次多项式

$$g_n(x) = a_0 + a_1 x + \cdots + a_n x^n \quad (a_n \neq 0) \tag{5.2.3}$$

满足

$$\langle g_j(x), g_k(x) \rangle = \int_a^b g_j(x) g_k(x) dx = \begin{cases} 0, & j \neq k \\ A_n > 0, & j = k \end{cases} \tag{5.2.4}$$

则多项式序列 $g_0(x), g_1(x), \cdots$ 为 $[a, b]$ 上的正交序列.

例 2　在 $R[x]_4$ (由基 $1, x, x^2, x^3$ 构成的多项式空间) 中定义内积为 $\langle f, g \rangle = \int_{-1}^{1} f(x) g(x) dx$, 求 $R[x]_4$ 的一组标准正交基.

解　取 $\alpha_1 = 1$, $\alpha_2 = x$, $\alpha_3 = x^2$, $\alpha_4 = x^3$.

1° 正交化

因为

$$\beta_1 = \alpha_1 = 1$$

$$\beta_2 = \alpha_2 - \frac{\langle \alpha_2, \beta_1 \rangle}{\langle \beta_1, \beta_1 \rangle}\beta_1$$

$$\langle \alpha_2, \beta_1 \rangle = \int_{-1}^{1} x dx = 0$$

所以

$$\beta_2 = \alpha_2 = x$$

又因为

$$\beta_3 = \alpha_3 - \frac{\langle \alpha_3, \beta_1 \rangle}{\langle \beta_1, \beta_1 \rangle} \beta_1 - \frac{\langle \alpha_3, \beta_2 \rangle}{\langle \beta_2, \beta_2 \rangle} \beta_2$$

$$\langle \alpha_3, \beta_1 \rangle = \int_{-1}^{1} x^2 dx = \frac{2}{3}$$

$$\langle \beta_1, \beta_1 \rangle = \int_{-1}^{1} dx = 2$$

$$\langle \alpha_3, \beta_2 \rangle = \int_{-1}^{1} x^3 dx = 0$$

所以

$$\beta_3 = \alpha_3 - \frac{2/3}{2} - 0\beta_2 = x^2 - \frac{1}{3}$$

又因为

$$\beta_4 = \alpha_4 - \frac{\langle \alpha_4, \beta_1 \rangle}{\langle \beta_1, \beta_1 \rangle} \beta_1 - \frac{\langle \alpha_4, \beta_2 \rangle}{\langle \beta_2, \beta_2 \rangle} \beta_2 - \frac{\langle \alpha_4, \beta_3 \rangle}{\langle \beta_3, \beta_3 \rangle} \beta_3$$

$$\langle \alpha_4, \beta_1 \rangle = \int_{-1}^{1} x^3 dx = 0$$

$$\langle \alpha_4, \beta_2 \rangle = \int_{-1}^{1} x^4 dx = \frac{2}{5}$$

$$\langle \beta_2, \beta_2 \rangle = \int_{-1}^{1} x^2 dx = \frac{2}{3}$$

$$\langle \alpha_4, \beta_3 \rangle = \int_{-1}^{1} x^3 \left(x^2 - \frac{1}{3} \right) dx = 0$$

所以

$$\beta_4 = \alpha_4 - 0\beta_1 - \frac{2/5}{2/3} \beta_2 - 0\beta_3 = x^3 - \frac{3}{5} x$$

2° 单位化

因为

$$\langle \beta_1, \beta_1 \rangle = \int_{-1}^{1} dx = 2$$

$$\langle \beta_2, \beta_2 \rangle = \int_{-1}^{1} x^2 dx = \frac{2}{3}$$

$$\langle \beta_3, \beta_3 \rangle = \int_{-1}^{1} \left(x^2 - \frac{1}{3} \right)^2 dx = \frac{8}{45} = \left(\frac{4}{3\sqrt{10}} \right)^2$$

$$\langle \beta_4, \beta_4 \rangle = \int_{-1}^{1} \left(x^3 - \frac{3}{5} x \right)^2 dx = \frac{8}{175} = \left(\frac{4}{5\sqrt{14}} \right)^2$$

所以

$$\|\beta_1\| = \sqrt{2}$$

$$\|\beta_2\| = \frac{2}{\sqrt{6}}$$

$$\|\beta_3\| = \frac{4}{3\sqrt{10}}$$

$$\|\beta_4\| = \frac{4}{5\sqrt{14}}$$

于是得 $R[x]_4$ 的标准正交基

$$\eta_1 = \frac{1}{\|\beta_1\|}\beta_1 = \frac{\sqrt{2}}{2}$$

$$\eta_2 = \frac{1}{\|\beta_2\|}\beta_2 = \frac{\sqrt{6}}{2}x$$

$$\eta_3 = \frac{1}{\|\beta_3\|}\beta_3 = \frac{\sqrt{10}}{2}(3x^2 - 1)$$

$$\eta_4 = \frac{1}{\|\beta_4\|}\beta_4 = \frac{\sqrt{14}}{2}(5x^3 - 3x)$$

线性无关函数之正交化过程

任何一个线性无关的函数系, 总可通过格拉姆–施密特正交化过程, 使之成为一个正交的函数系.

设给定一个线性无关的函数系为

$$\varphi_0(x), \varphi_1(x), \varphi_2(x), \cdots, \varphi_n(x), \cdots, \quad x \in [a, b] \tag{5.2.5}$$

记正交化之后的函数系为

$$\psi_0(x), \psi_1(x), \psi_2(x), \cdots, \psi_n(x), \cdots, \quad x \in [a, b] \tag{5.2.6}$$

也可按如下做法正交化:

令

$$\psi_0(x) = \varphi_0(x) \quad (\text{简写为 } \psi_0 = \varphi_0, \text{下同}) \tag{5.2.7}$$

当 $j > 0$ 时, 令

$$\psi_j(x) = \begin{vmatrix} \langle\varphi_0, \varphi_0\rangle & \langle\varphi_0, \varphi_1\rangle & \cdots & \langle\varphi_0, \varphi_{j-1}\rangle & \varphi_0(x) \\ \langle\varphi_1, \varphi_0\rangle & \langle\varphi_1, \varphi_1\rangle & \cdots & \langle\varphi_1, \varphi_{j-1}\rangle & \varphi_1(x) \\ \langle\varphi_2, \varphi_0\rangle & \langle\varphi_2, \varphi_1\rangle & \cdots & \langle\varphi_2, \varphi_{j-1}\rangle & \varphi_2(x) \\ \vdots & \vdots & & \vdots & \vdots \\ \langle\varphi_j, \varphi_0\rangle & \langle\varphi_j, \varphi_1\rangle & \cdots & \langle\varphi_j, \varphi_{j-1}\rangle & \varphi_j(x) \end{vmatrix}, \tag{5.2.8}$$

$$j = 1, 2, 3, \cdots$$

这样得到的函数系 $\psi_j(x), j = 0, 1, 2, 3, \cdots$ 在 $[a, b]$ 上是正交的. 事实上, 用任意一个 $\varphi_k(x)$, 乘上面等式的两端, 再作积分, 则有

$$\langle \psi_j, \varphi_k \rangle = \begin{vmatrix} \langle \varphi_0, \varphi_0 \rangle & \langle \varphi_0, \varphi_1 \rangle & \cdots & \langle \varphi_0, \varphi_{j-1} \rangle & \langle \varphi_0, \varphi_k \rangle \\ \langle \varphi_1, \varphi_0 \rangle & \langle \varphi_1, \varphi_1 \rangle & \cdots & \langle \varphi_1, \varphi_{j-1} \rangle & \langle \varphi_1, \varphi_k \rangle \\ \langle \varphi_2, \varphi_0 \rangle & \langle \varphi_2, \varphi_1 \rangle & \cdots & \langle \varphi_2, \varphi_{j-1} \rangle & \langle \varphi_2, \varphi_k \rangle \\ \vdots & \vdots & & \vdots & \vdots \\ \langle \varphi_j, \varphi_0 \rangle & \langle \varphi_j, \varphi_1 \rangle & \cdots & \langle \varphi_j, \varphi_{j-1} \rangle & \langle \varphi_j, \varphi_k \rangle \end{vmatrix}, \tag{5.2.9}$$

$$j = 1, 2, 3, \cdots$$

由行列式的性质, 可得

$$\langle \psi_j, \varphi_k \rangle = \begin{cases} 0, & k < j \\ G_j, & k = j \end{cases} \tag{5.2.10}$$

其中 G_j 表示 $k = j$ 时右端行列式的值. 把表达式 $\psi_j(x)$ 的行列式按最后一列展开, 有

$$\psi_j(x) = a_0 \varphi_0(x) + a_1 \varphi_1(x) + \cdots + a_{j-1} \varphi_{j-1}(x) + G_{j-1} \varphi_j(x) \tag{5.2.11}$$

两端用 $\psi_k(x)$ 作内积, 得

$$\langle \psi_j, \psi_k \rangle = \begin{cases} 0, & k \neq j \\ G_{j-1} G_j, & k = j \end{cases} \tag{5.2.12}$$

说明按行列式定义的函数系 $\{\psi_j(x) | j = 0, 1, 2, 3, \cdots\}$ 在 $[a, b]$ 上是正交的.

5.2.3 正交函数

周代的商高在我国和世界上最早提出了勾股定理, 这是数学上最重要最基本的定理之一, 它揭示了垂直的重要性. 勾股定理被称为几何学中的明珠, 所以它充满魅力. 而勾股定理的本质就是正交性. 正交函数系, 从数学本质上讲, 它正是勾股定理向多维欧氏空间的推广.

对于 $f(x), g(x) \in L^2[a, b]$, 若

$$\langle f, g \rangle = \int_a^b f(x) g(x) = 0 \tag{5.2.13}$$

则称 $f(x)$ 和 $g(x)$ 是正交的. 在上一节介绍过, 正交函数系可通过线性无关的函数生成.

由 $\varphi_0(x), \varphi_1(x), \varphi_2(x), \cdots$ 所组成的函数系 $\{\varphi_n(x)\}$, 若满足下列条件:

$$\int_a^b \varphi_n(x)\varphi_m(x)dx = C_n\delta_{nm} \tag{5.2.14}$$

则称在区间 $[a,b]$ 上是正交函数系, 其中 $\delta_{nm} = \begin{cases} 1, & n = m, \\ 0, & n \neq m, \end{cases}$　C_n 为一常数. 若 $C_n=1$, 则称该函数系是标准正交函数系. 非标准正交函数系总可化为标准正交函数系.

正交函数系在数字信号处理中表现了极高的应用价值, 它是图像表达与分析的重要数学工具. 一个正交函数系只要具有完备性, 它就可作为平方可积函数空间 L^2 的基函数. 因此, 一切平方可积的函数, 都可用这些函数系来进行最佳平方逼近. 从物理意义上来讲, 也就是能使信号函数的正交表示获得最小的能量损失. 在下面章节, 分为连续正交函数与非连续正交函数, 分别介绍一些典型的常用正交函数系.

5.2.4　连续正交函数

傅里叶正交函数系

1882 年, 法国数学家约瑟夫·傅里叶 (Joseph Fourier, 1768—1830) 在研究热传导理论的时候, 提出并证明了把周期函数展开为正弦级数的原理, 奠定了后来的傅里叶分析整套理论的基础. 很难想象任何其他数学分支能像傅里叶分析这样有如此之多的实际应用. 多年来, 傅里叶分析理论被广泛应用于科学和工程技术的研究中, 随处可见的例子诸如: 热传导、波的传播、电路分析、控制系统分析等. 在数字计算机出现之前, 傅里叶变换是用解析法来计算的. 数字计算机与离散傅里叶变换 (Discrete Fourier Transform, DFT) 互相配合, 使得计算任何一个 "性能相当良好的" 函数的傅里叶变换和傅里叶级数成为可能. 二十世纪七十年代中期, 出现了更小、更快、更廉价的微计算机, 与高效率的快速傅里叶变换 (Fast Fourier Transformation, FFT) 算法结合在一起, 大大地激起了人们使用傅里叶分析的兴趣.

傅里叶正交函数系是历史上最早及最重要的正交系之一, 傅里叶变换告诉人们: 从空域 (时域) 到频域的转换具有重要意义. 傅里叶正交函数系是定义在区间 $(-\pi, \pi)$ 上的三角函数系, 具体如下:

$$\frac{1}{\sqrt{2\pi}}, \frac{\cos x}{\sqrt{\pi}}, \frac{\sin x}{\sqrt{\pi}}, \frac{\cos 2x}{\sqrt{\pi}}, \frac{\sin 2x}{\sqrt{\pi}}, \cdots \tag{5.2.15}$$

详见 3.2.3 节中介绍的傅里叶级数.

勒让德多项式

勒让德多项式由法国科学家阿德里安–马里·勒让德 (Adrien-Marie Legendre, 1752—1833) 于 1785 年引进, 它是定义在区间 $[-1,1]$ 上的正交多项式, 其一般表达

式为

$$P_0 = 1, \quad P_n = \frac{1}{2^n n!} \frac{d^n (x^2-1)^n}{dx^n}, \quad n = 1, 2, \cdots \qquad (5.2.16)$$

由此得到的多项式是勒让德多项式的标准形式. 上式是以 n 阶导数的形式表示的, 这种形式通常称为罗德里格表达式. 根据公式, 可将前几个勒让德多项式具体写出来:

$$\begin{aligned}
P_0 &= 1 \\
P_1 &= x \\
P_2 &= \frac{1}{2}(3x^2 - 1) \\
P_3 &= \frac{1}{2}(5x^3 - 3x) \\
P_4 &= \frac{1}{8}(35x^4 - 30x^2 + 3) \\
P_5 &= \frac{1}{8}(63x^5 - 70x^3 + 15x) \\
P_6 &= \frac{1}{16}(231x^6 - 315x^4 + 105x^2 - 5)
\end{aligned} \qquad (5.2.17)$$

由勒让德多项式的一般表达式知: $P_n(x)$ 的最高次系数为 $\dfrac{(2n)!}{(n!)^2 2^n}$, 因此, 最高次系数为 1 的勒让德多项式为

$$\tilde{P}_n(x) = \frac{(n!)^2 2^n}{(2n)!} P_n(x) = \frac{n!}{(2n)!}[(x^2-1)^n]^{(n)} \qquad (5.2.18)$$

由上式可得 $P_n(x)$ 的直接表达式. 由于

$$(x^2-1)^n = \sum_{k=0}^{n} C_n^k (-1)^k (x^2)^{n-k} = \sum_{k=0}^{n} \frac{(-1)^k n!}{k!(n-k)!} x^{2n-2k} \qquad (5.2.19)$$

故

$$P_n(x) = \frac{1}{2^n} \sum_{k=0}^{\left[\frac{n}{2}\right]} \frac{(-1)^k (2n-2k)!}{k!(n-k)!(n-2k)!} x^{n-2k} \qquad (5.2.20)$$

这里 $\left[\dfrac{n}{2}\right]$ 表示 $\dfrac{n}{2}$ 的整数部分. 容易得到

$$P_{2n}(x) = \frac{1}{2^{2n}} \sum_{k=0}^{n} \frac{(-1)^k (4n-2k)!}{k!(2n-k)!(2n-2k)!} x^{2n-2k} \qquad (5.2.21)$$

$$P_{2n+1}(x) = \frac{1}{2^{2n+1}} \sum_{k=0}^{n} \frac{(-1)^k (4n+2-2k)!}{k!(2n+1-k)!(2n+1-2k)!} x^{2n+1-2k} \qquad (5.2.22)$$

利用高阶导数的莱布尼茨公式, 可得

$$P_n(1) = 1, \quad P_n(-1) = (-1)^n \tag{5.2.23}$$

前七个勒让德多项式在同一坐标系下的曲线如图 5.1 所示.

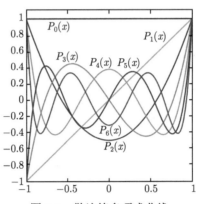

图 5.1   勒让德多项式曲线

切比雪夫多项式

切比雪夫多项式出现在十九世纪, 以俄国著名数学家切比雪夫名字命名. 当权函数 $\rho(x) = \dfrac{1}{\sqrt{1-x^2}}$, 区间为 $[-1,1]$ 时, 由序列 $\{1, x, \cdots, x^n, \cdots\}$ 正交化得到的正交多项式就是切比雪夫多项式, 它可表示为

$$T_n(x) = \cos(n \arccos x), \quad |x| \leqslant 1, \quad n = 0, 1, 2, 3, \cdots \tag{5.2.24}$$

切比雪夫多项式 $\{T_n(x) | n = 0, 1, 2, \cdots\}$ 在区间 $[-1,1]$ 上带权 $\rho(x) = \dfrac{1}{\sqrt{1-x^2}}$ 正交, 是指

$$\int_{-1}^{1} \frac{T_n(x)T_m(x)}{\sqrt{1-x^2}} dx = \begin{cases} 0, & n \neq m \\ \dfrac{\pi}{2}, & n = m \neq 0 \\ \pi, & n = m = 0 \end{cases}$$

事实上, 令 $\theta = \arccos x$, 则 $T_n(x) = \cos n\theta$, 于是

$$\int_{-1}^{1} \frac{T_n(x)T_m(x)}{\sqrt{1-x^2}} dx = \int_{0}^{\pi} \cos n\theta \, \cos m\theta d\theta = \begin{cases} 0, & n \neq m \\ \dfrac{\pi}{2}, & n = m \neq 0 \\ \pi, & n = m = 0 \end{cases}$$

在应用实践中, 可利用一个重要的递推公式得到切比雪夫多项式, 这个递推公式如下:

$$T_{n+1}(x) = 2xT_n(x) - T_{n-1}(x) \tag{5.2.25}$$

它是根据三角恒等式

$$\cos(n+1)\theta + \cos(n-1)\theta = 2\cos\theta\cos n\theta \tag{5.2.26}$$

并令 $\theta = \arccos x$ 而得. 在 4.3.1 节中, 已具体给出了切比雪夫多项式的前九个多项式以及对应的图形, 并且进行了有趣的实验.

富兰克林函数

傅里叶最早提出了任意周期函数都可用三角函数级数来表示的想法, 这个思想是傅里叶分析理论的起源. 傅里叶分析从诞生之日起, 就围绕着 "函数 $f(x)$ 的傅里叶级数究竟是否收敛于 $f(x)$ 自身" 这样一个中心问题进行研究. 傅里叶本人就认为连续函数的傅里叶级数总是收敛于此函数. 然而, 保罗·杜博伊斯–雷蒙 (Paul DuBois-Reymond, 1831—1889) 于 1876 年首先发现, 存在连续函数, 它的傅里叶级数在某些点上发散. 后来又证明, 连续函数的傅里叶级数可在一个无穷点集上处处发散, 即: 对任意给定的 $x_0 \in [0, 2\pi]$, 总存在这样的连续函数 $f(x)$, 使得它的傅里叶级数在 x_0 处发散. 于是, 阿尔佛雷德·哈尔 (Alfréd Haar, 1885—1933) 提出, 这是不是所有连续正交函数系的共同属性呢? 为了回答此问题, 菲利普·富兰克林 (Philip Franklin, 1898—1965) 于 1928 年给出了一类连续的正交函数系, 称之为富兰克林函数.

将区间 $[0, 1]$ 作 2 的方幂等分, 选用线性无关的函数组: $\phi_0(x) = 1, \phi_1(x) = x$, 并且有

$$\phi_i(x) = (x - a_i)_+ = \begin{cases} x - a_i, & x > a_i, \\ 0, & x \leqslant a_i, \end{cases} \quad i = 1, 2, 3, \cdots, \quad 0 \leqslant x \leqslant 1 \tag{5.2.27}$$

其中 $a_i = \dfrac{2i - 1 - 2^m}{2^m}$, m 为不超过 $2i - 1$ 的 2 的最高方幂指数. 换言之, 区间 $[0, 1]$ 的剖分点依次为

$$\frac{1}{2}, \frac{1}{4}, \frac{3}{4}, \frac{1}{8}, \frac{3}{8}, \frac{5}{8}, \frac{7}{8}, \frac{1}{16}, \frac{3}{16}, \frac{5}{16}, \cdots \tag{5.2.28}$$

易见, 线性无关函数组 $\{\phi_i(x) | i = 1, 2, 3, \cdots\}$ 中的每个函数都是区间 $[0, 1]$ 上的连续函数, 图 5.2 左部分显示了前 9 个线性无关函数. 所谓富兰克林函数系, 就是将函数组 $\phi_i(x)$ 经格拉姆–施密特正交化过程, 得到对应的一组标准正交函数系, 记为 $\{\varphi_i(x) | i = 0, 1, 2, 3, \cdots\}$. 图 5.2 右部分显示了前 9 个富兰克林函数. 限于篇幅, 这

里只给出富兰克林函数系的前 5 项数学表达式, 即

$$\varphi_0(x) = 1, \quad 0 \leqslant x \leqslant 1$$

$$\varphi_1(x) = \sqrt{3}(2x - 1), \quad 0 \leqslant x \leqslant 1$$

$$\varphi_2(x) = \begin{cases} \sqrt{3}(1 - 4x), & 0 \leqslant x < \dfrac{1}{2}, \\[2mm] \sqrt{3}(4x - 3), & \dfrac{1}{2} \leqslant x \leqslant 1 \end{cases}$$

$$\varphi_3(x) = \begin{cases} \dfrac{\sqrt{33}}{11}(5 - 38x), & 0 \leqslant x < \dfrac{1}{4}, \\[3mm] \dfrac{\sqrt{33}}{11}(26x - 11), & \dfrac{1}{4} \leqslant x < \dfrac{1}{2}, \\[3mm] \dfrac{\sqrt{33}}{11}(5 - 6x), & \dfrac{1}{2} \leqslant x \leqslant 1 \end{cases} \qquad (5.2.29)$$

$$\varphi_4(x) = \begin{cases} \dfrac{\sqrt{231}}{77}(1 - 12x), & 0 \leqslant x < \dfrac{1}{4}, \\[3mm] \dfrac{\sqrt{231}}{77}(36x - 11), & \dfrac{1}{4} \leqslant x < \dfrac{1}{2}, \\[3mm] \dfrac{\sqrt{231}}{77}(45 - 76x), & \dfrac{1}{2} \leqslant x < \dfrac{3}{4}, \\[3mm] \dfrac{\sqrt{231}}{77}(100x - 87), & \dfrac{3}{4} \leqslant x \leqslant 1 \end{cases}$$

富兰克林函数具有性质: 若函数 $f(x)$ 为区间 $[0,1]$ 上的连续函数, 则级数 $\sum_{i=0}^{\infty} <f, \varphi_i> \varphi_i$ 在区间 $[0,1]$ 上一致收敛.

在伊夫 · 迈耶 (Yves Meyer, 1939—) 回顾小波分析的产生与发展历史的著作[1]中, 对富兰克林函数系给予了很高的评价. 富兰克林函数系满足: $\int_0^1 \varphi_i(x)dx = \int_0^1 x\varphi_i(x)dx = 0, \ i \geqslant 2.$ 文中指出, 富兰克林函数系兼具哈尔函数系与绍德尔 (Schauder) 函数系的优点: 富兰克林函数系能够分解 $L^2[0,1]$ 上任意函数, 这一点是绍德尔系不能做到的. 对于平稳信号或非平稳信号, 富兰克林函数系都能够较好地进行处理. 在 *Wavelets: Algorithms and applications* 中, 迈耶同样指出, 富兰克林函数系的不足之处是其表达式复杂, 不像哈尔系或绍德尔系那样具有简单显式的数学表达式, 也不能通过对某个特定函数的积分变换和压缩平移等操作得到. 因此, 在很长的一段时间内, 富兰克林函数系并没有引起人们足够的重视, 以至 "被遗弃

① Meyer Y. Wavelets: Algorithms and applications. Philadelphia: SIAM, 1993.

与忘却几乎 40 多年".

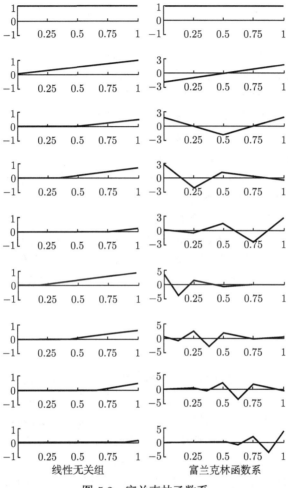

图 5.2 富兰克林函数系

但是, 随着现代计算机硬件及软件技术的发展, 可借助计算机自动完成正交化工作, 得到足够多的富兰克林函数以满足实际应用的需求. 从样条函数的观点去看富兰克林函数, 可以看出, 富兰克林函数恰好就是区间 $[0,1]$ 上的一次 (正交) 样条函数, 其结点为 $\frac{q}{2^p}$, q,p 为整数. 那么, 能否仿照富兰克林函数的构造方法, 构造出任意 k 次的正交样条函数? 这正是构造任意 k 次正交样条函数系的出发点, 称之为 k 次 GF 系统[1].

① 蔡占川, 陈伟, 齐东旭, 唐泽圣. 一类新的正交样条函数系——Franklin 函数的推广及其应用. 计算机学报, 2009, 32(10): 2004-2013.

5.2.5   非连续正交函数

用有限项傅里叶级数表达间断信号时, 在间断点处出现波动, 并且不能因求和的项数增大而彻底消失, 这就是著名的吉布斯现象. 威尔布里厄姆于 1848 年首先观察到这一现象, 后来经吉布斯作出深入细致的研究. 在正交函数理论及其应用的研究中, 吉布斯现象的消减问题一直倍受重视.

吉布斯现象的研究之所以引起关注, 在于它的出现造成数据偏差, 在第 3 章数学实验三中已用具体实例探讨了吉布斯现象. 在数字图像、语音处理, 以及用傅里叶方法求解微分方程等问题中, 人们都要设法消减它的影响. 这里特别强调指出, 在几何信息重构的问题中, 吉布斯现象的影响尤为突出. 在二维及三维几何造型中, 几何对象往往包含许多部件和零件. 作为几何图组, 其子图互相分离 (强间断) 以及非光滑连接 (弱间断) 的情况不可避免. 几何造型的精度要求很高, 如果说信号处理的某些实际问题对吉布斯现象的出现尚可接受, 那么在几何信息表达中则是不可容忍的. 已有的连续正交函数做几何造型, 严重地受吉布斯现象影响以至于不可使用. 用有限项傅里叶级数 (或连续小波级数) 逼近几何造型是不成功的. 事实上, 只要是连续的正交函数系, 其有限个基函数的线性组合不可能表达间断函数. 实际应用上, 不可能采用无穷多的计算, 若表达间断信息, 则只有采用非连续的正交函数才有可能.

沃尔什函数

大约在 1900 年, 沃尔什函数的概念最早用来研究户外传输线的交叉问题. 到了 1923 年, 知名的美国应用数学家约瑟夫 · 伦纳德 · 沃尔什 (Joseph Leonard Walsh, 1895—1973) 正式提出了这种函数, 该函数是一个完备的正交函数系, 特点是二值跳变, 后来被称为沃尔什函数. 由于缺乏实际的应用, 几乎搁置了四十多年, 没有引起人们的重视. 它一直是被用来作为完备正交系的具体例子而已. 到了二十世纪七十年代, 由于半导体技术的进步, 大规模集成电路出现, 沃尔什函数的实用价值被重视, 并引发了一股热潮, 连续召开国际学术会议, "发烧" 十余年. 二十世纪七八十年代, 它在信号处理和通信技术等方面获得了较为广泛的应用. 原因是它只取 +1 和 −1 两个数值, 比较适用于数字技术. 而且它有一些特殊的性质, 使得人们在某些场合下用它取代电子技术中的常用的正余弦函数后, 可以得到一些好处.

沃尔什函数系有 Poly 次序、变号数次序、阿达马次序等不同的排列次序, 在此, 仅给出按照 Poly 次序排列的沃尔什函数系定义:

$$wal_p(0,t) = R(0,t) = 1 \tag{5.2.30}$$

$$wal_p(n,t) = \prod_{k=1}^{\infty}[R(k,t)] \uparrow n_k, \quad n = 1,2,3,\cdots \tag{5.2.31}$$

这里, $A \uparrow B$ 是 A^B 的方便记法. $R(k,t)$ 表示拉德马赫 (Rademacher) 函数. 其中 n_k 为 n 的二进制表示的第 k 位数字:

$$n = (\cdots n_k n_{k-1} \cdots n_2 n_1)_2 \tag{5.2.32}$$

当沃尔什函数系中的序号 n 被指定, 它的二进制表示中就有有限个 1 出现在确定的位置上, 则按照这些位置来取相应的拉德马赫函数, 相乘起来就是 n 个沃尔什函数. 这里顺带提及, 本书将在第 8 章介绍分形. 人们把分形誉为大自然的几何学. 分形几何创造了一系列美的形象, 使人们获得美的享受. 沃尔什函数可直通分形这一事实, 使沃尔什函数一下子升华到某种高超的境界, 呈现出一种 "悠然心会, 妙处难与君说" 的朦胧美.[1]

哈尔函数

哈尔函数系是荷兰数学家哈尔于 1910 年提出的. 哈尔函数系是完备的标准化正交系. 一个连续函数按照哈尔函数系展成傅里叶级数, 能迅速地一致收敛, 这是哈尔函数系的重要优点, 是三角函数系不具备的性质. 二十世纪八十年代, 在通信技术、图像处理、数字滤波等方面哈尔函数系获得了良好的应用效果.

哈尔函数系 $\{\mathrm{har}_n(k,t)\}$ 是一族矩形函数, 在区间 $[0,1]$ 上的定义如下:

$$\mathrm{har}_0(0,t) = 1, \quad 0 \leqslant t \leqslant 1 \tag{5.2.33}$$

$$\mathrm{har}_0(1,t) = \begin{cases} 1, & 0 \leqslant t < \dfrac{1}{2}, \\ -1, & \dfrac{1}{2} \leqslant t \leqslant 1 \end{cases} \tag{5.2.34}$$

$$\mathrm{har}_1(1,t) = \begin{cases} \sqrt{2}, & 0 \leqslant t < \dfrac{1}{4}, \\ -\sqrt{2}, & \dfrac{1}{4} \leqslant t \leqslant \dfrac{1}{2}, \\ 0, & \text{其他} \end{cases} \tag{5.2.35}$$

$$\mathrm{har}_1(2,t) = \begin{cases} \sqrt{2}, & \dfrac{1}{2} \leqslant t < \dfrac{3}{4}, \\ -\sqrt{2}, & \dfrac{3}{4} \leqslant t \leqslant 1, \\ 0, & \text{其他} \end{cases} \tag{5.2.36}$$

一般地, $\mathrm{har}_n(0,0) = \sqrt{2^n}$, $\mathrm{har}_n(2^n,1) = -\sqrt{2^n}$,

$$\mathrm{har}_n(k,t) = \begin{cases} \sqrt{2^n}, & \dfrac{2k-2}{2^{n+1}} \leqslant t < \dfrac{2k-1}{2^{n+1}}, \\ -\sqrt{2^n}, & \dfrac{2k-1}{2^{n+1}} \leqslant t \leqslant \dfrac{2k}{2^{n+1}}, \\ 0, & \text{其他} \end{cases} \tag{5.2.37}$$

[1] 王能超. 算法演化论. 北京: 高等教育出版社, 2008.

其中 $n = 0, 1, 2, 3, \cdots, k = 1, 2, 3, \cdots, 2^n$.

从定义可以看出, 除了 $\mathrm{har}_0(0, t)$ 以外, 每个哈尔函数都取三个值. $\mathrm{har}_0(0, t)$ 和 $\mathrm{har}_0(1, t)$ 两个函数在整个区间 $[0, 1]$ 上取非零值, 其余所有的 $\mathrm{har}_n(k, t)$ 都只在区间 $[0, 1]$ 的某个子区间上取非零值. 所以有时称 $\mathrm{har}_0(0, t)$ 和 $\mathrm{har}_0(1, t)$ 为全域函数, 而其余的 $\mathrm{har}_n(k, t)$ 为局部函数.

以上介绍的这些正交函数系都是数字信号分析的常用方法. 它们各有各的特点. 事实上, 这些正交函数系要么高光滑, 诸如傅里叶函数系、多项式函数系 (如勒让德多项式、切比雪夫多项式) 等; 要么强间断, 诸如哈尔函数系、沃尔什函数系等. 若有一类兼顾光滑和间断的正交函数系, 则它一定有其独特的应用价值, 这便是下面将要介绍的两类完备正交函数系, 即 U-系统与 V-系统.

U-系统

U-系统[1],[2]是 $L^2[0, 1]$ 上的完备正交函数系, U-系统之中的函数由分段 k 次多项式构成 (k 为非负整数), 分段点出现在区间 $[0, 1]$ 的 2^r 等分点处 (r 为正整数). 当 $k = 0$, 即 0 次 U-系统就是分段为常数的沃尔什函数系. 把 U-系统的图形开列出来易于直观了解, 现将 0 次到 3 次 U-系统的图形开列出来, 如图 5.3—图 5.6 所示.

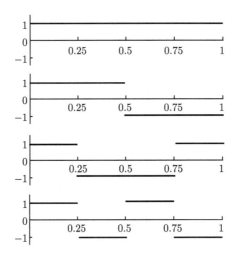

图 5.3　0 次 U-系统 ($k = 0$) 中前 4 个基函数

① Feng Y Y, Qi D X. A Sequence of piecewise orthogonal polynomials. SIAM Journal on Mathematical Analysis, 1984, 15(4): 834-844.

② 齐东旭, 宋瑞霞, 李坚. 非连续正交函数: U-系统、V-系统、多小波及其应用. 北京: 科学出版社, 2011.

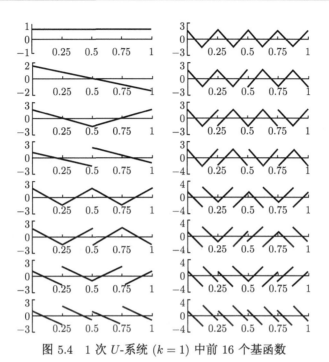

图 5.4 1 次 U-系统 $(k=1)$ 中前 16 个基函数

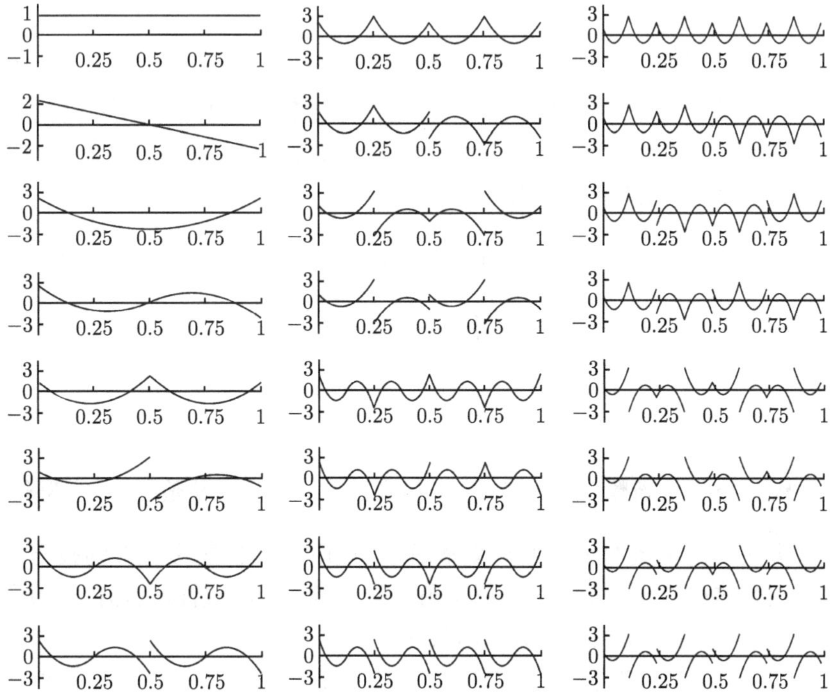

图 5.5 2 次 U-系统 $(k=2)$ 中前 24 个基函数

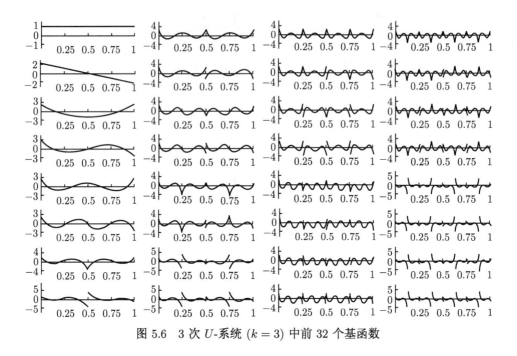

图 5.6　3 次 U-系统 $(k = 3)$ 中前 32 个基函数

(I) 1 次 U-系统的构造

回顾前面介绍的沃尔什函数, 它是将区间 $[0,1]$ 二等分, 考虑以 $x = \dfrac{q}{2^p}$, $q = 1, 2, \cdots, 2^p - 1$ 为分点的、分段为常数的一切函数的集合. 显然这样的函数, 由两个独立参数确定, "自由度" 为 2. 也就是说, 这样的函数集合, 需要且仅需要的正交基函数的个数为 2. 定义如下两个函数:

$$w_0(x) = 1, \quad 0 \leqslant x \leqslant 1 \tag{5.2.38}$$

$$w_1(x) = \begin{cases} 1, & 0 \leqslant x \leqslant \dfrac{1}{2}, \\ -1, & \dfrac{1}{2} < x \leqslant 1 \end{cases} \tag{5.2.39}$$

它们是一组正交的基函数. 进一步, 为了得到以 $x = \left(\dfrac{1}{2}\right)^p$ (整数 $p \geqslant 2$) 为分点的、分段为常数的一切函数的集合的正交基函数, 采用了 "压缩–复制" 的技巧. 这里, 将沃尔什函数这种 "分段常数" 的正交函数推广到 "分段线性" 的情形, "压缩–复制" 的技巧同样是生成新正交函数系的关键.

记区间 $[0,1]$ 上一切线性函数的集合为 $S_{1,0}$, 其维数 $\dim S_{1,0} = 2$, 显然, 如下两个函数 (图 5.7(1) 的前两个):

$$u_0(x) = 1, \quad 0 \leqslant x \leqslant 1 \tag{5.2.40}$$

$$u_1(x) = 1 - 2x, \quad 0 \leqslant x \leqslant 1 \tag{5.2.41}$$

构成 $S_{1,0}$ 的正交基. 进而考虑以 $x = \dfrac{1}{2}$ 为分点的、分段为线性函数的集合 (记为 $S_{1,1}$, 这个记号中下标的第一个表示 "1" 次 U-系统; 第二个下标表示区间 $[0,1]$ 分成 2 的 "1" 次幂个子区间). 由于区间 $[0,1]$ 被分成两个子区间, 各自定义的线性函数的自由度为 2, 于是, 需要且仅需要 $[0,1]$ 上的 4 个互相正交的分段线性函数作为基函数. 现在已经有了式 (5.2.40) 和式 (5.2.41) 两个函数, 需再构造两个分段线性函数. 为此, 选取关于 $x = \dfrac{1}{2}$ 点的偶函数与奇函数各一个 (图 5.7(1) 的后两个).

$$u_2(x) = \begin{cases} -4x + 1, & 0 \leqslant x < \dfrac{1}{2}, \\ 4x - 3, & \dfrac{1}{2} \leqslant x < 1 \end{cases} \tag{5.2.42}$$

$$u_3(x) = \begin{cases} -4x + 1, & 0 \leqslant x < \dfrac{1}{2}, \\ -4x + 3, & \dfrac{1}{2} \leqslant x < 1 \end{cases} \tag{5.2.43}$$

容易看出, 式 (5.2.40)— 式 (5.2.43) 给出的四个函数是相互独立的, 但其中 $u_3(x)$ 与 $u_1(x)$ 不正交. 注意函数的奇偶性, 经简单的正交化运算, 继而得到 (图 5.7(2))

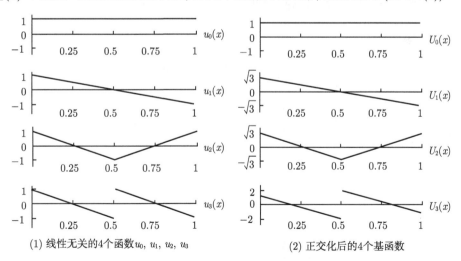

(1) 线性无关的4个函数u_0, u_1, u_2, u_3　　　(2) 正交化后的4个基函数

图 5.7　4 个分段线性函数构成正交基

$$U_0(x) = 1, \quad 0 \leqslant x \leqslant 1 \tag{5.2.44}$$

$$U_1(x) = \sqrt{3}(-2x + 1), \quad 0 \leqslant x \leqslant 1 \tag{5.2.45}$$

$$U_2(x) = \begin{cases} \sqrt{3}(-4x+1), & 0 \leqslant x < \dfrac{1}{2}, \\ \sqrt{3}(4x-3), & \dfrac{1}{2} \leqslant x < 1 \end{cases} \tag{5.2.46}$$

$$U_3(x) = \begin{cases} -6x+1, & 0 \leqslant x < \dfrac{1}{2}, \\ -6x+5, & \dfrac{1}{2} \leqslant x < 1 \end{cases} \tag{5.2.47}$$

接下来, 考虑区间 $[0,1]$ 上的分段线性函数集合 $S_{1,2}$, 分段点为 $x = \dfrac{1}{4}$, $x = \dfrac{1}{2}$, $x = \dfrac{3}{4}$. 由于 $\dim S_{1,2} = 8$, 那么应该有 8 个彼此正交的分段线性函数. 也就是说, 除了前述式 (5.2.44)— 式 (5.2.47) 给出的 4 个函数 $U_0(x)$, $U_1(x)$, $U_2(x)$, $U_3(x)$ 之外, 需要且只需再构造 4 个以 $x = \dfrac{1}{4}$, $x = \dfrac{1}{2}$, $x = \dfrac{3}{4}$ 为分点的分段线性函数. 至此, 自然想到沿用前面的办法, 先设定一个线性无关的函数组, 再把它正交化. 然而, 下面采用 "压缩–复制" 过程来补充 4 个函数方法, 不但更为简便, 而且可以递推地完成整个分段线性的 U-系统的构造.

所说的 "压缩–复制" 过程包括两步. 首先, 取第 3 个、第 4 个函数, 即式 (5.2.46) 和式 (5.2.47), 分别压缩到半区间 $\left[0, \dfrac{1}{2}\right]$; 然后, 在半区间 $\left(\dfrac{1}{2}, 1\right]$ 上做正复制及反复制 (或称奇复制与偶复制). 于是, 每个函数生成了两个新的函数, "压缩–复制" 过程如图 5.8 所示. 通过 "压缩–复制" 过程, 得到的 4 个新函数如下:

$$U_4(x) = \begin{cases} U_2(2x), & 0 \leqslant x < \dfrac{1}{2}, \\ U_2(2-2x), & \dfrac{1}{2} \leqslant x < 1 \end{cases} \tag{5.2.48}$$

$$U_5(x) = \begin{cases} U_2(2x), & 0 \leqslant x < \dfrac{1}{2}, \\ -U_2(2-2x), & \dfrac{1}{2} \leqslant x < 1 \end{cases} \tag{5.2.49}$$

$$U_6(x) = \begin{cases} U_3(2x), & 0 \leqslant x < \dfrac{1}{2}, \\ U_3(2-2x), & \dfrac{1}{2} \leqslant x < 1 \end{cases} \tag{5.2.50}$$

$$U_7(x) = \begin{cases} U_3(2x), & 0 \leqslant x < \dfrac{1}{2}, \\ -U_3(2-2x), & \dfrac{1}{2} \leqslant x < 1 \end{cases} \tag{5.2.51}$$

不难验证式 (5.2.44)— 式 (5.2.51) 所示的 8 个分段线性函数构成 $S_{1,2}$ 的一组正交基.

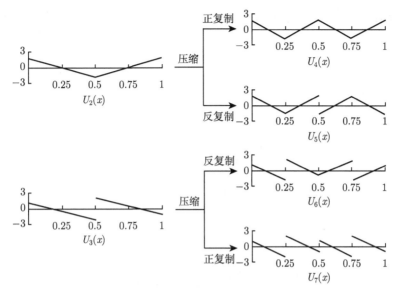

图 5.8 "压缩–复制" 生成过程

值得强调的是, 通过 "压缩–复制" 过程产生新函数, 这种做法可以递推地继续下去. 换言之, 当继续考虑区间 $[0,1]$ 上有 8 个等分子区间的情况时, $\dim S_{1,3} = 16$, 需要在已有的 8 个正交函数的基础上再添加 8 个新函数. 而这 8 个新函数将由上次生成的式 (5.2.48)— 式 (5.2.51) 所示的 4 个函数经 "压缩–复制" 过程产生, 这个过程如图 5.9 所示.

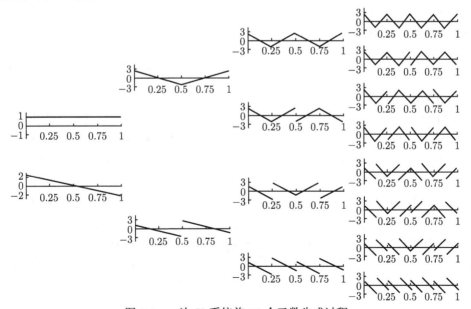

图 5.9 一次 U-系统前 16 个函数生成过程

　　一般地, 当完成了 $S_{1,n}$ 的 2^{n+1} 个正交基函数之后, 对其中后面 2^n 个函数中的每一个, 分别进行 "压缩 -(正反) 复制" 得到 2 个, 共计 2^{n+1} 个新的函数添加进去, 经过标准化, 得到 $S_{1,n+1}$ 的标准正交基, $n = 0, 1, 2, 3, \cdots$. 由上述 "一分为二" 的生成过程得到的函数组, 有明显的分组、分类特点, 所以有必要通过函数符号的特定上标和下标来做函数的记录:

$$U_2^{(1)}(x) = \begin{cases} \sqrt{3}(1 - 4x), & 0 \leqslant x < \dfrac{1}{2}, \\ \sqrt{3}(4x - 3), & \dfrac{1}{2} \leqslant x \leqslant 1 \end{cases}$$

$$U_2^{(2)}(x) = \begin{cases} 1 - 6x, & 0 \leqslant x < \dfrac{1}{2}, \\ 5 - 6x, & \dfrac{1}{2} \leqslant x \leqslant 1 \end{cases}$$

$$U_{n+1}^{(2k-1)}(x) = \begin{cases} U_n^{(k)}(2x), & 0 \leqslant x < \dfrac{1}{2}, \\ U_n^{(k)}(2 - 2x), & \dfrac{1}{2} \leqslant x \leqslant 1 \end{cases} \tag{5.2.52}$$

$$U_{n+1}^{(2k)}(x) = \begin{cases} U_n^{(k)}(2x), & 0 \leqslant x < \dfrac{1}{2}, \\ -U_n^{(k)}(2 - 2x), & \dfrac{1}{2} \leqslant x \leqslant 1 \end{cases}$$

其中 $k = 1, 2, 3, \cdots, 2^{n-1}$, $n = 2, 3, \cdots$. 在间断点处, 函数值可定义为两侧极限的平均值.

　　在前面式 (5.2.44)— 式 (5.2.52) 中, 用单个下标表示的 $U_i(x)$, $i = 0, 1, 2, \cdots$ 与分组表示的 $U_n^{(k)}(x)$, 其关系为

$$U_n^{(k)}(x) = U_{2^{n-1}+k-1}(x), \quad k = 1, 2, \cdots, 2^{n-1}, \quad n = 2, 3, \cdots \tag{5.2.53}$$

(II) 高次 U-系统的构造

　　为了把 1 次 U-系统 (分段线性, $k = 1$) 推广到任意 k 次 U-系统 (分段 k 次多项式, $k > 1$), 先回顾沃尔什函数的生成过程. 采用区间 $[0, 1]$ 上的单位方波作为第一个函数. 之后, 首先考虑了区间 $[0, 1]$ 作 2 等分情形. 这时, 由于考虑的是两个子区间, 那么整个区间上的分段为常数的函数集合, 其基函数的个数需且只需为 2, 于是引入 $wal_1(1, t)$ 这样的一个 "跳跃" 函数. 接着, 后续的沃尔什函数便是用 $wal_1(1, t)$ 的压缩与正、反复制过程, 生成两个, 继而由这两个生成 4 个 $\cdots\cdots$

　　作为构造 1 次 (分段线性)U-系统出发点, 选择了两个简单的正交函数, 即区间 $[0, 1]$ 上的勒让德多项式的前两个. 当考虑区间 $[0, 1]$ 作 2 等分情形时, 需要构造另外两个以 $\dfrac{1}{2}$ 为分段点的分段线性函数. 作出这两个新的函数之后, 往下的作法如同沃尔什函数的情形, 由两个新的函数生成 4 个、4 个生成 8 个 $\cdots\cdots$

类比上面做法, 在构造 2 次 U-系统时, 首先选取区间 $[0,1]$ 上的勒让德多项式的前 3 个; 区间 $[0,1]$ 作 2 等分, 以 $\frac{1}{2}$ 为分段点的分段二次函数集合, 其基函数的个数为 6; 已经有了 3 个勒让德多项式, 现在则需要构造另外 3 个以 $\frac{1}{2}$ 为分段点的分段二次函数. 作出这 3 个新的函数之后, 往下的作法如同沃尔什函数及 1 次 U-系统的情形, 用 3 个新的函数生成 6 个, 继而 12 个或更多个.

一般说来, 当构造 k 次 U-系统时, 类似上面讨论过的, 首先取勒让德多项式的前 $k+1$ 个. 然后, 构造新函数 $k+1$ 个, 记为 $f_i(x), i = 1, 2, \cdots, k+1$, 满足条件:

(1) $f_i(x)$ 是以 $\frac{1}{2}$ 为结点的分段 k 次多项式;

(2) $\langle f_i(x), f_j(x) \rangle = \delta_{i,j}, \ i, j \in \{1, 2, \cdots, k+1\}$;

(3) $\langle f_i(x), x^j \rangle = 0, \ i \in \{1, 2, \cdots, k+1\}, \ j \in \{0, 1, \cdots, k\}$,

如此, 则称 $f_i(x), i = 1, 2, \cdots, k+1$ 为 k 次函数生成元. 注意到区间 $[0,1]$ 上以 $x = \frac{1}{2}$ 为结点的一切分段多项式集合的维数为 $2k+2$, 可见这样的 k 次函数生成元是存在的. 熟悉了 $k = 0, 1, 2$ 时 U-系统的构造过程, 就不难给出任意 k 次 U-系统的构造步骤:

(1) 取区间 $[0,1]$ 上的前 $k+1$ 个勒让德多项式作为 k 次 U-系统的前 $k+1$ 个函数, 记为

$$U_0(x), U_1(x), \cdots, U_k(x) \tag{5.2.54}$$

(2) 求出 $k+1$ 个分段为 k 次多项式的生成元 $\{f_i(x) | i = 1, 2, \cdots, k+1\}$. 将它们排在前述函数序列之后, 得到

$$U_0(x), U_1(x), \cdots, U_k(x), f_1(x), f_2(x), \cdots, f_{k+1}(x) \tag{5.2.55}$$

(3) 压缩复制生成后续序列: 从 $f_1(x)$ 开始, 每个函数都复制出另外两个新函数, 一个是关于 $x = \frac{1}{2}$ 点作压缩正复制, 另一个是压缩反复制, 即

$$
f_{i,1} = \begin{cases} f_i(2x), & 0 \leqslant x < \frac{1}{2}, \\ f_i(2-2x), & \frac{1}{2} < x \leqslant 1 \end{cases}
$$

$$
\tag{5.2.56}
$$

$$
f_{i,2} = \begin{cases} f_i(2x), & 0 \leqslant x < \frac{1}{2}, \\ -f_i(2-2x), & \frac{1}{2} < x \leqslant 1 \end{cases}
$$

将式 (5.2.56) 所示的函数排在前述函数序列之后, 再由新生成的函数组经过 "压缩–复制", 依次递归得到的函数序列, 经标准化处理之后, 就是要求的 k 次 U-系统.

下面列出 k 次 U-系统 $(k = 0, 1, 2, 3)$ 的前 $k + 1$ 个勒让德多项式及 $k + 1$ 个生成元即式 (5.2.55) 的具体表达式:

$k = 0:$

$$U_0(x) = 1, \quad 0 \leqslant x \leqslant 1$$

$$f_1(x) = U_1(x) = \begin{cases} 1, & 0 \leqslant x < \dfrac{1}{2}, \\ -1, & \dfrac{1}{2} < x \leqslant 1 \end{cases} \tag{5.2.57}$$

$k = 1:$

$$U_0(x) = 1, \quad 0 \leqslant x \leqslant 1$$

$$U_1(x) = \sqrt{3}(1 - 2x), \quad 0 \leqslant x \leqslant 1$$

$$f_1(x) = U_2(x) = \begin{cases} \sqrt{3}(1 - 4x), & 0 \leqslant x < \dfrac{1}{2}, \\ \sqrt{3}(-3 + 4x), & \dfrac{1}{2} < x \leqslant 1 \end{cases} \tag{5.2.58}$$

$$f_2(x) = U_3(x) = \begin{cases} 1 - 6x, & 0 \leqslant x < \dfrac{1}{2}, \\ 5 - 6x, & \dfrac{1}{2} < x \leqslant 1 \end{cases}$$

$k = 2:$

$$U_0(x) = 1, \quad 0 \leqslant x \leqslant 1$$

$$U_1(x) = \sqrt{3}(1 - 2x), \quad 0 \leqslant x \leqslant 1$$

$$U_2(x) = \sqrt{5}(1 - 6x + 6x^2), \quad 0 \leqslant x \leqslant 1$$

$$f_1(x) = U_3(x) = \begin{cases} \sqrt{5}(1 - 10x + 16x^2), & 0 \leqslant x < \dfrac{1}{2}, \\ \sqrt{5}(-7 + 22x - 16x^2), & \dfrac{1}{2} < x \leqslant 1 \end{cases}$$

$$f_2(x) = U_4(x) = \begin{cases} \sqrt{3}(1 - 14x + 30x^2), & 0 \leqslant x < \dfrac{1}{2}, \\ \sqrt{3}(17 - 46x + 30x^2), & \dfrac{1}{2} < x \leqslant 1 \end{cases} \tag{5.2.59}$$

$$f_3(x) = U_5(x) = \begin{cases} 1 - 16x + 40x^2, & 0 \leqslant x < \dfrac{1}{2}, \\ -25 + 64x - 40x^2, & \dfrac{1}{2} < x \leqslant 1 \end{cases}$$

$k = 3$:

$$U_0(x) = 1, \quad 0 \leqslant x \leqslant 1$$

$$U_1(x) = \sqrt{3}(1 - 2x), \quad 0 \leqslant x \leqslant 1$$

$$U_2(x) = \sqrt{5}(1 - 6x + 6x^2), \quad 0 \leqslant x \leqslant 1$$

$$U_3(x) = \sqrt{7}(1 - 12x + 30x^2 - 20x^3), \quad 0 \leqslant x \leqslant 1$$

$$f_1(x) = U_4(x) = \begin{cases} \sqrt{7}(1 - 18x + 66x^2 - 64x^3), & 0 \leqslant x < \dfrac{1}{2}, \\ \sqrt{7}(-15 + 78x - 126x^2 + 64x^3), & \dfrac{1}{2} < x \leqslant 1 \end{cases}$$

$$f_2(x) = U_5(x) = \begin{cases} \sqrt{5}(1 - 24x + 114x^2 - 140x^3), & 0 \leqslant x < \dfrac{1}{2}, \\ \sqrt{5}(49 - 216x + 306x^2 - 140x^3), & \dfrac{1}{2} < x \leqslant 1 \end{cases} \tag{5.2.60}$$

$$f_3(x) = U_6(x) = \begin{cases} \sqrt{3}(1 - 28x + 156x^2 - 224x^3), & 0 \leqslant x < \dfrac{1}{2}, \\ \sqrt{3}(-95 + 388x - 516x^2 + 224x^3), & \dfrac{1}{2} < x \leqslant 1 \end{cases}$$

$$f_4(x) = U_7(x) = \begin{cases} 1 - 30x + 180x^2 - 280x^3, & 0 \leqslant x < \dfrac{1}{2}, \\ 129 - 510x + 660x^2 - 280x^3, & \dfrac{1}{2} < x \leqslant 1 \end{cases}$$

V-系统

V-系统[①]是 $L^2[0,1]$ 上的一类完备正交函数系, 也是多小波. 同 U-系统一样, 它也是由分段 k 次多项式构成 (k 为非负整数), 分段点出现在区间 $[0,1]$ 的 2^r 等分点处 (r 为正整数). 当 $k = 0$, 即 0 次 V-系统就是分段为常数的哈尔函数系. 如果说沃尔什函数系与哈尔函数系是孪生的兄弟, 那么 U-系统与 V-系统可说是相像的姊妹. U-系统与 V-系统之间有着既互相关联又可互相转换的自然而和谐的关系, 堪称 "姊妹" 系统. 把 V-系统的图形开列出来易于直观了解, 现将 0 次到 3 次 V-系统的图形开列出来, 如图 5.10—图 5.13 所示.

(I) k 次 V-系统的构造

为了引入 k 次 V-系统, 首先讨论 1 次 V-系统 ($k = 1$) 的情形. 如同 U-系统那样, 很自然想到对构成 V-系统的函数按照函数的个数 2^n 来分组. 当 $n = 2$ 时, 由于 U-系统的 $U_3^{(1)}$, $U_3^{(3)}$ 关于 $x = \dfrac{1}{2}$ 分别为偶函数与奇函数, 于是通过简单的线性组合

$$\frac{1}{2}(U_3^{(1)} + U_3^{(2)}), \quad \frac{1}{2}(U_3^{(1)} - U_3^{(2)}) \tag{5.2.61}$$

---

① 齐东旭, 宋瑞霞, 李坚. 非连续正交函数: U-系统、V-系统、多小波及其应用. 北京: 科学出版社, 2011.

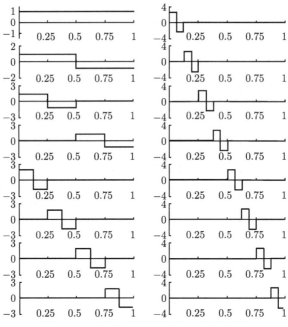

图 5.10　0 次 V-系统的前 16 个基函数

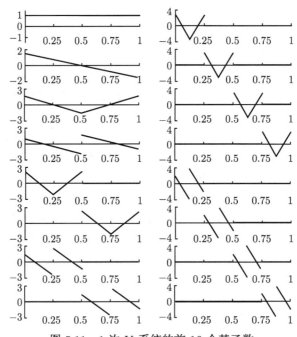

图 5.11　1 次 V-系统的前 16 个基函数

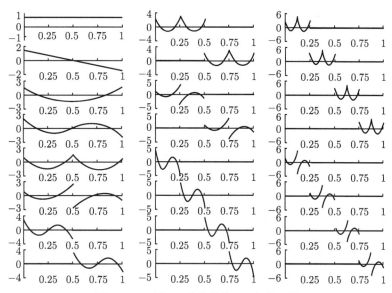

图 5.12 2 次 V-系统的前 24 个基函数

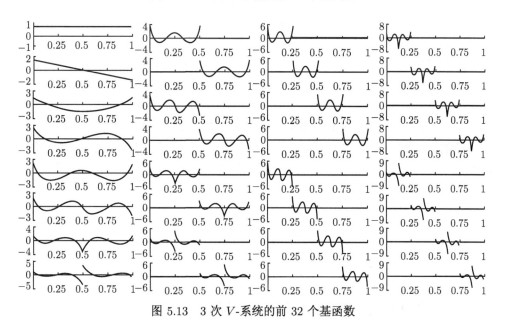

图 5.13 3 次 V-系统的前 32 个基函数

得到两个新函数, 分别记为 $V_{1,3}^{1,1}, V_{1,3}^{1,2}$; 又从 U-系统的 $U_3^{(3)}, U_3^{(4)}$ 经线性组合

$$\frac{1}{2}(U_3^{(3)} + U_3^{(4)}), \quad \frac{1}{2}(U_3^{(3)} - U_3^{(4)}) \tag{5.2.62}$$

得到两个新的函数, 分别记为 $V_{1,3}^{2,1}, V_{1,3}^{2,2}$. 图 5.14 表示从 1 次 U-系统的函数经线

性组合之后生成的新的函数.

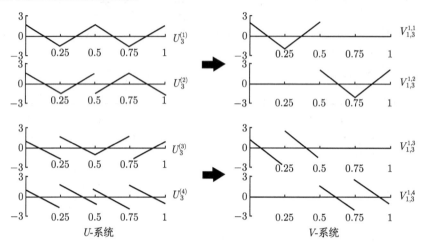

图 5.14　1 次 U-系统 4 个函数生成的 4 个新函数

当讨论任意 k 次分段多项式正交系的时候, 遇到了比较复杂的情况: 对区间 $[0,1]$, 有不同层次的分割; 在同一分割之下, 还出现互不相同的函数等. 因此, 有必要对函数在系统中的序号给予明确的指示, 为此, 采用双上下标的记号.

注意任意 k 次分段多项式正交系, 首先要分成若干组, 每组包含若干类, 每类有不止一个函数, 那么就将 k 置于第一个下标, 表示 k 次; 将 n 置于第二个下标, 表示该函数属于第 n 组; 将 i 置于第一个上标, 表示该函数属于某组的第 i 类; 将 j 置于第二个上标, 表示该函数属于某组中某类的第 j 个. 譬如, $U_{k,n}^{i,j}(x)$ 表示 k 次 U-系统的第 n 组、第 i 类中的第 j 个函数, 如图 5.15 所示. 对具有类似分组、分类及类中序号的函数系, 也都采用这种记号, 譬如 $V_{k,n}^{i,j}(x)$, $\varphi_{k,n}^{i,j}(x)$, $W_{k,n}^{i,j}(x)$ 等.

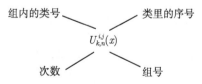

图 5.15　U-系统中函数的分组分类所用记号

新的函数用 U-系统中函数作表达, 写成矩阵形式:

$$\begin{bmatrix} V_{1,3}^{1,1} \\ V_{1,3}^{1,2} \end{bmatrix} = \frac{1}{2} \begin{bmatrix} 1 & 1 \\ 1 & -1 \end{bmatrix} \begin{bmatrix} U_3^{(1)} \\ U_3^{(2)} \end{bmatrix}, \quad \begin{bmatrix} V_{1,3}^{2,1} \\ V_{1,3}^{2,2} \end{bmatrix} = \frac{1}{2} \begin{bmatrix} 1 & 1 \\ 1 & -1 \end{bmatrix} \begin{bmatrix} U_3^{(3)} \\ U_3^{(4)} \end{bmatrix} \tag{5.2.63}$$

又注意到

$$U_4^{(1)}, U_4^{(2)}, U_4^{(3)}, U_4^{(4)} \quad \text{以及} \quad U_4^{(5)}, U_4^{(6)}, U_4^{(7)}, U_4^{(8)} \tag{5.2.64}$$

关于 $x = \dfrac{1}{2}$ (图 5.16) 的奇偶对称性, 经过线性组合, 得到新的函数

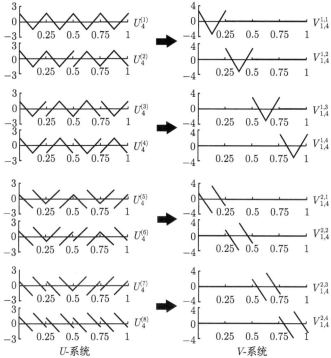

图 5.16 从 1 次 U-系统 8 个函数生成的 8 个新函数

$$V_{1,4}^{1,1}, V_{1,4}^{1,2}, V_{1,4}^{1,3}, V_{1,4}^{1,4} \quad \text{以及} \quad V_{1,4}^{2,1}, V_{1,4}^{2,2}, V_{1,4}^{2,3}, V_{1,4}^{2,4} \tag{5.2.65}$$

写成矩阵形式

$$\begin{bmatrix} V_{1,4}^{1,1} \\ V_{1,4}^{1,2} \\ V_{1,4}^{1,3} \\ V_{1,4}^{1,4} \end{bmatrix} = \frac{1}{4} \begin{bmatrix} 1 & 1 & 1 & 1 \\ 1 & 1 & -1 & -1 \\ 1 & -1 & -1 & 1 \\ 1 & -1 & 1 & -1 \end{bmatrix} \begin{bmatrix} U_4^{(1)} \\ U_4^{(2)} \\ U_4^{(3)} \\ U_4^{(4)} \end{bmatrix},$$

$$\begin{bmatrix} V_{1,4}^{2,1} \\ V_{1,4}^{2,2} \\ V_{1,4}^{2,3} \\ V_{1,4}^{2,4} \end{bmatrix} = \frac{1}{4} \begin{bmatrix} 1 & 1 & 1 & 1 \\ 1 & 1 & -1 & -1 \\ 1 & -1 & -1 & 1 \\ 1 & -1 & 1 & -1 \end{bmatrix} \begin{bmatrix} U_4^{(5)} \\ U_4^{(6)} \\ U_4^{(7)} \\ U_4^{(8)} \end{bmatrix} \tag{5.2.66}$$

依此类推, 一般说来, 取 k 次 U-系统的生成元 $U_{k+1}, U_{k+2}, U_{k+3}, \cdots, U_{2k+1}$, 定义

$$\begin{bmatrix} V_{2k+2} \\ V_{2k+3} \end{bmatrix} = \frac{1}{2} \begin{bmatrix} 1 & 1 \\ 1 & -1 \end{bmatrix} \begin{bmatrix} U_{2k+2} \\ U_{2k+3} \end{bmatrix}, \tag{5.2.67}$$

$$\begin{bmatrix} V_{2k+4} \\ V_{2k+5} \end{bmatrix} = \frac{1}{2} \begin{bmatrix} 1 & 1 \\ 1 & -1 \end{bmatrix} \begin{bmatrix} U_{2k+4} \\ U_{2k+5} \end{bmatrix} \tag{5.2.68}$$

$$\vdots$$

$$\begin{bmatrix} V_{3k+2} \\ V_{3k+3} \end{bmatrix} = \frac{1}{2} \begin{bmatrix} 1 & 1 \\ 1 & -1 \end{bmatrix} \begin{bmatrix} U_{3k+2} \\ U_{3k+3} \end{bmatrix} \tag{5.2.69}$$

合并起来写成

$$\begin{bmatrix} V_{2k+2} & V_{2k+4} & \cdots & V_{3k+2} \\ V_{2k+3} & V_{2k+5} & \cdots & V_{3k+3} \end{bmatrix}$$
$$= \frac{1}{2} \begin{bmatrix} 1 & 1 \\ 1 & -1 \end{bmatrix} \begin{bmatrix} U_{2k+2} & U_{2k+4} & \cdots & U_{3k+2} \\ U_{2k+3} & U_{2k+5} & \cdots & U_{3k+3} \end{bmatrix} \tag{5.2.70}$$

这就是说, 当给定 $N = 2^n$ 时, 容易从 U-系统借助阿达马矩阵分组定义另一个函数系, 这就是一次 V-系统的分组生成方法.

事实上, V-系统可直接定义如下:

设 $V_{k,1}^1, V_{k,1}^2, \cdots, V_{k,1}^{k+1}$ 为区间 $[0,1]$ 上的前 $k+1$ 个勒让德多项式. 构造 k 次函数生成元 $k+1$ 个, 记这 $k+1$ 个生成元为 $\{V_{k,2}^i | i = 1, 2, \cdots, k+1\}$, 其中的函数彼此正交, 且与 $V_{k,1}^1, V_{k,1}^2, \cdots, V_{k,1}^{k+1}$ 皆正交. 这样得到的 $2k+2$ 个函数, 与前面介绍的 k 次 U-系统的定义一致. 与 U-系统的区别在于后续函数的定义:

令

$$V_{k,n}^{i,j} = \begin{cases} \sqrt{2^{n-2}} V_{k,2}^i \left[2^{n-2} \left(x - \dfrac{j-1}{2^{n-2}} \right) \right], & x \in \left(\dfrac{j-1}{2^{n-2}}, \dfrac{j}{2^{n-2}} \right), \\ 0, & \text{其他} \end{cases} \tag{5.2.71}$$

其中 $i = 1, 2, \cdots, k+1, j = 1, 2, \cdots, 2^{n-2}, n = 3, 4, 5, \cdots$, 函数在间断点处的取值为左右极限的算术平均值, 这就是 k 次 V-系统.

k 次 V-系统中的函数, 宜于按照分组与分类给出排列次序. 如同对 U-系统采用的符号 (图 5.15), 设定 $V_{k,n}^{i,j}$, 它表示 k 次 V-系统中第 n 组、第 i 类中的第 j 个函数

$$k = 0, 1, 2, \cdots, \quad n = 3, 4, \cdots, \quad i = 1, 2, \cdots, k+1, \quad j = 1, 2, \cdots, 2^{n-2} \tag{5.2.72}$$

也就是说:

第 1 组由区间 $[0,1]$ 上前 $k+1$ 个勒让德多项式组成, 记为

$$V_{k,1}^1(x), V_{k,1}^2(x), \cdots, V_{k,1}^{k+1}(x) \tag{5.2.73}$$

第 2 组由区间 $[0,1]$ 上 $k+1$ 个 k 次生成元组成, 记为:

$$V_{k,2}^1(x), V_{k,2}^2(x), \cdots, V_{k,2}^{k+1}(x) \tag{5.2.74}$$

一般地, 第 n 组 $(n>3)$ 的函数按式 (5.2.71) 定义, 亦即
第 3 组:

$$\begin{cases} V_{k,3}^{1,1}(x), V_{k,3}^{1,2}(x), & \text{— 第 1 类} \\ V_{k,3}^{2,1}(x), V_{k,3}^{2,2}(x), & \text{— 第 2 类} \\ \quad\quad \cdots\cdots \\ V_{k,3}^{k+1,1}(x), V_{k,3}^{k+1,2}(x), & \text{— 第 } k+1 \text{ 类} \end{cases} \tag{5.2.75}$$

$$\vdots$$

第 n 组:

$$\begin{cases} V_{k,n}^{1,1}(x), V_{k,n}^{1,2}(x), \cdots, V_{k,n}^{1,2^{n-2}}(x), & \text{— 第 1 类} \\ V_{k,n}^{2,1}(x), V_{k,n}^{2,2}(x), \cdots, V_{k,n}^{2,2^{n-2}}(x), & \text{— 第 2 类} \\ \quad\quad \cdots\cdots \\ V_{k,n}^{k+1,1}(x), V_{k,n}^{k+1,2}(x), \cdots, V_{k,n}^{k+1,2^{n-2}}(x), & \text{— 第 } k+1 \text{ 类} \end{cases} \tag{5.2.76}$$

$$\vdots$$

上述所有函数在间断点处的取值为左右极限的算术平均值, 称

$$\{V_{k,1}^i\} \cup \{V_{k,2}^i\} \cup \{V_{k,n}^{i,j}\}, \quad i=1,2,\cdots,k+1, \quad j=1,2,\cdots,2^{n-2}, \quad n=3,4,\cdots$$

为区间 $[0,1]$ 上 k 次 V-系统.

(II) 0 次、1 次、2 次及 3 次 V-系统

为了具体了解及方便应用, 对 $k=0,1,2,3$ 的情形, 下面给出 V-系统的前面一部分函数的具体数学表达式.

$k=0$:

$$V_{0,1}^1(x) = 1, \quad 0 \leqslant x \leqslant 1 \tag{5.2.77}$$

记 $G=\{V_{0,2}^1(x)\}$, 这里 G 表示生成元函数集合, 下同.

$$V_{0,2}^1(x) = \begin{cases} 1, & 0 \leqslant x < \dfrac{1}{2}, \\ -1, & \dfrac{1}{2} < x \leqslant 1 \end{cases} \tag{5.2.78}$$

$$V_{0,n}^{1,j}(x) = \begin{cases} \sqrt{2^{n-2}} V_{0,2}^1 \left[2^{n-2} \left(x - \dfrac{j-1}{2^{n-2}} \right) \right], & x \in \left(\dfrac{j-1}{2^{n-2}}, \dfrac{j}{2^{n-2}} \right), \\ 0, & \text{其他} \end{cases}$$

$$= \begin{cases} \sqrt{2^{n-2}}, & x \in \left(\dfrac{j-1}{2^{n-2}}, \dfrac{2j-1}{2^{n-1}} \right), \\ -\sqrt{2^{n-2}}, & x \in \left(\dfrac{2j-1}{2^{n-1}}, \dfrac{j}{2^{n-2}} \right), \\ 0, & \text{其他} \end{cases} \tag{5.2.79}$$

其中 $j = 1, 2, \cdots, 2^{n-2}$, $n = 3, 4, \cdots$.

　　$k = 1$:

$$V_{1,1}^1 = 1, \quad 0 \leqslant x \leqslant 1$$
$$V_{1,1}^2 = \sqrt{3}(1 - 2x), \quad 0 \leqslant x \leqslant 1 \tag{5.2.80}$$

记 $G = \{V_{1,2}^1(x), V_{1,2}^2(x)\}$, 其中

$$V_{1,2}^1(x) = \begin{cases} \sqrt{3}(-4x + 1), & 0 \leqslant x < \dfrac{1}{2}, \\ \sqrt{3}(4x - 3), & \dfrac{1}{2} < x \leqslant 1 \end{cases} \tag{5.2.81}$$

$$V_{1,2}^2(x) = \begin{cases} -6x + 1, & 0 \leqslant x < \dfrac{1}{2}, \\ -6x + 5, & \dfrac{1}{2} < x \leqslant 1 \end{cases} \tag{5.2.82}$$

$$V_{1,n}^{1,j}(x) = \begin{cases} \sqrt{2^{n-2}} V_{1,2}^1 \left[2^{n-2} \left(x - \dfrac{j-1}{2^{n-2}} \right) \right], & x \in \left(\dfrac{j-1}{2^{n-2}}, \dfrac{j}{2^{n-2}} \right), \\ 0, & \text{其他} \end{cases}$$

$$= \begin{cases} \sqrt{3 \cdot 2^{n-2}}(-2^n x + 4j - 3), & x \in \left(\dfrac{j-1}{2^{n-2}}, \dfrac{2j-1}{2^{n-1}} \right), \\ \sqrt{3 \cdot 2^{n-2}}(2^n x - 4j + 1), & x \in \left(\dfrac{2j-1}{2^{n-1}}, \dfrac{j}{2^{n-2}} \right), \\ 0, & \text{其他} \end{cases} \tag{5.2.83}$$

$$V_{1,n}^{2,j}(x) = \begin{cases} \sqrt{2^{n-2}} V_{1,2}^2 \left[2^{n-2} \left(x - \dfrac{j-1}{2^{n-2}} \right) \right], & x \in \left(\dfrac{j-1}{2^{n-2}}, \dfrac{j}{2^{n-2}} \right), \\ 0, & \text{其他} \end{cases}$$

$$= \begin{cases} \sqrt{2^{n-2}}(-3 \cdot 2^{n-1} x + 6j - 5), & x \in \left(\dfrac{j-1}{2^{n-2}}, \dfrac{2j-1}{2^{n-1}} \right), \\ \sqrt{2^{n-1}}(-3 \cdot 2^{n-1} x + 6j - 1), & x \in \left(\dfrac{2j-1}{2^{n-1}}, \dfrac{j}{2^{n-2}} \right), \\ 0, & \text{其他} \end{cases} \tag{5.2.84}$$

其中 $j = 1, 2, \cdots, 2^{n-2}$, $n = 3, 4, \cdots$.

$k = 2$:

$$
\begin{aligned}
V_{2,1}^1(x) &= 1, \quad 0 \leqslant x \leqslant 1 \\
V_{2,1}^2(x) &= \sqrt{3}(1 - 2x), \quad 0 \leqslant x \leqslant 1 \\
V_{2,1}^3(x) &= \sqrt{5}(6x^2 - 6x + 1), \quad 0 \leqslant x \leqslant 1
\end{aligned} \tag{5.2.85}
$$

记 $G = \{V_{2,2}^1(x), V_{2,2}^2(x), V_{2,2}^3(x)\}$, 其中

$$
V_{2,2}^1(x) = \begin{cases}
\sqrt{5}(16x^2 - 10x + 1), & 0 \leqslant x < \dfrac{1}{2}, \\
\sqrt{5}(-16x^2 + 22x - 7), & \dfrac{1}{2} < x \leqslant 1
\end{cases} \tag{5.2.86}
$$

$$
V_{2,2}^2(x) = \begin{cases}
\sqrt{3}(30x^2 - 14x + 1), & 0 \leqslant x < \dfrac{1}{2}, \\
\sqrt{3}(30x^2 - 46x + 17), & \dfrac{1}{2} < x \leqslant 1
\end{cases} \tag{5.2.87}
$$

$$
V_{2,2}^3(x) = \begin{cases}
\sqrt{5}(40x^2 - 16x + 1), & 0 \leqslant x < \dfrac{1}{2}, \\
\sqrt{5}(-40x^2 + 64x - 25), & \dfrac{1}{2} < x \leqslant 1
\end{cases} \tag{5.2.88}
$$

$$
\begin{aligned}
V_{2,n}^{1,j}(x) &= \begin{cases}
\sqrt{2^{n-2}} V_{2,2}^1 \left[2^{n-2} \left(x - \dfrac{j-1}{2^{n-2}} \right) \right], & x \in \left(\dfrac{j-1}{2^{n-2}}, \dfrac{j}{2^{n-2}} \right), \\
0, & \text{其他}
\end{cases} \\
&= \begin{cases}
\sqrt{5 \cdot 2^{n-2}}[16 P1(x)^2 - 10 P1(x) + 1], & x \in \left(\dfrac{j-1}{2^{n-2}}, \dfrac{2j-1}{2^{n-1}} \right), \\
\sqrt{5 \cdot 2^{n-2}}[-16 P2(x)^2 + 10 P2(x) - 1], & x \in \left(\dfrac{2j-1}{2^{n-1}}, \dfrac{j}{2^{n-2}} \right), \\
0, & \text{其他}
\end{cases}
\end{aligned} \tag{5.2.89}
$$

其中多项式 $P1(x)$ 和 $P2(x)$ 如下所示 (下同):

$$
\begin{aligned}
P1(x) &= 2^{n-2}x - j + 1 \\
P2(x) &= -2^{n-2}x + j
\end{aligned} \tag{5.2.90}
$$

$$
V_{2,n}^{2,j}(x) = \begin{cases}
\sqrt{2^{n-2}} V_{2,2}^2 \left[2^{n-2} \left(x - \dfrac{j-1}{2^{n-2}} \right) \right], & x \in \left(\dfrac{j-1}{2^{n-2}}, \dfrac{j}{2^{n-2}} \right), \\
0, & \text{其他}
\end{cases}
$$

$$
= \begin{cases} \sqrt{3 \cdot 2^{n-2}}[30P1(x)^2 - 14P1(x) + 1], & x \in \left(\dfrac{j-1}{2^{n-2}}, \dfrac{2j-1}{2^{n-1}}\right), \\ \sqrt{3 \cdot 2^{n-2}}[30P2(x)^2 - 14P2(x) + 1], & x \in \left(\dfrac{2j-1}{2^{n-1}}, \dfrac{j}{2^{n-2}}\right), \\ 0, & \text{其他} \end{cases} \tag{5.2.91}
$$

$$
V_{2,n}^{3,j}(x) = \begin{cases} \sqrt{2^{n-2}}V_{2,2}^3\left[2^{n-2}\left(x - \dfrac{j-1}{2^{n-2}}\right)\right], & x \in \left(\dfrac{j-1}{2^{n-2}}, \dfrac{j}{2^{n-2}}\right), \\ 0, & \text{其他} \end{cases}
$$

$$
= \begin{cases} \sqrt{2^{n-2}}[40P1(x)^2 - 16P1(x) + 1], & x \in \left(\dfrac{j-1}{2^{n-2}}, \dfrac{2j-1}{2^{n-1}}\right), \\ \sqrt{2^{n-2}}[-40P2(x)^2 + 16P2(x) - 1], & x \in \left(\dfrac{2j-1}{2^{n-1}}, \dfrac{j}{2^{n-2}}\right), \\ 0, & \text{其他} \end{cases} \tag{5.2.92}
$$

其中 $j = 1, 2, \cdots, 2^{n-2}$, $n = 3, 4, \cdots$.

$k = 3$:

$$
\begin{aligned}
&V_{3,1}^1(x) = 1, \quad 0 \leqslant x \leqslant 1 \\
&V_{3,1}^2(x) = \sqrt{3}(1 - 2x), \quad 0 \leqslant x \leqslant 1 \\
&V_{3,1}^3(x) = \sqrt{5}(6x^2 - 6x + 1), \quad 0 \leqslant x \leqslant 1 \\
&V_{3,1}^4(x) = \sqrt{7}(-20x^3 + 30x^2 - 12x + 1)), \quad 0 \leqslant x \leqslant 1
\end{aligned} \tag{5.2.93}
$$

记 $G = \{V_{3,2}^1, V_{3,2}^2, V_{3,2}^3, V_{3,2}^4\}$, 其中

$$
V_{3,2}^1(x) = \begin{cases} \sqrt{7}(-64x^3 + 66x^2 - 18x + 1), & 0 \leqslant x < \dfrac{1}{2}, \\ \sqrt{7}(64x^3 - 126x^2 + 78x - 15), & \dfrac{1}{2} < x \leqslant 1 \end{cases} \tag{5.2.94}
$$

$$
V_{3,2}^2(x) = \begin{cases} \sqrt{5}(-140x^3 + 114x^2 - 24x + 1), & 0 \leqslant x < \dfrac{1}{2}, \\ \sqrt{5}(-140x^3 + 306x^2 - 216x + 49), & \dfrac{1}{2} < x \leqslant 1 \end{cases} \tag{5.2.95}
$$

$$
V_{3,2}^3(x) = \begin{cases} \sqrt{3}(-224x^3 + 156x^2 - 28x + 1), & 0 \leqslant x < \dfrac{1}{2}, \\ \sqrt{3}(224x^3 - 516x^2 + 388x - 95), & \dfrac{1}{2} < x \leqslant 1 \end{cases} \tag{5.2.96}
$$

$$
V_{3,2}^4(x) = \begin{cases} -280x^3 + 180x^2 - 30x + 1, & 0 \leqslant x < \dfrac{1}{2}, \\ -280x^3 + 660x^2 - 510x + 129, & \dfrac{1}{2} < x \leqslant 1 \end{cases} \tag{5.2.97}
$$

$$V_{3,n}^{1,j}(x) = \begin{cases} \sqrt{2^{n-2}}V_{3,2}^1\left[2^{n-2}\left(x-\dfrac{j-1}{2^{n-2}}\right)\right], & x\in\left(\dfrac{j-1}{2^{n-2}},\dfrac{j}{2^{n-2}}\right), \\ 0, & \text{其他} \end{cases}$$

$$= \begin{cases} \sqrt{7\cdot 2^{n-2}}[-64P1(x)^3+66P1(x)^2-18P1(x)+1], & x\in\left(\dfrac{j-1}{2^{n-2}},\dfrac{2j-1}{2^{n-1}}\right), \\ \sqrt{7\cdot 2^{n-2}}[-64P2(x)^3+66P2(x)^2-18P2(x)+1], & x\in\left(\dfrac{2j-1}{2^{n-1}},\dfrac{j}{2^{n-2}}\right), \\ 0, & \text{其他} \end{cases}$$

$$(5.2.98)$$

$$V_{3,n}^{2,j}(x) = \begin{cases} \sqrt{2^{n-2}}V_{3,2}^2\left[2^{n-2}\left(x-\dfrac{j-1}{2^{n-2}}\right)\right], & x\in\left(\dfrac{j-1}{2^{n-2}},\dfrac{j}{2^{n-2}}\right), \\ 0, & \text{其他} \end{cases}$$

$$= \begin{cases} \sqrt{5\cdot 2^{n-2}}[-140P1(x)^3+144P1(x)^2-24P1(x)+1], & x\in\left(\dfrac{j-1}{2^{n-2}},\dfrac{2j-1}{2^{n-1}}\right), \\ \sqrt{5\cdot 2^{n-2}}[140P2(x)^3-144P2(x)^2+24P2(x)-1], & x\in\left(\dfrac{2j-1}{2^{n-1}},\dfrac{j}{2^{n-2}}\right), \\ 0, & \text{其他} \end{cases}$$

$$(5.2.99)$$

$$V_{3,n}^{3,j}(x) = \begin{cases} \sqrt{2^{n-2}}V_{3,2}^3\left[2^{n-2}\left(x-\dfrac{j-1}{2^{n-2}}\right)\right], & x\in\left(\dfrac{j-1}{2^{n-2}},\dfrac{j}{2^{n-2}}\right), \\ 0, & \text{其他} \end{cases}$$

$$= \begin{cases} \sqrt{3\cdot 2^{n-2}}[-224P1(x)^3+156P1(x)^2-28P1(x)+1], & x\in\left(\dfrac{j-1}{2^{n-2}},\dfrac{2j-1}{2^{n-1}}\right), \\ \sqrt{3\cdot 2^{n-2}}[-224P2(x)^3+156P2(x)^2-28P2(x)+1], & x\in\left(\dfrac{2j-1}{2^{n-1}},\dfrac{j}{2^{n-2}}\right), \\ 0, & \text{其他} \end{cases}$$

$$(5.2.100)$$

$$V_{3,n}^{4,j}(x) = \begin{cases} \sqrt{2^{n-2}}V_{3,2}^4\left[2^{n-2}\left(x-\dfrac{j-1}{2^{n-2}}\right)\right], & x\in\left(\dfrac{j-1}{2^{n-2}},\dfrac{j}{2^{n-2}}\right), \\ 0, & \text{其他} \end{cases}$$

$$= \begin{cases} \sqrt{2^{n-2}}[-280P1(x)^3+180P1(x)^2-30P1(x)+1], & x\in\left(\dfrac{j-1}{2^{n-2}},\dfrac{2j-1}{2^{n-1}}\right), \\ \sqrt{2^{n-2}}[280P2(x)^3-180P2(x)^2+30P2(x)-1], & x\in\left(\dfrac{2j-1}{2^{n-1}},\dfrac{j}{2^{n-2}}\right), \\ 0, & \text{其他} \end{cases}$$

$$(5.2.101)$$

其中 $j = 1, 2, \cdots, 2^{n-2}$, $n = 3, 4, \cdots$.

前面介绍的沃尔什函数与哈尔函数, 其内容是研究 U-系统与 V-系统的背景. 把分段 0 次多项式构成的沃尔什函数与哈尔函数, 推广到分段 k 次多项式 $(k \geqslant 1)$ 的情形, 形成的既包括连续函数又有间断函数在内的非连续正交函数系 (U-系统与 V-系统), 能适应更广泛的信号处理问题.

5.3　数 学 实 验

本节数学实验首先给出如何用富兰克林函数对给定的数字曲线进行正交表达, 并讨论不同重构项数对重构效果的影响; 然后探讨张量积形式的沃尔什函数与哈尔函数; 最后研究基于 V-系统的几何图组的正交表达.

5.3.1　实验一　基于富兰克林函数的数字曲线正交表达

内容

已知: 给定的四种形状[1], 形状一: Chromosome (61 个点)、形状二: Figure-of-eight (46 个点)、形状三: Leaf (125 个点) 和形状四: Semi-circle (103 个点), 如图 5.17—图 5.20 中各行图像中黑点所示. 通常数字曲线多边形逼近算法以此作为算法测试对象. 为了便于比较, 本实验同样以这四组形状进行测试. 试对每种形状进行富兰克林正交分解, 选取不同的项数进行重构, 并给出重构的图形.

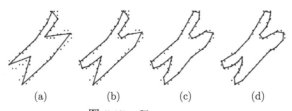

(a)　　　　　　(b)　　　　　　(c)　　　　　　(d)

图 5.17　Chromosome

(a) 的重构项数为 10, (b) 的重构项数为 15, (c) 的重构项数为 20, (d) 的重构项数为 27

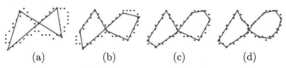

(a)　　　　　　(b)　　　　　　(c)　　　　　　(d)

图 5.18　Figure-of-eight

(a) 的重构项数为 5, (b) 的重构项数为 8, (c) 的重构项数为 11, (d) 的重构项数为 16

---

① Teh C H, Chin R T. On the detection of dominant points on digital curves. IEEE Transactions on Pattern Analysis and Machine Intelligence, 1989, 11(8): 859-872.

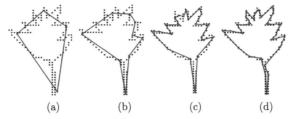

图 5.19 Leaf

(a) 的重构项数为 5, (b) 的重构项数为 9, (c) 的重构项数为 20, (d) 的重构项数为 30

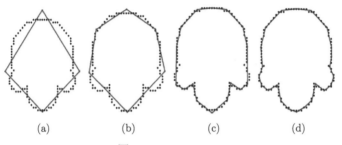

图 5.20 Semi-circle

(a) 的重构项数为 5, (b) 的重构项数为 7, (c) 的重构项数为 20, (d) 的重构项数为 23

探究

事实上, 设原始数字曲线 $C = \{P_i(x_i, y_i) | i = 0, 1, 2, \cdots, N\}$. 将其看作区间 $[0,1]$ 上具有 N 段的折线函数 $f(t)$, $t \in [0,1]$, 等距节点位置为 $\dfrac{i}{N}$, $i = 0, 1, 2, 3, \cdots, N$. 用本章具体数学中的富兰克林函数系 $\{\varphi_i(t)\}$ 的前 n 项对该折线函数 $f(t)$ 作最佳平方逼近, 得到逼近函数 $\tilde{f}(t)$:

$$\tilde{f}(t) = \sum_{i=1}^{n} c_i \varphi_i(t) \tag{5.3.1}$$

其中, $c_i = \displaystyle\int_0^1 f(t)\varphi_i(t)dt$. 在实际问题中, 原始数字曲线的点数 N 往往很大, 本实验只取较少的项数 $n(\ll N)$ 对 $f(x)$ 进行逼近, 得到重构多边形 $\tilde{f}(t)$. 进一步地, 根据函数的正交展开原理, 正交分解系数 c_i 表征了原始数字曲线的特征, 即系数的模值 $|c_i|$ 越大, 表示原始数字曲线的该项特征越明显. 因此, 本实验选取前 n 个系数模值最大的项进行重构, 得到逼近函数 $\tilde{f}(t)$. 这样, 从函数逼近的精度角度看, 逼近多边形 $\tilde{f}(t)$ 与原始数字曲线 $f(x)$ 的平方逼近误差更小; 从几何图形上看, 逼近多边形能更好地反映出原始数字曲线的重要特征.

图 5.17—图 5.20 分别给出了对四种形状的多边形逼近结果. 从图 5.17—图 5.20 中可以看出, 用较少的重构项数即可获得原始数字曲线的大致形状, 且重构多边形

面积与原始曲线面积差别较小. 对每种形状进行富兰克林正交分解, 并选取不同的项数进行重构, 重构结果如图 5.19—图 5.22 中多边形所示.

在第 2 章的实验二中, 其引申部分谈到要注重误差分析. 这里, 关于逼近多边形与原始数字曲线之间的误差, 通常用面积误差 (Area Error, AE)、距离平方和误差 (Integral Square Error, ISE) 及平方逼近误差 (Squares Approximation Error, SAE) 来度量. 试计算逼近多边形 $\tilde{f}(t)$ 与原始数字曲线 $f(x)$ 的 ISE, AE 及 SAE 三种误差. AE 定义为逼近多边形面积 S_a 与原始曲线所围区域的面积 S_c 的面积差百分比, 即

$$\text{AE} = \frac{S_a - S_c}{S_c} \times 100\% \tag{5.3.2}$$

ISE 为点 $P_i(x_i, y_i)$ 到逼近多边形所属边的垂直距离, 其定义为

$$\text{ISE} = \sum_{i=0}^{N} d_i^2 \tag{5.3.3}$$

SAE 定义为

$$\text{SAE} = \int_0^1 (\tilde{f}(t) - f(t))^2 dt \tag{5.3.4}$$

从而, 本实验中每个重构多边形所用的重构项数、重构多边形顶点数目、距离平方和误差 ISE、面积误差及平方逼近误差等参数在表 5.1 中列出.

表 5.1　重构多边形参数

	Chromosome				Figure-of-eight			
	a	b	c	d	a	b	c	d
重构项数	10	15	20	27	5	8	11	16
顶点数目	10	15	20	23	4	8	9	14
ISE	17.63	9.63	5.20	4.09	66.99	16.31	7.74	3.44
AE	12.8%	5.73%	2.07%	1.30%	38.3%	15.1%	8.12%	5.31%
SAE	22.20	10.06	5.83	3.64	95.98	21.17	6.78	3.68
	Leaf				Semi-circle			
	a	b	c	d	a	b	c	d
重构项数	5	9	20	30	5	7	20	23
顶点数目	4	9	21	32	4	6	16	24
ISE	478.7	236.6	48.55	17.16	343.8	154.8	15.34	9.45
AE	16.3%	0.21%	1.69%	0.03%	6.13%	4.51%	0.43%	0.10%
SAE	676.7	286.6	74.42	30.27	436.6	211.0	18.28	12.10

从表 5.1 可以看出, 当用较少的项数进行重构时, 逼近多边形只反映了原始曲线的大致形状, 随着重构项数的增加, 逼近多边形逐步反映原始曲线的细节特征, 从

而得到原始曲线的多层次的多边形逼近效果. 也就是说, 随着重构项数的增加, 逼近多边形与原始数字曲线的形状越来越接近, 细节越来越丰富, 两者的误差也越来越小.

引申

在本章具体数学中, 介绍了富兰克林函数系. 事实上, 它是分段线性的, 自然可推广到任意 k 次, 得到 k 次富兰克林函数系, 也称为 GF 系统[①]. 这里给出一个原始模型, 如图 5.21 所示, 然后分别在模型上随机采样 600 到 2600 个不等的散乱点. 可用 GF 系统对采样的散乱数据进行重建.

图 5.21 原始数据模型

记 GF 系统前 m 项基函数 $h_j, j = 1, 2, \cdots, m$ 所张成的函数空间为 F, 即 $F = \operatorname{span}\{h_j(x)\}_{j=1}^m$. 若函数 $g(x) = \sum a_j h_j(x)$ 与测量值数据 $\{f_j\}$ 有误差向量:

$$r^{\mathrm{T}} = (g(x_1) - f_1, \cdots, g(x_n) - f_n) \tag{5.3.5}$$

则所谓的散乱数据最佳平方逼近就是在 F 中, 寻找函数 $g(x)$, 使得这个误差向量的平方和取最小, 也就是通常意义下的最小二乘逼近.

当处理的散乱数据集限于双自变量的数据集: $P = \{(x, y, z) | z = f(x, y)\}$, 算法可用如下过程描述:

已知二维平面域上散乱数据点集

$$P = \{(x_k, y_k, z_k) | z_k = f(x_k, y_k), \ k = 1, 2, \cdots, N\} \tag{5.3.6}$$

如图 5.22 所示, W 为包含点集 P 的最小矩形域, $x_k \in [X_{\min}, X_{\max}], y_k \in [Y_{\min}, Y_{\max}]$.

由于 GF 系统函数的定义域为区间 $[0, 1]$, 首先将 Ω 映射到 $[0, 1] \times [0, 1]$ 矩形域上. 规则如下: 设 $l_x = X_{\max} - X_{\min}, l_y = Y_{\max} - Y_{\min}$, 变换后点集 $P' =$

① 蔡占川, 陈伟, 齐东旭, 唐泽圣. 一类新的正交样条函数系 ——Franklin 函数的推广及其应用. 计算机学报, 2009, 32(10): 2004-2013.

$\left\{ (x'_k, y'_k, z'_k) \middle| k = 1, 2, \cdots, N \right\}$, 其中

$$x'_k = \frac{x_k - X_{\min}}{l_x} \tag{5.3.7}$$

$$y'_k = \frac{y_k - Y_{\min}}{l_y} \tag{5.3.8}$$

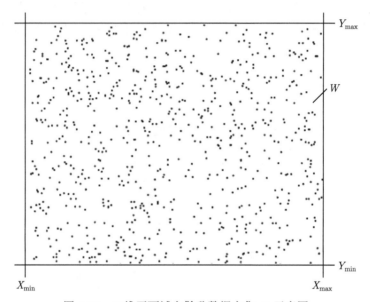

图 5.22　二维平面域上散乱数据点集 P 示意图

$$z'_k = z_k \tag{5.3.9}$$

此时, $x'_k \in [0,1], y'_k \in [0,1]$, 用 GF 系统作最小二乘拟合, 兼顾光滑性与计算量, 一般选用 3 次 GF 系统作为拟合基函数, 假设拟合后曲面为

$$g(x, y) = \sum_{i=1}^{m} \sum_{j=1}^{n} C_{ij} h_i(x) h_j(y) \tag{5.3.10}$$

各采样点残差表达式为

$$r_k = g(x_k, y_k) - z_k = \sum_{i=1}^{m} \sum_{j=1}^{n} C_{ij} h_i(x_k) h_j(y_k) - z_k \tag{5.3.11}$$

残差平方和

$$F(C) = \sum_{k=1}^{N} r_k^2 \tag{5.3.12}$$

其中 $C = [c_{ij}]$, $i = 1, 2, \cdots, m$, $j = 1, 2, \cdots, n$. 依据最小二乘算法, 问题归结为确定 $m \times n$ 个系数 C_{ij} 使残差平方和最小. 对 $F(C)$ 求偏导数并令其为零, 即得到一个 $m \times n$ 线性方程组, 求解此线性方程组就可得拟合系数 C_{ij}.

应用上述算法分别对各个散乱点集进行拟合, 可得拟合曲面, 并可计算各拟合曲面与原始曲面的均方误差 ($MSE = \dfrac{F(C)}{N}$), 如表 5.2 所示.

表 5.2　GF 系统拟合的曲面与原曲面的均方误差

采样点数	实际采样图示 $\{x_k, y_k, z_k\}$	GF-谱	拟合曲面	与原曲面的均方误差
600	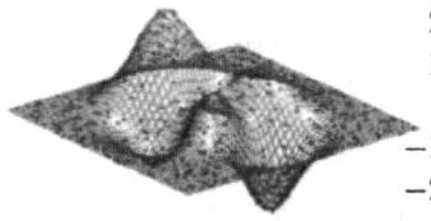	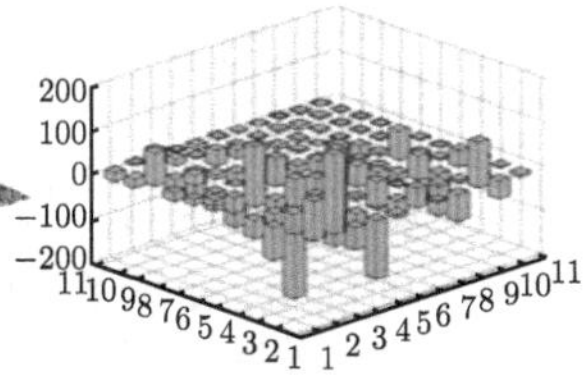		0.0455
1200	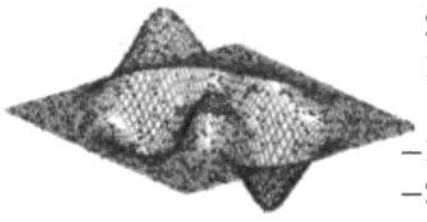	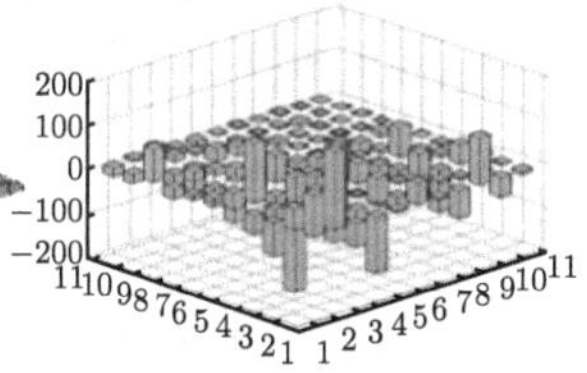	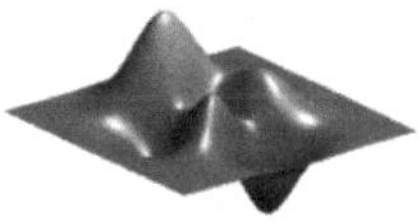	0.0218
1800	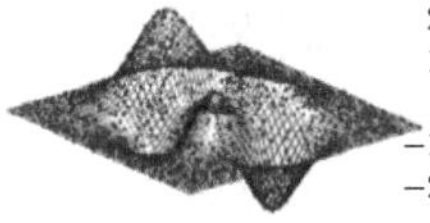	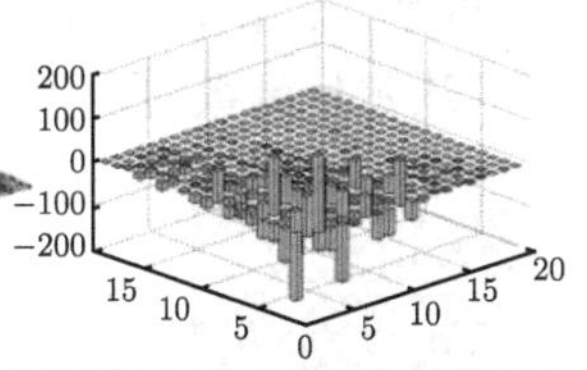		0.0048
2400	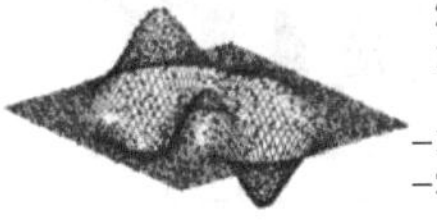	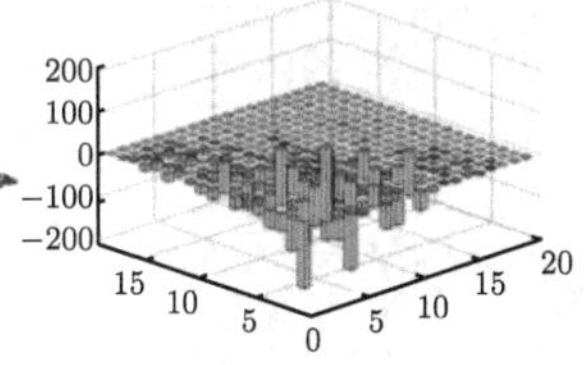		0.0001

5.3.2　实验二　张量积形式的沃尔什函数与哈尔函数

内容

已知: 不妨设单变量情形的沃尔什函数与哈尔函数分别为

$$W_j(t), \quad H_j(t) \tag{5.3.13}$$

其中 $j = 0, 1, 2, 3, \cdots, 0 \leqslant t \leqslant 1$. 这里以变号数递增次序为例来讨论, 试分别给出 2 个变量张量积形式沃尔什函数与哈尔函数的前 64 个函数图像.

探究

在数字信号处理, 特别是数字图像信号处理中, 往往需要用到两个变量的沃尔什函数和哈尔函数, 并且这种情况下通常使用的正交函数系具有张量积形式. 事实上, 考虑平面区域 $[0, 1] \times [0, 1]$ 上的函数

$$\varphi_{i,j}(x, y) = W_i(x) W_j(y) \tag{5.3.14}$$

以及

$$\phi_{i,j}(x, y) = H_i(x) H_j(y) \tag{5.3.15}$$

其中 $i = 0, 1, 2, \cdots, 2^m - 1$, $j = 0, 1, 2, \cdots, 2^n - 1$, $\{\varphi_{i,j}(x, y)\}$ 和 $\{\phi_{i,j}(x, y)\}$ 分别称为 2 个变量的张量积形式的沃尔什函数与哈尔函数. 图 5.23 给出了 2 个变量张量积形式沃尔什函数 (变号数递增次序) 的前 64 个函数图像; 图 5.24 给出了 2 个变量张量积形式哈尔函数 (变号数递增次序) 的前 64 个函数的图示.

进一步, 可定义在空间单位立方体 $[0, 1] \times [0, 1] \times [0, 1]$ 上 3 个变量的张量积形式沃尔什函数

$$\varphi_{i,j,k}(x, y, z) = W_i(x) W_j(y) W_k(z) \tag{5.3.16}$$

其中 $i = 0, 1, 2, \cdots, 2^m - 1$, $j = 0, 1, 2, \cdots, 2^n - 1$, $k = 0, 1, 2, \cdots, 2^s - 1$. 3 个变量的张量积形式沃尔什函数图像如图 5.25 所示. 事实上, 3 个变量张量积形式哈尔函数图像, 类似于 3 个变量的张量积形式沃尔什函数, 同理可绘制出来.

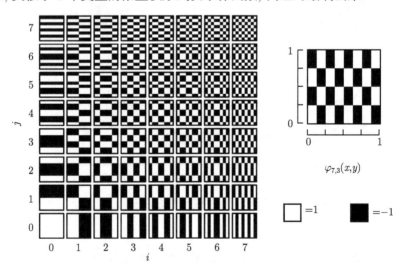

图 5.23　2 个变量张量积形式沃尔什函数的前 64 个函数

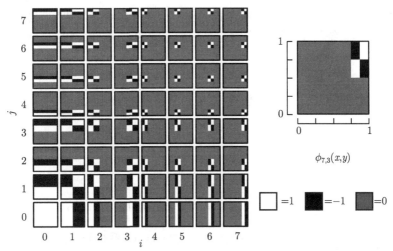

图 5.24 2 个变量张量积形式哈尔函数系的前 64 个函数

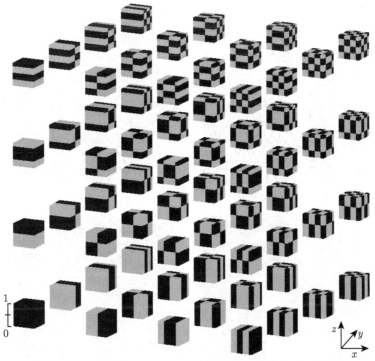

图 5.25 3 个变量张量积形式沃尔什函数的前 64 个函数

引申

在本章具体数学中, 介绍过 U-系统与 V-系统分别是沃尔什函数和哈尔函数向高次情形的推广. 在给出了张量积形式的沃尔什函数和哈尔函数后, 自然要考虑张量积形式的 U-系统与 V-系统. 先讨论张量积形式的 U-系统, 考虑二元函数

$$Z = F(x, y), \quad (x, y) \in [0, 1] \times [0, 1] \tag{5.3.17}$$

若有正交函数 $\{\Phi_{i,j}(x, y)\}$, 而且假定 $Z = F(x, y)$ 可以表示为

$$F(x, y) \sim \sum_i \sum_j \lambda_{i,j} \Phi_{i,j}(x, y) \tag{5.3.18}$$

则这就是一种对 $Z = F(x, y)$ 的正交重构. 现选取

$$\Phi_{i,j}(x, y) = U_i(x) U_j(y), \quad i, j \in \{0, 1, 2, \cdots, N\} \tag{5.3.19}$$

其中 $U_i(x)$ 和 $U_j(y)$ 为 k $(k \in \{0, 1, 2, \cdots, N\})$ 次 U-系统的基函数. $\Phi_{i,j}(x, y) = U_i(x) U_j(y)$ 的示意图见图 5.26.

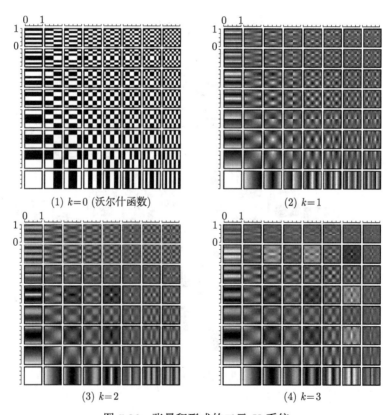

(1) $k=0$ (沃尔什函数)　　　　　　　(2) $k=1$

(3) $k=2$　　　　　　　　　　(4) $k=3$

图 5.26　张量积形式的二元 U-系统

同理, $L^2[0,1]$ 上 V-系统也可推广到张量积情形. 考虑 $\Phi_{i,j}(x,y) = V_i(x)\,V_j(y)$, 其中 $i, j \in \{0, 1, 2, \cdots\}$, $V_i(x)$ 和 $V_j(y)$ 为 k ($k \in \{0, 1, 2, \cdots, N\}$) 次 V-系统的基函数, 那么 $\{\Phi_{i,j}(x,y)\}$ 构成的正交基函数, 如图 5.27 所示. 这里指出, 张量积形式的 U-系统与 V-系统在图像压缩、图像数字水印及图像去噪等应用方面, 值得深入探讨[①]. 此外, 三角域上的正交函数 (譬如, 三角域上的沃尔什函数、三角域上的哈尔函数, 以及三角域上的 $U\&V$ 系统) 也值得进一步研究与探讨.

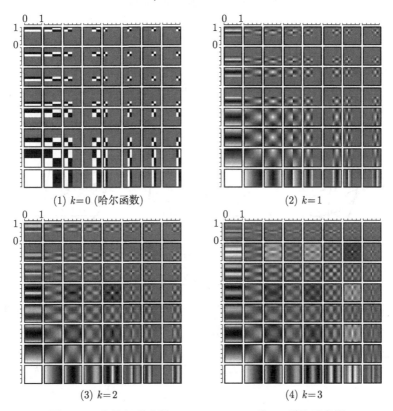

(1) $k=0$ (哈尔函数) (2) $k=1$

(3) $k=2$ (4) $k=3$

图 5.27 张量积形式的 $k(k=0,1,2,3)$ 次 V-系统示意图

5.3.3 实验三 基于 V-系统的几何图组正交表达

内容

已知: 给定如图 5.28(1) 所示的商标图, 提取的轮廓线如图 5.28(2) 所示. 试使用 V-系统对轮廓线图进行正交分解, 并分别画出 16 项、32 项及 256 项之 V-系统分解系数重构该商标轮廓线的图.

---

① Cao W, Cai Z C, Ye B. Measuring multiresolution surface roughness using V-system. IEEE Transactions on Geoscience and Remote Sensing, 2018, 56(3): 1497-1506.

(1) 商标图   (2) 提取的轮廓线图

图 5.28   商标图及其轮廓线图

探究

熟知, 常见的几何图组, 可能包括若干个子图, 而这子图是允许彼此互相分离的. 如图 5.28(2) 所示的轮廓线就是一个几何图组. 若使用傅里叶正交分解系数进行重构轮廓, 则会引起吉布斯现象 (吉布斯现象在第 3 章之数学实验三中已经探讨过), 如图 5.29 所示.

(1) 重构 (8项)   (2) 重构 (32项)   (3) 重构 (256项)

图 5.29   商标轮廓线之傅里叶系数重构

要消除吉布斯现象, 需使用非连续正交函数系. 这里以 V-系统为例说明几何图组作为一个整体对象时, 如何获取全局的 V-谱. 换言之, 如何用 V-系统对几何图组进行正交分解与重构. 设 $t \in [0,1]$, 并以 k 次 V-系统为例说明参数曲线图组正交表达的方法. 假设将 $[0,1]$ 区间 2^n $(n = 0, 1, 2, \cdots)$ 等分, 被逼近的几何图组曲线可表达为

$$F_f(t) = f_i(t), \quad t \in \left[\frac{i}{2^n}, \frac{i+1}{2^n}\right), \quad i = 0, 1, 2, \cdots, 2^n - 1 \tag{5.3.20}$$

则给定的几何图组曲线可表示为参数的多项式形式, 即

$$\begin{cases} x(t) = F_x(t) \\ y(t) = F_y(t) \end{cases} \tag{5.3.21}$$

记

$$P(t) = \begin{bmatrix} x(t) \\ y(t) \end{bmatrix} = \lambda_0 V_k^{(0)}(t) + \lambda_1 V_k^{(1)}(t) + \cdots + \lambda_{2^n-1} V_k^{(2^n-1)}(t) \tag{5.3.22}$$

由 $\{V_k^{(i)}|i=0,1,2,\cdots,2^n-1\}$ 的正交性, 易得

$$\lambda_i = \int_0^1 P(t)V_k^{(i)}(t)dt, \quad i=0,1,2,\cdots,2^n-1 \tag{5.3.23}$$

于是, 对给定的 $F_f(t)$, 可用 $P(t)$ 对分段数为 2^n $(n=0,1,2,\cdots)$ 的几何图组, 实现其有限精确表达.

下面分别画出 16 项、32 项及 256 项之 V-系统展开系数重构该商标轮廓线的图, 如图 5.30 所示.

(1) 重构（16项）　　　　　(2) 重构（32项）　　　　　(3) 重构（256项）

图 5.30　商标轮廓线之 V-系统重构

引申

熟知, 多目标对象是由多个单体组成, 而单体之间可以互相分离、覆盖、穿插, 如图 5.31 所示. 不难发现对多目标对象做到整体处理是十分困难的, 其困难瓶颈在于数学模型的建立及其算法的构建与实现. 由于多目标对象整体的正交表达能获得多目标对象的整体频谱, 为解决多目标对象的分类、检索、识别等实际问题提供了有效工具. 因此, 对多目标对象进行整体正交表示是一个重要的研究问题[①]. 在此, 给定一些多目标图形, 如图 5.32 所示, 它们的轮廓如图 5.33 所示, 从而可使用 V-系统对它们的轮廓线图进行正交分解. 图 5.34—图 5.36 给出了使用 1, 2, 3 次 V-系统在不同重构项数下对给定的三个多目标图形轮廓线进行重构的结果.

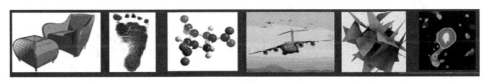

图 5.31　多目标对象

---

① Cai Z C, Ye B, Lan T, Xiao Y Q. Systems and methods for reducing computer resources consumption to reconstruct shape of multi-object image. Australian Innovation Patent, Grant No. 2017100972, July 2017.

(1) 多目标图形　　　　　(2) 多目标图形　　　　　(3) 多目标图形
" Hexagon"　　　　　　　　"Mark"　　　　　　　　　"Leaf "

图 5.32　多目标图形

  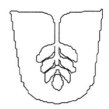

(1) 多目标图形　　　　　(2) 多目标图形　　　　　(3) 多目标图形
"Hexagon"的轮廓　　　　"Mark"的轮廓　　　　　"Leaf"的轮廓

图 5.33　多目标图形的轮廓

(1) 用1次 V-系　　　　　(2) 用2次 V-系　　　　　(3) 用3次 V-系
统重构（383项）　　　　统重构（423项）　　　　统重构（448项）

图 5.34　多目标图形 "Hexagon" 的正交表达

(1) 用1次 V-系　　　　　(2) 用2次 V-系　　　　　(3) 用3次 V-系
统重构（209项）　　　　统重构（209项）　　　　统重构（199项）

图 5.35　多目标图形 "Mark" 的正交表达

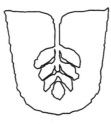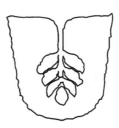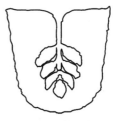

(1) 用1次 *V*-系
统重构（164项）　　　　(2) 用2次 *V*-系
统重构（164项）　　　　(3) 用3次 *V*-系
统重构（169项）

图 5.36　多目标图形 "Leaf" 的正交表达

第 6 章　平　　均

大数定律 (又称平均法则) 通常是指在一定条件下一个随机变量序列的算术平均值收敛于所希望的平均值的各种定律.

—— 摘自《数学辞海 (第一卷)》(第 713 页)[①]

6.1　概　　观

平均, 是一个非常重要而又有广泛用途的概念. 在日常生活中, 经常会听到这样一些名词: 平均气温、平均降雨量、平均产量、人均年收入等. 一般来说, 平均数反映了一组数据的一般水平, 它给出这组数据的最为宏观的定量印象, 虽然可能粗糙但却极其有用. 利用平均数, 可以从横向和纵向两个方面对事物进行分析比较, 从而获得对事物的整体了解.

从两个数简单的算术平均, 到各种各样的复杂的平均; 从离散到连续; 从一般平均到广义平均, 各种平均值的计算方法有其特点并且相互之间又有联系.

在离散数据处理中广泛运用平均化这一数学技术. 譬如, 利用若干个已知信息通过加权平均的方式得到结果; 利用若干个点上的函数值做加权平均构造插值公式; 利用若干个点上的函数值做加权平均构造求积公式; 利用若干个点上函数的斜率加权平均构造差分格式等. 在此基础上建立的所谓数值 “松弛” 方法, 成为数据处理的有力工具. 譬如, 当获得了目标值 F^* 的两个精度相当的近似值 F_1 和 F_2, 想要从这两个近似值获得更高精度逼近 F^* 的结果, 一种简便的方法是选取适当的平均化因子 ω, 得到更高精度的逼近 $(1-\omega)F_1+\omega F_2$. 再如, 微分方程数值解的 PC(预报–校正, Predictor-Corrector) 方法, 也是利用平均方法达到加速逼近的目的. 顺便说一句, 有人认为在当前计算机运算速度如此之高的情况下, 快速算法的研究失去价值. 其实, 人们对 “速度” 的要求永无止境, 因而, 研究及运用这类数学技术做加速总是有应用价值的.

将平均进一步引申, 可以联系到卷积的概念. 而卷积与傅里叶变换有着密切的关系. 由卷积得到的函数 $(f*g)(x)$, 一般要比 f, g 都光滑. 特别当 g 为具有紧支集的光滑函数, f 为局部可积时, 它们的卷积 $(f*g)(x)$ 也是光滑函数. 利用这一性质, 对于任意的可积函数, 都可简单地构造出一列逼近于 $f(x)$ 的光滑函数列 $f_n(x)$,

---

[①]《数学辞海》编辑委员会. 数学辞海 (第一卷). 太原: 山西教育出版社; 北京: 中国科学技术出版社; 南京: 东南大学出版社, 2002.

这种方法称为函数的光滑化或正则化. 平滑处理的用途有很多, 譬如它能减少噪声, 还有更广泛的其他应用.

工程上的说法是, 平滑处理时需要用到一个滤波器. 最常用的滤波器是线性滤波器. 对数字图像处理来说, 线性滤波处理的输出像素值 $g(i,j)$ 是输入像素值 $f(i+k,j+l)$ 的加权和, $g(i,j)$ 形式为

$$g(i,j) = \sum_{k,l} f(i+k,j+l)h(k,l) \tag{6.1.1}$$

$h(k,l)$ 称为核, 作为平均处理, 它就是一个加权系数.

把滤波器想象成一个包含加权系数的窗口, 当使用这个滤波器平滑处理图像时, 就把这个窗口滑过图像. 输出像素值是该窗口内像素值的平均值. 滤波器的种类有很多, 这仅仅是最常用、最简单的滤波器.

“平均” 这个概念, 在概率理论发展的历史上, 可以说一直处于核心的地位. 在随机事件的大量重复出现中, 往往呈现几乎必然的规律. 通常说, 在试验不变的条件下, 重复试验多次, 随机事件的频率近似于它的概率. 概率论中讨论随机变量序列的算术平均值向随机变量各数学期望的算术平均值收敛的基本规律, 就是大数定律. “大数定律” 又叫作 “平均法则”. 通俗一点地说, 就是样本数量很大时, 样本均值和真实均值充分接近.

须知, 大数定律并不是经验规律, 而是在一些附加条件下经过数学上的严格论证的定理, 是一种自然规律, 因而通常不叫定理而叫作 “定律”. 最早的大数定律的表述可追溯到公元 1500 年左右的意大利数学家吉罗拉莫·卡尔达诺(Girolamo Cardano, 1501—1576). 200 多年后, 瑞士数学家雅各布·伯努利 (Jacob Bernoulli, 1654—1705) 提出并证明了大数定律最早形式 (通常所说的 “频率收敛于概率”), 直到他死后的第 8 年, 即 1713 年, 大数定律才在《猜度术》(*Ars Conjectandi*) 中得以呈现. 不过当时现代概率论还没有建立起来. 又过了 200 多年, 直到 1930 年, 被誉为现代概率论奠基人的数学家安德雷·尼古拉耶维奇·柯尔莫哥洛夫(Andrey Nikolaevich Kolmogorov, 1903—1987) 才真正证明了最后的大数定律. 大数定律的研究看似古老, 然而, 至今它在概率论中仍很重要, 并仍是活跃的深入发展研究课题. 顺便提及, 鉴于大数定律的重要性, 1913 年 12 月, 俄国彼得堡科学院隆重举行纪念会, 庆贺大数定律诞生 200 周年.

6.1.1　毕达哥拉斯平均

毕达哥拉斯 (Pythagorean) 平均是最基本的平均, 它包括算术平均、几何平均、调和平均. 设 n 个数值 $x_1, x_2, x_3, \cdots, x_n$, 则其毕达哥拉斯平均如下.

1. 算术平均

$$A = \frac{x_1 + x_2 + x_3 + \cdots + x_n}{n} \tag{6.1.2}$$

算术平均具有反应灵敏、确定严密、简明易解、计算简单、适合进一步演算等特点. 但正由于算术平均反应灵敏, 所以容易受到极端数据的影响, 每个数据的或大或小的变化都会影响到最终结果. 譬如: 有一组数据 1, 25, 27, 28, 29, 32, 35, 43, 46, 99, 它们的算术平均为

$$A = \frac{1 + 25 + 27 + 28 + 29 + 32 + 35 + 43 + 46 + 99}{10} = 36.5 \tag{6.1.3}$$

当去掉两个极端数据 1 和 99 后, 算术平均为

$$A = \frac{25 + 27 + 28 + 29 + 32 + 35 + 43 + 46}{8} = 33.125 \tag{6.1.4}$$

由此可看出, 算术平均受极端数据影响较大, 所以在比赛统计各评委的分数时, 通常先去掉最高最低分数, 然后取其算术平均作为选手的最后得分, 这种平均被称为"切尾均值"或"截尾均值"(Trimmed Mean).

2. 几何平均

几何平均数是 n 个数值连乘积的 n 次方根, 可定义为如下形式:

$$G = \sqrt[n]{x_1 x_2 x_3 \cdots x_n} \tag{6.1.5}$$

几何平均数具有以下性质:

(1) 几何平均数受极端值的影响较算术平均数小;

(2) 若数值有负值, 计算出的几何平均数则会成为负数或虚数;

(3) 它仅适用于具有等比或近似等比关系的数据;

(4) 几何平均数的对数是各数值对数的算术平均数, 即

$$\begin{aligned} \ln G &= \ln \sqrt[n]{x_1 x_2 x_3 \cdots x_n} \\ &= \frac{\ln x_1 + \ln x_2 + \ln x_3 + \cdots + \ln x_n}{n} \end{aligned} \tag{6.1.6}$$

3. 调和平均

调和平均数又称倒数平均数, 是各个数值的倒数的算术平均数的倒数.

$$R = \frac{n}{\dfrac{1}{x_1} + \dfrac{1}{x_2} + \dfrac{1}{x_3} + \cdots + \dfrac{1}{x_n}} \tag{6.1.7}$$

调和平均数具有以下性质:

(1) 调和平均数易受极端值的影响, 且受极小值的影响比受极大值的影响更大;

(2) 只要有一个变量值为零, 就不能计算调和平均数.

进一步推广

将毕达哥斯拉平均进一步推广, 这就是幂平均.

幂平均　幂平均也叫广义平均或赫尔德平均, 是毕达哥斯拉平均的一种抽象化.

n 个数的幂平均为

$$M_p = \left(\frac{x_1^p + x_2^p + x_3^p + \cdots + x_n^p}{n} \right)^{\frac{1}{p}} = \left(\frac{1}{n} \sum_{i=1}^n x_i^p \right)^{\frac{1}{p}}, \quad p \neq 0 \tag{6.1.8}$$

幂平均是一个关于参数 p 的增函数, 即当 $p > q$ 时 $M_p \geqslant M_q$, 当且仅当 $x_1 = x_2 = x_3 = \cdots = x_n$ 时, $M_p = M_q$.

事实上, 算术平均、几何平均、调和平均可看作幂平均的特例.

- 当 $p = 1$ 时, $M_p = \dfrac{x_1 + x_2 + x_3 + \cdots + x_n}{n}$, 幂平均 M_p 等于算术平均 A;
- 当 $p \to 0$ 时, $M_p = \sqrt[n]{x_1 x_2 x_3 \cdots x_n}$, 幂平均 M_p 等于几何平均 G;
- 当 $p = -1$ 时, $M_p = \dfrac{n}{\dfrac{1}{x_1} + \dfrac{1}{x_2} + \dfrac{1}{x_3} + \cdots + \dfrac{1}{x_n}}$, 幂平均 M_p 等于调和平均 R.

将幂平均再进一步推广, 就是广义 f-平均.

广义 f-平均　在幂平均的基础上, 可做进一步推广, 把 x_i^p 改写成函数映射关系, 就可把幂平均改写成广义 f-平均.

N 个数的广义 f-平均为

$$F = f^{-1} \left(\frac{1}{n} \sum_{i=1}^n f(x_i) \right) \tag{6.1.9}$$

f-平均与各种平均之间有以下关系:

(1) 当 $f(x) = x$, F 平均等于算术平均 A;

(2) 当 $f(x) = \ln x$, F 平均等于几何平均 G;

(3) 当 $f(x) = \dfrac{1}{x}$, F 平均等于调和平均 R;

(4) 当 $f(x) = x^p$, F 平均等于幂平均 M_p.

6.1.2　加权平均

加权平均的 "权", 不妨从汉语的角度来理解 "权" 字, "权" 的古代含义为秤砣, 就是秤上可以滑动以观察质量的那个铁疙瘩.《孟子·梁惠王上》中的 "权, 然后知轻重" 就是这意思. 在数学意义上说, 加权平均就是根据每个数据的比重, 先给每一个数据添加一个 "权重", 然后算出它们的平均值.

假设有 n 个数值：$x_1, x_2, x_3, \cdots, x_n$, 各数值各有一个权值 $\omega_1, \omega_2, \omega_3, \cdots, \omega_n$, 这些数值的加权平均为

$$E = \frac{\omega_1 x_1 + \omega_2 x_2 + \omega_3 x_3 + \cdots + \omega_n x_n}{w} \qquad (6.1.10)$$

其中 $\omega_i \geqslant 0, \displaystyle\sum_{i=1}^{n} \omega_i = w$, 式 (6.1.10) 也可写成

$$E = \frac{\displaystyle\sum_{i=1}^{n} \omega_i x_i}{\displaystyle\sum_{i=1}^{n} \omega_i} \qquad (6.1.11)$$

n 个数的加权调和平均为

$$E' = \frac{w}{\dfrac{\omega_1}{x_1} + \dfrac{\omega_2}{x_2} + \dfrac{\omega_3}{x_3} + \cdots + \dfrac{\omega_n}{x_n}}, \quad \omega_i \geqslant 0, \quad \sum_{i=1}^{n} \omega_i = w \qquad (6.1.12)$$

或者写成

$$E' = \frac{\displaystyle\sum_{i=1}^{n} \omega_i}{\displaystyle\sum_{i=1}^{n} \dfrac{\omega_i}{x_i}} \qquad (6.1.13)$$

6.1.3　权函数概念

记 $\lambda_i = \omega_i / w$, 加权平均可写成

$$E = \lambda_1 x_1 + \lambda_2 x_2 + \cdots + \lambda_n x_n, \quad \lambda_i \geqslant 0, \quad \sum_{i=1}^{n} \lambda_i = 1 \qquad (6.1.14)$$

当权系数 λ_i 的值不是预先确定的, 而是依赖参数的一个变量时, "权系数" 是函数, 即按照这个函数对 "数" 作加权平均, 自然, 称其为权函数. 权函数也称调配函数, 后面章节会进一步讨论. 这里介绍一个定义在 $[0,1]$ 区间上的函数, 它可用于对数据进行加权平均.

从最简单的情形出发, 设有两个数 x_1, x_2, 利用权函数表示的平均值依赖变量 t, 写成

$$E_1(t; x_1, x_2) = (1 - t)x_1 + t x_2, \quad 0 \leqslant t \leqslant 1 \qquad (6.1.15)$$

现在有 3 个数 x_1, x_2, x_3. 先作 x_1, x_2 的加权平均记为 y_1, 再作 x_2, x_3 的加权

平均记为 y_2, 之后, 对 y_1, y_2 作加权平均, 于是由式 (6.1.15) 有

$$
\begin{aligned}
&E_2(t; x_1, x_2, x_3) \\
&= (1-t)y_1 + ty_2 \\
&= (1-t)[(1-t)x_1 + tx_2] + t[(1-t)x_2 + tx_3] \\
&= (1-t)E_1(t; x_1, x_2) + tE_1(t; x_2, x_3) \\
&= (1-t)^2 x_1 + 2(1-t)tx_2 + t^2 x_3
\end{aligned} \tag{6.1.16}
$$

进一步, 设有 4 个数 x_1, x_2, x_3, x_4, 类似过程: 对前 3 个数作加权平均, 再对后 3 个数作加权平均. 然后对这两个平均值再作平均, 得

$$
\begin{aligned}
&E_3(t; x_1, x_2, x_3, x_4) \\
&= (1-t)[(1-t)^2 x_1 + 2(1-t)tx_2 + t^2 x_3] + t[(1-t)^2 x_2 + 2(1-t)tx_3 + t^2 x_4] \\
&= (1-t)E_2(t; x_1, x_2, x_3) + tE_2(t; x_2, x_3, x_4) \\
&= (1-t)^3 x_1 + 3(1-t)^2 tx_2 + 3(1-t)t^2 x_3 + t^3 x_4
\end{aligned} \tag{6.1.17}
$$

一般地, 有

$$
\begin{aligned}
&E_{n-1}(t; x_1, x_2, \cdots, x_n) \\
&= (1-t)E_{n-2}(t; x_1, x_2, \cdots, x_{n-1}) + tE_{n-2}(t; x_2, x_3, \cdots, x_n) \\
&= \sum_{j=1}^{n} \frac{n!}{j!(n-j)!}(1-t)^{n-j} t^j x_j
\end{aligned} \tag{6.1.18}
$$

记

$$
b_{n,j}(t) = \frac{n!}{j!(n-j)!}(1-t)^{n-j} t^j, \quad j = 1, 2, \cdots, n \tag{6.1.19}
$$

显然, 对任意的 $t \in [0,1]$, 有 $b_{n,j}(t) \geqslant 0$, 并且由二项式展开, 有

$$
\sum_{j=1}^{n} b_{n,j}(t) = [(1-t) + t]^n = 1, \quad 0 \leqslant t \leqslant 1 \tag{6.1.20}
$$

这样一来, 对任意给定的 $t \in [0,1]$, 按式 (6.1.18) 就得到对 $x_1, x_2, \cdots, x_{n-1}$ 依调配函数 $b_{n,j}(t)$, $j = 1, 2, \cdots, n$ 的一种平均值.

　　调配函数各种各样 (见本章具体数学内容), 上面的讨论, 仅是调配函数的举例. 这里要强调一下式 (6.1.19) 所示的函数的重要性. 1885 年, 德国数学家魏尔斯特拉斯证明了: "闭区间上的任何连续函数 $f(x)$ 都能在该区间上用多项式来逼近, 而且可达到任意要求的精度". 这是一个非常重要的定理, 在魏尔斯特拉斯之后, 陆续

出现许多针对存在性的证明方法, 其中俄国数学家谢尔盖 · 纳塔诺维奇 · 伯恩斯坦 (Sergei Natanovich Bernstein, 1880—1968) 在 1912 年给出的证明独具特色, 它是构造性的, 即给出一个逼近连续函数的具体多项式 (后人命名为 "伯恩斯坦多项式") 的序列, 完成魏尔斯特拉斯逼近定理的证明. 伯恩斯坦多项式本身有重要的理论价值, 它与概率论中的二项分布有紧密的关系. 此外, 以它为数学基础, 发展成一套所谓 "贝齐尔方法", 形成当代计算机辅助几何设计的主流技术, 有重要的应用价值, 详见本书第 7 章.

6.2 具 体 数 学

本章具体数学将从函数的平均开始谈起, 将平均的概念与哈尔小波联系起来; 然后介绍随机过程研究中的罐子模型 (URN 模型), 并用其构造调配函数, 特殊情况下还可得到贝齐尔曲线的调配函数和计算样条基函数的 de Boor 算法; 以及统计学方面的矩方法和矩母函数; 最后谈到对波动振荡函数起磨光平滑作用的兰乔斯平滑因子.

6.2.1 函数的平均

设 $f(x)$ 定义在区间 $[a,b]$ 上, 那么由黎曼积分的定义, 得到它的平均为

$$\bar{f} = \frac{1}{b-a} \int_a^b f(x)dx \tag{6.2.1}$$

在多变量的情形, 欧氏空间的区域 G 上的函数 $f(P)$, 其平均为

$$\bar{f} = \frac{1}{\text{Vol}(G)} \int_G f(P)dP \tag{6.2.2}$$

其中 $\text{Vol}(G) = \int_G dP$. 现在着眼于任意给定 x, 在它附近, 以 "宽度" 为 λ 的区间上作平均, 记为

$$A(\lambda, x) = \frac{1}{\lambda} \int_{x-\frac{\lambda}{2}}^{x+\frac{\lambda}{2}} f(t)dt \tag{6.2.3}$$

有时把 "宽度" 叫作 "尺度". 信号在不同尺度上的平均值很有意义.

若在不同的位置 $x+\dfrac{\lambda}{2}$ 和 $x-\dfrac{\lambda}{2}$, 看两个平均值的差别, 即

$$\begin{aligned} D(\lambda, x) &= A\left(\lambda, x+\frac{\lambda}{2}\right) - A\left(\lambda, x-\frac{\lambda}{2}\right) \\ &= \frac{1}{\lambda} \int_x^{x+\lambda} f(t)dt - \frac{1}{\lambda} \int_{x-\lambda}^x f(t)dt \end{aligned} \tag{6.2.4}$$

不妨改变一下写法, 则有

$$D(\lambda, x) = \int_{-\infty}^{\infty} \widetilde{\psi}_{\lambda,x}(t)f(t)dt \tag{6.2.5}$$

其中

$$\widetilde{\psi}_{\lambda,x}(t) = \begin{cases} -\dfrac{1}{\lambda}, & x - \lambda < t \leqslant x, \\ \dfrac{1}{\lambda}, & x < t \leqslant x + \lambda, \\ 0, & \text{其他} \end{cases} \tag{6.2.6}$$

若 $\lambda = 1, x = 0$, 则

$$\widetilde{\psi}_{1,0}(t) = \begin{cases} -1, & -1 < t \leqslant 0, \\ 1, & 0 < t \leqslant 1, \\ 0, & \text{其他} \end{cases} \tag{6.2.7}$$

易知, $\dfrac{1}{\sqrt{2}}\widetilde{\psi}_{1,0}(t) = \mathrm{haar}_{1,0}(t)$. 进一步地, $\mathrm{haar}_{1,u}(t) = \dfrac{1}{\sqrt{2}}\widetilde{\psi}_{1,u}(t) = \mathrm{haar}(t-u)$, 这里

$$\mathrm{haar}_{1,u}(t) = \begin{cases} -\dfrac{1}{\sqrt{2}}, & u - 1 < t \leqslant u, \\ \dfrac{1}{\sqrt{2}}, & u < t \leqslant u + 1, \\ 0, & \text{其他} \end{cases} \tag{6.2.8}$$

从而,

$$\mathrm{haar}_{\lambda,u}(t) = \frac{1}{\sqrt{\lambda}}\mathrm{haar}\left(\frac{t-u}{\lambda}\right) = \begin{cases} -\dfrac{1}{\sqrt{2\lambda}}, & u - \lambda < t \leqslant u, \\ \dfrac{1}{\sqrt{2\lambda}}, & u < t \leqslant u + \lambda, \\ 0, & \text{其他} \end{cases} \tag{6.2.9}$$

这便将平均的概念与哈尔小波联系起来了, 哈尔函数在第 5 章已介绍过, 本节不展开讨论.

6.2.2　用 URN 模型构造调配函数

URN Model(罐子模型、瓮模型) 很早就被用于简单的随机过程的研究. 一些著名的学者如: 布莱兹·帕斯卡 (Blaise Pascal, 1623—1662)、费马、拉普拉斯及伯努利等, 通过 URN 模型发展了博弈论及流体力学的某些理论方法. 近代数学家乔治·波利亚 (George Pólya, 1887—1985) 利用 URN 模型考察疾病的传染规律. 由此

可见 URN 模型是很有价值的. 利用 URN 模型生成调配函数, 更需注意这些模型的启发性.

这类模型的典型叙述为: 假定盒中装有 w 个白球和 b 个黑球, 现在从盒中任意抽取一个球, 并记录其颜色, 然后放回盒中. 若取出的是白球, 则向盒中增添 C_1 个白球和 C_2 个黑球; 反之, 若取出的是黑球, 则向盒中增添 C_1 个黑球和 C_2 个白球.

这样一来, 无论第一次取出的球是什么颜色, 在这次实验之后, 盒中球的数目需要增加 $C_1 + C_2$. 当作第二次实验时, 在前次实验的基础上, 依同样规则, 根据抽出的球的颜色决定增添该颜色球的 C_1 个及另一颜色的球 C_2 个, 如此继续下去, 这个实验过程如图 6.1 所示.

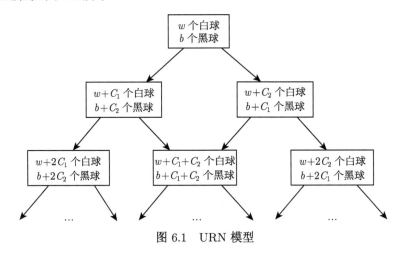

图 6.1　URN 模型

设 C_1 和 C_2 为非负整数, 令

$$a_1 = \frac{C_1}{w + b}, \quad a_2 = \frac{C_2}{w + b} \tag{6.2.10}$$

又记

$$t = \frac{w}{w + b} \tag{6.2.11}$$

则 t 表示第一次实验取出白球的概率, 视其为变数.

现在记 $D_k^N(t) = D_k^N(t; a_1, a_2)$ 为前 N 次实验恰好取出 k 次白球的概率. 在 N 次实验恰取 k 次白球的条件下, 第 $N+1$ 次实验取出的是白球的概率记为 $S_k^N(t) = S_k^N(t; a_1, a_2; t)$; 同样条件下, 第 $N + 1$ 次实验取出的是黑球的概率记为 $F_k^N(t) = F_k^N(t; a_1, a_2; t)$.

显然

$$D_k^N(t) \geqslant 0, \quad \sum_k D_k^N(t) = 1, \quad t \in [0, 1] \tag{6.2.12}$$

为了考虑 $N+1$ 次实验恰取 k 次白球, 那么必然在前 N 次实验中取 k 次白球而第 $N+1$ 次实验取成黑球, 或者前 N 次实验中取了 $k-1$ 次白球而第 $N+1$ 次实验取成白球. 于是有递推关系

$$D_k^{N+1}(t) = S_{k-1}^N(t) D_{k-1}^N(t) + F_k^N(t) D_k^N(t) \tag{6.2.13}$$

易知

$$S_k^N(t) = \frac{w + kC_1 + (N-k)C_2}{w + b + N(C_1 + C_2)} \tag{6.2.14}$$

$$F_k^N(t) = \frac{b + (N-k)C_1 + kC_2}{w + b + N(C_1 + C_2)} \tag{6.2.15}$$

即

$$S_k^N(t) = \frac{t + ka_1 + (N-k)a_2}{1 + N(a_1 + a_2)} \tag{6.2.16}$$

$$F_k^N(t) = \frac{1 - (N-k)a_1 + ka_2}{1 + N(a_1 + a_2)} \tag{6.2.17}$$

初始条件显然为

$$D_0^1(t) = 1 - t, \quad D_1^1(t) = t \tag{6.2.18}$$

由此可见 $D_k^N(t)$ 是 t 的 N 次多项式. 当 $k > N$ 或 $k < 0$, 以上记号: D_k^N, S_k^N 和 F_k^N 取值为零.

考虑递推式 (6.2.13) 的特殊情况.

(1) $a_1 = a_2 = 0$, 换言之, 在整个实验中, 不向盒中增添任何颜色的球, 则递推式为

$$D_k^{N+1}(t) = tD_{k-1}^N(t) + (1-t)D_k^N(t) \tag{6.2.19}$$

于是利用初始条件得

当 $N = 1$ 时, 有

$$\begin{aligned} D_0^1(t) &= 1 - t \\ D_1^1(t) &= t \end{aligned} \tag{6.2.20}$$

当 $N = 2$ 时, 有

$$\begin{aligned} D_0^2(t) &= (1-t)^2 \\ D_1^2(t) &= 2t(1-t) \\ D_2^2(t) &= t^2 \end{aligned} \tag{6.2.21}$$

当 $N = 3$ 时, 有

$$D_0^3(t) = (1 - t)^3$$
$$D_1^3(t) = 3t(1 - t)^2$$
$$D_2^3(t) = 3t^2(1 - t)$$
$$D_3^3(t) = t^3$$

(6.2.22)

等等, 一般说来

$$D_k^N(t) = \mathrm{C}_N^k(1 - t)^{N-k}t^k, \quad \mathrm{C}_N^k = \frac{N!}{k!(N - k)!}$$

(6.2.23)

它恰好就是伯恩斯坦基函数, 可见 $a_1 = a_2 = 0$ 的特例导出贝齐尔曲线的调配函数.

(2) $a_1 = 0$, $a_2 = 1$, 这时, 实验中不增加任何白球, 但每次实验若增添与原来总数一样多的黑球, 这时递推式为

$$D_k^{N+1}(t) = \frac{t + N - k}{N + 1}D_{k-1}^N(t) + \frac{1 - t + k}{N + 1}D_k^N(t)$$

(6.2.24)

于是

$$D_0^2(t) = 0 + \frac{1 - t + 0}{1 + 1}(1 - t) = \frac{1}{2}(1 - t)^2$$

(6.2.25)

$$D_1^2(t) = \frac{1}{2}\left(-2t^2 + 2t + 1\right)^2$$

(6.2.26)

$$D_2^2(t) = \frac{1}{2}t^2$$

(6.2.27)

这里要指出, 它恰好是一种二次样条基函数的分段表达式, 一般说来, 递推公式 (6.2.24) 恰是计算样条基函数的 de Boor 算法. 关于样条函数的详述, 见本书第 7 章. 强调 URN 模型有很深的意义, 诸如社会的演变、股票市场, 可以设想早期的状态是随机的, 未来发展的所有可能性并存. 最初拿出黑白球的比例完全是随机的. 加入同色的球, 可叫作模仿行为. 随着进程演变, 最终进入稳定状态. 最后, 一个颜色的球占总数的比例可以是 0 到 1 之间的任何一个数.

6.2.3　矩方法

卡尔·皮尔逊 (Karl Peason, 1857—1936) 于 1894 年提出了一套名为矩估计 (Method of Moments) 的统计方法. "矩" 一词来源于物理力学, 是力与距离的乘积, 是用来描述旋转的趋势. 而在统计学里, 矩表示的是平均的含义. 矩的计算过程和算术平均值的计算过程类似.

首先, 在这先回顾一下期望和方差, 在实际问题中, 人们经常关心的是随机变量的平均值以及关于偏离平均值的情况, 也就是随机变量的数学期望与方差. 通常,

随机变量 X 的数学期望记为 $E(X)$, 方差记为 $D(X)$. 鉴于数学期望与方差的重要性, 现将它们的性质概括如下.

数学期望的性质

(1) 若 C 是常数, 则 $E(C) = C$;

(2) 若 C 是常数, X 是随机变量, 且 $E(X)$ 存在, 则 $E(CX) = CE(X)$;

(3) 若 X 和 Y 都是随机变量, 且 $E(X)$ 和 $E(Y)$ 都存在, 则 $E(X + Y) = E(X) + E(Y)$;

(4) 若随机变量 X 和随机变量 Y 相互独立, 且 $E(X)$ 和 $E(Y)$ 都存在, 则 $E(XY) = E(X)E(Y)$.

方差的性质

(1) 若 C 是常数, 则 $D(C) = 0$;

(2) 若 B 和 C 都是常数, X 是随机变量, 且 $D(X)$ 存在, 则 $D(CX + B) = C^2 D(X)$;

(3) 若 X 是随机变量, 且 $D(X)$ 存在, 则 $D(X) = E(X^2) - (E(X))^2$;

(4) 若随机变量 X 和随机变量 Y 相互独立, 且 $D(X)$ 和 $D(Y)$ 都存在, 则 $D(X \pm Y) = D(X) + D(Y)$.

此外, 几种常用分布的数学期望及方差归结为表 6.1 所示.

表 6.1 常用分布的数学期望及方差

分布	记号 (基于随机变量 X)	数学期望	方差
二项分布	$X \sim B(n, p)$	np	$np(1 - p)$
几何分布	$X \sim G(n, p)$	$\dfrac{1}{p}$	$\dfrac{1 - p}{p^2}$
泊松分布	$X \sim P(\lambda)$	λ	λ
均匀分布	$X \sim U(a, b)$	$\dfrac{a + b}{2}$	$\dfrac{(b - a)^2}{12}$
指数分布	$X \sim \mathrm{Exp}(\lambda)$	$\dfrac{1}{\lambda}$	$\dfrac{1}{\lambda^2}$
正态分布	$X \sim N(\mu, \sigma^2)$	μ	σ^2

其次, 给出以下示例以方便理解数学期望与方差.

例 设 t 在区间 $[0, 2\pi]$ 上服从均匀分布, 记作 $U[0, 2\pi]$, 令

$$X = \sin t, \quad Y = \sin(k + t), \quad k\text{为常数} \tag{6.2.28}$$

在计算机上生成服从 $U[0, 2\pi]$ 的 N 个随机数, 这里取 $N = 200$, 对应的 $k = 0$, $k = \dfrac{\pi}{3}$, $k = \dfrac{\pi}{2}$, $k = \pi$, 分别进行如下操作:

(1) 试分别求出 X 及 Y 的数学期望;

(2) 试分别求出 X 及 Y 的方差.

在计算机上编写程序可得如下结果:

当 $k = 0$ 时, X 数学期望为 0.06, Y 数学期望为 0.06; X 方差为 0.42, Y 方差为 0.42;

当 $k = \dfrac{\pi}{3}$ 时, X 数学期望为 0.05, Y 数学期望为 0.58; X 方差为 0.46, Y 方差为 0.21;

当 $k = \dfrac{\pi}{2}$ 时, X 数学期望为 0.01, Y 数学期望为 0.63; X 方差为 0.45, Y 方差为 0.16;

当 $k = \pi$ 时, X 数学期望为 -0.02, Y 数学期望为 0.46; X 方差为 0.02, Y 方差为 0.46.

相应地, 可以作出当 k 取不同值时的散点图, 如图 6.2 所示. 这里须指出, 以上结果及散点图只为一种随机生成情况.

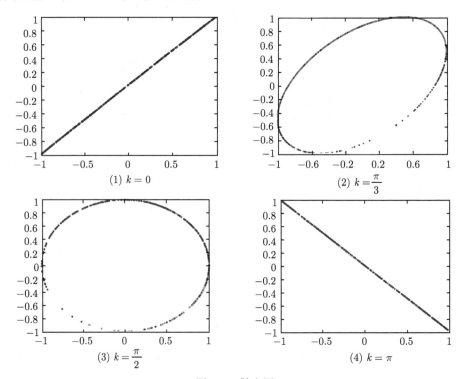

图 6.2   散点图

进一步地, 由于相关系数是刻画随机变量 X, Y 的线性关系是否密切的尺度. 那么根据上面给出的示例可知 X 和 Y 的相关系数为

$$\rho_{XY} = \frac{\text{cov}(X,Y)}{\sqrt{D(X)}\sqrt{D(Y)}} = \frac{E(XY) - E(X)E(Y)}{\sqrt{D(X)}\sqrt{D(Y)}} = \cos k \tag{6.2.29}$$

那么, 根据示例中问题 (1) 和 (2) 绘出的 X, Y 的散点图, 可以观察 ρ_{XY} 的影响. 由图 6.2 可以看出: 当 $|\rho_{XY}|$ 较大时, X 和 Y 的线性联系较密切, 特别当 $|\rho_{XY}| = 1$ 时, X 和 Y 之间存在线性关系; 当 $|\rho_{XY}|$ 较小时, X 和 Y 不相关. 事实上, 可进一步定义图像的相关系数, 图像的相关系数反映了两幅图像的相关程度. 对于大小为 $M \times N$ 的两幅图像 A 和 B, 它们的相关系数定义为

$$\rho_{AB} = \frac{\displaystyle\sum_{i=1}^{M}\sum_{j=1}^{N}\left(A(i,j) - \overline{A}\right)\left(B(i,j) - \overline{B}\right)}{\sqrt{\left(\displaystyle\sum_{i=1}^{M}\sum_{j=1}^{N}\left(A(i,j) - \overline{A}\right)^2\right)\left(\displaystyle\sum_{i=1}^{M}\sum_{j=1}^{N}\left(B(i,j) - \overline{B}\right)^2\right)}} \tag{6.2.30}$$

式 (6.2.30) 中 $\overline{A}$ 和 $\overline{B}$ 分别为图像 A 和图像 B 的平均灰度值. 相关系数 $\rho_{AB} \in [0,1]$, 相关系数越大两个图像相似程度越接近, 相关系数越小两个图像相似程度越差. 选定四幅灰度图像 "lena" "house" "peppers" 和 "baboon", 如图 6.3 所示, 它们的大小为 512×512.

(1) 图像"lena"　　(2) 图像"house"　　(3) 图像"peppers"　　(4) 图像"baboon"

图 6.3 灰度图像

从而, 根据式 (6.2.30) 可得四幅灰度图像 "lena" "house" "peppers" 和 "baboon" 之间的相关系数, 如表 6.2 所示, 比如 "0.5789" 表示灰度图像 "lena" 和灰度图像 "house" 的相关系数.

表 6.2　图像的相关系数

	lena	house	peppers	baboon
lena	1	0.5789	0.4926	0.5312
house	0.5789	1	0.5411	0.5819
peppers	0.4926	0.5411	1	0.5591
baboon	0.5312	0.5819	0.5591	1

统计学中, 矩包括原点矩和中心矩.

(1) **原点矩**   随机变量 X 的 k 次幂的数学期望 (k 为正整数) 叫作随机变量 X 的 k 阶原点矩, 记作 $v_k(X)$, 即 $v_k(X) = E(X^k)$. 若 X 为离散随机变量, 则 $v_k(X) = \sum_i x_i^k p(x_i)$; 若 X 为连续随机变量, 则 $v_k(X) = \int_{-\infty}^{+\infty} x^k f(x)dx$. 特别地, 一阶原点矩就是数学期望: $v_1(X) = E(X)$.

(2) **中心矩**   随机变量 X 的离差的 k 次幂的数学期望 (k 为正整数) 叫作随机变量 X 的 k 阶中心矩, 记作 $\mu_k(X)$, 即 $\mu_k(X) = E\{[X - E(X)]^k\}$. 若 X 为离散随机变量, 则 $\mu_k(X) = \sum_i [x_i - E(X)]^k p(x_i)$; 若 X 为连续随机变量, 则 $\mu_k(X) = \int_{-\infty}^{+\infty} [x - E(X)]^k f(x)dx$. 特别地, 一阶中心矩恒等于零 ($\mu_1(X) = 0$); 二阶中心矩就是方差 ($\mu_2(X) = D(X)$).

皮尔逊将力这个量用分布频率 (比如一个区间段占总体的百分数) 来代替, 他将均值比喻为一个杠杆平衡时支点的位置. 当支点处于杠杆的重心位置时, 就平衡了, 如图 6.4 所示.

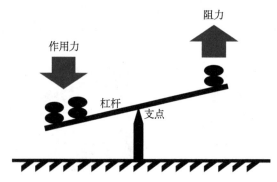

图 6.4   杠杆平衡示意图

若在杠杆上施加力, 则计算一阶矩就可得到力矩. 统计学里的一阶矩就是计算平均值. 皮尔逊又扩展了二阶、三阶和四阶矩. 他把二阶矩称作平方标准差. 总结如下:

(1) "一阶原点矩" 计算的是平均值;

(2) "二阶中心矩" 计算的是方差;

(3) "三阶中心矩" 计算的是中心偏差的立方和, 可表示偏斜状况;

(4) "四阶中心矩" 计算的是中心偏差的四次方和, 表示峰态的尖削或平坦.

通过计算三阶中心矩来表示分布的偏斜度 (Skewness), 若一个分布向尾部集中, 则称它为偏斜的 (Skewed). 偏斜度为 0 表示分布是对称的; 偏斜度为负值, 表示分布负偏; 偏斜度为正值, 表示分布正偏. 一个分布常常是其一个尾巴比另一个长, 而不是关于某个值对称. 若较长的尾巴发生在右边, 则称该分布向右边偏斜 (正偏斜), 而较长的尾巴发生在左边, 则称它向左边偏斜 (负偏斜). 描绘这种不对称的一个测度称为偏度系数 (Coefficient of Skewness), 或简称偏度, 它是由皮尔逊提出的用来计算分布的不平衡性, 计算方法由公式 (6.2.31) 给出.

$$\alpha = \frac{E[(x-\mu)^3]}{\sigma^3} = \frac{\mu_3}{\sigma^3} \tag{6.2.31}$$

其中, 随机变量 X 的期望为均值并用 μ 表示, σ 表示标准差, 测度 α 是正的或是负的分别取决于分布是向右边或是向左边偏斜. 对于一个对称的分布, $\alpha = 0$. 其负偏斜与正偏斜示意图如图 6.5 所示.

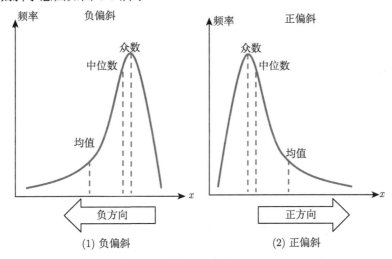

图 6.5 负偏斜与正偏斜示意图

其尖峰态、低峰态与常峰态示意图如图 6.6 所示.

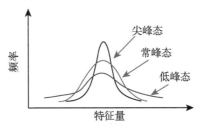

图 6.6 尖峰态、低峰态与常峰态示意图

在某些情形中, 分布可能有集中靠近均值的值, 因此该分布有一个大的尖峰. 在另外的情形中, 分布可能是相对平坦的. 将数据与均值的差值的四次方与概率乘积再求和便得到了四阶中心矩, 它表示的是峰态的尖削或平坦, 可把它叫作峰态 (Kurtosis). 峰态有三种: ①若数据聚集在均值附近, 则称为 "尖峰态"(Leptokurtic); ②若数据的分布散落在各处, 则称为 "低峰态"(Platykurtic); ③若分布类似正态分

布, 则称为 "常峰态"(Mesokurtic). 也可用峰态系数来表示, 其中, 峰态系数等于负值时, 为低峰态; 峰态系数等于正值时, 为尖峰态; 峰态系数等于零时, 为常峰态. 峰态系数也就是描述分布的尖峰和扁平程度, 简称峰度, 由下式给出:

$$\alpha' = \frac{E[(x-\mu)^4]}{\sigma^4} = \frac{\mu_4}{\sigma^4} \tag{6.2.32}$$

通过矩计算, 皮尔逊提出了四个参量. 均值 (Mean) 表示数据的集中情况; 标准差 (Standard Deviation) 揭示数据的波动情况; 偏斜 (Skewness) 展现分布的对称性; 峰态系数给出分布尖削或平坦的情况. 这四个量, 描述了一个分布的四个基本特征.

6.2.4　矩母函数

离散随机变量 X 的矩母函数定义如下:

$$M_X(t) = E(e^{tX}) \tag{6.2.33}$$

在假设收敛的条件下, 对于离散的变量有

$$M_X(t) = \sum_k e^{tk} p(X=k) \tag{6.2.34}$$

对于连续的变量有

$$M_X(t) = \int_{-\infty}^{\infty} e^{tx} f(x) dx \tag{6.2.35}$$

可将它表示成泰勒级数

$$\begin{aligned}
M_X(t) &= E(e^{tX}) = E\left(1 + tX + \frac{t^2 X^2}{2!} + \cdots + \frac{t^r X^r}{r!} + \cdots\right) \\
&= 1 + tE(X) + \frac{t^2}{2!}E(X^2) + \cdots + \frac{t^r}{r!}E(X^r) + \cdots \\
&= 1 + \mu t + \mu_2' \frac{t^2}{2!} + \cdots + \mu_r' \frac{t^r}{r!} + \cdots
\end{aligned} \tag{6.2.36}$$

由于这个表达式中的系数可求出矩, 因而叫作矩母函数. 根据这个表达式, 可得

$$\mu_r' = \left.\frac{d^r}{dt^r} M_X(t)\right|_{t=0} \tag{6.2.37}$$

即 μ_r' 是 $M_X(t)$ 的 r 阶导数在 $t=0$ 处的值. 通常把 $M_X(t)$ 简写为 $M(t)$.

下面给出矩母函数的若干定理:

(1) 若 $M_X(t)$ 是随机变量 X 的矩母函数, a 和 $b(b \neq 0)$ 是常数, 则 $(X+a)/b$ 的矩母函数为

$$M_{(X+a)/b}(t) = e^{at/b} M_X\left(\frac{t}{b}\right) \tag{6.2.38}$$

(2) 若 X 和 Y 为两个独立随机变量, 且分别具有矩母函数 $M_X(t)$ 和 $M_Y(t)$, 那么有

$$M_{X+Y}(t) = M_X(t)M_Y(t) \tag{6.2.39}$$

此外对于多于两个随机变量的情形, 有: 独立的随机变量的和的矩母函数等于它们的矩母函数的乘积.

(3) (唯一性定理) 设 X 和 Y 为两个随机变量, 且分别具有矩母函数 $M_X(t)$ 和 $M_Y(t)$, 则当且仅当 $M_X(t) = M_Y(t)$ 恒成立时, X 和 Y 有相同的概率分布.

6.2.5 兰乔斯平滑因子

以 2π 为周期的函数 $f(t)$ 在 $(-\pi, \pi)$ 上定义为

$$f(t) = \begin{cases} 1, & 0 < t < \pi \\ -1, & -\pi < t < 0 \end{cases} \tag{6.2.40}$$

其函数图像如图 6.7 所示.

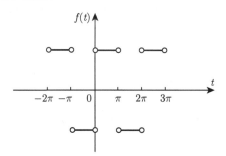

图 6.7　函数 $f(t)$ 的图像

函数 $f(t)$ 的傅里叶级数部分和为

$$\begin{aligned}
f_n(t) &= \frac{1}{2} + \frac{2}{\pi} \sum_{k=1}^{n} \frac{1}{2k-1} \sin(2k-1)t \\
&= \frac{1}{2} + \frac{2}{\pi} \sum_{k=1}^{n} \int_0^t \cos(2k-1)t \, dt \\
&= \frac{1}{2} + \frac{1}{\pi} \int_0^t \frac{\sin 2nt}{\sin t} dt
\end{aligned} \tag{6.2.41}$$

易见, $f_n(t)$ 的图形 (图 6.8) 出现起伏不平的波浪状, 而在 $f(t)$ 的间断点 $t = -\pi, 0, \pi$ 处, $f_n(t)$ 有较大的波动. 若想知道波动的情况, 在 $(0, \pi)$ 上求导数 $f_n'(t) = \dfrac{\sin 2nt}{\pi \sin t}$, 可见 $f_n(t)$ 的极大值、极小值交替出现在下列点处: $t = \dfrac{m\pi}{2n}$, 其中 $m = 1, 2, 3, \cdots, 2n-1$.

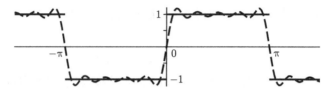

图 6.8 函数 $f(t)$ 的傅里叶级数部分和 $f_n(t)$, $n = 9$

此处的目的是对波动振荡的函数作平滑处理, 采用 "磨光" 方法. 前面已经提及, 函数 $f(t)$ 在 $[a, b]$ 上的平均为 $\tilde{f} = \dfrac{1}{b-a} \displaystyle\int_a^b f(x)dx$.

若区间 $[a, b]$ 是变动的, 则函数 $f(t)$ 在 $\left[t - \dfrac{h}{2}, t + \dfrac{h}{2}\right]$ 上的平均值为

$$\tilde{f}(t) = \frac{1}{h} \int_{t-\frac{h}{2}}^{t+\frac{h}{2}} f(x)dx \tag{6.2.42}$$

其中 h 称为平滑宽度. 假设函数 $f(t), t \in [0, 2\pi]$, 周期为 2π, 其傅里叶展开式的部分和为

$$f_n(t) = \frac{a_0}{2} + \sum_{k=1}^{n-1}(a_k \cos kt + b_k \sin kt) + \frac{a_n}{2}\cos nt \tag{6.2.43}$$

取平滑宽度为 $h = \dfrac{2\pi}{n}$, 得 $f_n(t)$ 的一次平滑函数为

$$\widetilde{f}_n(t) = \frac{n}{2\pi} \int_{t-\frac{\pi}{n}}^{t+\frac{\pi}{n}} f_n(x)dx \tag{6.2.44}$$

将 $f_n(t)$ 代入, 并逐项积分, 有

$$\widetilde{f}_n(t) = \frac{a_0}{2} + \frac{n}{2\pi}\left[\sum_{k=1}^{n-1}\left(\frac{a_k}{k}2\cos kt \sin\frac{k\pi}{n} + \frac{b_k}{k}2\sin kt \sin\frac{k\pi}{n}\right) + \frac{a_n}{n}\cos nt \sin\pi\right]$$

$$= \frac{a_0}{2} + \sum_{k=1}^{n-1}\left(\frac{\sin(k\pi/n)}{k\pi/n}\right)(a_k \cos kt + b_k \sin kt) \tag{6.2.45}$$

令

$$\sigma_k(n) = \frac{\sin(k\pi/n)}{k\pi/n} \tag{6.2.46}$$

称之为兰乔斯 (Lanczos) 因子. 显然有

$$\sigma_0(n) = \lim_{k \to 0}\frac{\sin(k\pi/n)}{k\pi/n} = 1, \quad \sigma_n(n) = 0 \tag{6.2.47}$$

于是 $f_n(t)$ 的一次平滑函数为

$$\widetilde{f}_n(t) = \frac{n}{2\pi} \int_{t-\frac{\pi}{n}}^{t+\frac{\pi}{n}} f_n(x)dx$$

$$= \frac{a_0}{2} + \sum_{k=1}^{n-1} \sigma_k(n)(a_k \cos kt + b_k \sin kt) \qquad (6.2.48)$$

与 $f_n(t)$ 的展开式 (6.2.43) 相比, 立即看出这一结果恰好相当于将式 (6.2.43) 中的所有系数 a_k 与 b_k 皆乘以 $\sigma_k(n)$, 得到的就是平滑函数. 在本章实验三给出具体的测试例子.

6.3 数 学 实 验

本节数学实验首先讨论基于调配函数的图像融合, 并探讨图像分存; 然后给出"高斯平均" 模糊算法的原理与计算方法, 并对给定图像进行高斯模糊处理; 最后给出用兰乔斯平滑因子对函数进行平滑处理的结果, 以及探讨兰乔斯平滑因子在数字图像消噪中的应用.

6.3.1 实验一 数字图像的融合

内容

已知: 如图 6.9 所示, 给定灰度图像 "lena" 和 "house", 试选择某一调配函数, 并取不同的参数值对两幅图像进行融合, 观察处理后的效果图.

(1) 原图 "lena"   (2) 原图 "house"

图 6.9   原图

探究

数字图像的融合问题通常理解为如何通过一组调配函数, 把给定的若干个数字图像融合在一起. 已知各幅图像中每个像素的属性 (用数表示的该像素灰度、色彩等). 数字图像融合, 是针对像素的属性做处理, 利用调配函数来实现. 关于调配函数的构造可参见第 7 章之具体数学.

　　假定有两幅同样尺寸的图像 A, B, 即像素行的数目与列的数目都分别为 m 与 n, 以后简述为 $m \times n$ 图像. 这个 $m \times n$ 图像又恰恰对应于 $m \times n$ 矩阵, 记它们的第 i 行、第 j 列元素分别为 a_{ij} 和 b_{ij}, 并且 $i = 1, 2, 3, \cdots, m; j = 1, 2, 3, \cdots, n$.

　　事实上, a_{ij} 和 b_{ij} 是数, 它代表相应像素的属性, 可以是灰度值, 也可以是色彩分量. 于是, 图像 A 和图像 B 最简单的融合就是

$$C_{ij} = (1 - t)a_{ij} + tb_{ij}, \quad 0 < t < 1 \tag{6.3.1}$$

其中 $i = 1, 2, 3, \cdots, m; j = 1, 2, 3, \cdots, n$. C_{ij} 为融合后相应像素的属性. 假设 C 为融合后的图像, 也可记成 $C = (1 - t)A + tB$. 显然, 当 $t = 0$ 时, $C = A$; 当 $t = 1, C = B$. 可以想象, 当 t 取 0 与 1 的中间某个数时, 图像 C 的表达中含有 A 与 B 两者的信息 (数据).

　　实验中, 图像 A, B 分别为 "lena" 和 "house", 图 6.10 所列为 A, B 在不同的调配参数下得到的融合图像 C. 观察图 6.10 中 $t = 0.3$ 的图片, 可以看到 A 与 B 两个影像, 其中 B 的影像更为清晰. 若 t 很接近 0, 则融合后的图片 C 与 B 似乎没差别; 同样, 若 t 非常接近 1, 则眼睛分不清哪个是 C, 哪个是 A.

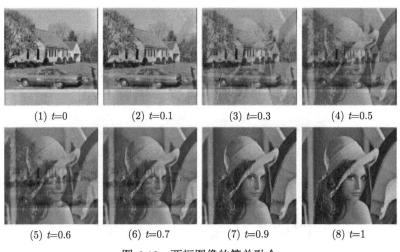

(1) $t=0$　　　(2) $t=0.1$　　　(3) $t=0.3$　　　(4) $t=0.5$

(5) $t=0.6$　　　(6) $t=0.7$　　　(7) $t=0.9$　　　(8) $t=1$

图 6.10　两幅图像的简单融合

　　在式 (6.3.1) 中, 用到了两个调配函数:

$$\varphi_0(t) = 1 - t, \quad \varphi_1(t) = t \tag{6.3.2}$$

由此, 容易想到其推广到多个图像的融合. 已知同样尺寸的 $n + 1$ 幅图像, 记为 $A_0, A_1, A_2, \cdots, A_n$, 选取调配函数 $\varphi_0(t), \varphi_1(t), \varphi_2(t), \cdots, \varphi_n(t)$, 于是得融合图像

$$C = \sum_{k=0}^{n} A_k \varphi_k(t), \quad 0 < t < 1 \tag{6.3.3}$$

调配函数的选取很自由, 比如取伯恩斯坦多项式, B- 样条基函数或者多结点样条基函数, 关于它们的详细介绍可参见第 7 章之具体数学.

引申

现在讨论一个例子, 用上面提及的图像融合方法, 可实现一种图像信息分存过程. 所谓信息分存, 指的是把一份信息分成两份, 只具有其中一份不足以恢复原来那份信息; 但分拆后的两份都掌握在手, 则通过某种计算可重建原来信息.

"两点确定一条直线" 这一基本事实可谓家喻户晓 (图 6.11). 通过已知两点 $(0, y_0)$ 和 $(1, y_1)$ 的直线方程可写为 $f(x) = (1-x)y_0 + xy_1$, 并且 $f(0) = y_0$, $f(1) = y_1$.

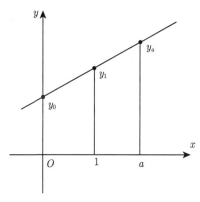

图 6.11 两点确定一条直线

若选取 $x = a \, (a \neq 0, a \neq 1)$, 则可算得 $y_a = f(a) = (1-a)y_0 + ay_1$. 显然通过 (a, y_a) 和 $(1, y_1)$ 的直线方程, 应该与通过已知两点 $(a, y_a)\,(1, y_1)$ 的直线方程一致, 于是有 $f(x) = \dfrac{1-x}{1-a}y_a + \dfrac{x-a}{1-a}y_1$. 继而, 将 $x = 0$ 代入, 得

$$y_0 = f(0) = \frac{1}{1-a}(y_a - ay_1) \tag{6.3.4}$$

也就是说, 若直线方程已确定, 则直线上任何两个不同的点, 都可把这个直线再度重构. 注意, y_0 这个数没有直接出现在式 (6.3.4) 的右端表达式中.

现在, 假定有两幅色彩斑斓的不同图像 A 和 B, 分别如图 6.12(1) 和 (2) 所示. 它们各自对应一个数字矩阵, 矩阵的元素就是图像同一位置像素的属性 (数据). 记 $A = [a_{ij}]$, $B = [b_{ij}]$, $C = [c_{ij}]$, 其中 $i = 1, 2, 3, \cdots, m$; $j = 1, 2, 3, \cdots, n$. 视 a_{ij} 和 b_{ij} 分别为式 (6.3.4) 中的 y_0 和 y_1, 当取 $t = 1.1$ 时得到的 y_a 就是 c_{ij}. 把对应的像素逐个作完 (即 $i = 1, 2, \cdots, m$; $j = 1, 2, \cdots, n$), 得到图像 C, 如图 6.12(3) 所示. 由于选择的 t 值接近 1, 所以 C 与 B 很相近, 以至于人眼不易发现差别, 其实 C 已经隐含 A 的信息.

由于从式 (6.3.4) 求得的 y_0 相当于 a_{ij}, 那就是说: 从 B, C 对应像素的属性 (数据), 可反过来算出 A 对应的像素的属性 (数据). 这样一来, 当把 A 保存下来或传输出去的时候, 为了安全起见, 不是直接存储或传输 A, 而是任意选定与 A 相差甚远的图像 B, 根据 A, B, 按像素的属性 (数据), 逐点地建立直线方程; 接着, 在直线上选另外点, 形成图像 C.

(1) 图像A $(t=0)$ (2) 图像B $(t=1)$ (3) 图像C $(t=1.1)$

图 6.12   一幅图像 A 分存成两幅图像 B 和 C

显然, 若仅有 B 或仅有 C, 则不能重建 A. 只有同时掌握了 B 和 C 的数据才可得到 A. 于是, 不妨设想, 甲想安全传输图像 A, 他选了一幅图像 B, 他又按上述方法 "计算" 出 C. 甲把 B 传给乙 (当乙已经有了 B 这幅原图, 就不必再传了), 把 C 传给丙, 分开传送, 这叫信息分存. 要想恢复 A, 必须乙丙各自提供他掌握的信息, 即 B, C 同时存在. 再用式 (6.3.4) 恢复 A. 这就像开锁必须有两把钥匙的想法一样, 增强了安全性.

上述的分存方法虽然增强了安全性, 但是, 却出现了个 "不可靠性" 的漏洞: 把一份信息分存成两份分别传给两个人, 设想其中一人因故缺席 (即损失了其中一份数据), 则不能重建 A. 那么, 能不能在重建 A 的时候, 不用担心出现这一类麻烦, 即缺少一份信息而不能重建 A.

实际上, 只要按上面的作法, 生成三份伪装的图像, 其中包括自选的图像 B, 如图 6.13(2) 所示. 另外当参数 t 的值分别取为 1.1 和 0.9 时, 可得到图像 C 和图像 D. 由于图像 C 和图像 D 对应的参数都接近 1, 那么看起来它们很相近, 虽然并不相同. 这样一来, 这三份 (即图像 B、图像 C 和图像 D) 中只要有二份能合在一起即可重建图像 A. 自然, 这个想法可以推广到更多份的分存情形.

(1) 图像A $(t=0)$ (2) 图像B $(t=1)$ (3) 图像C $(t=1.1)$ (4) 图像D $(t=0.9)$

图 6.13   图像 A 和它的分存图像 B、C 和 D

6.3.2　实验二　高斯平均

内容

已知: 给定如图 6.14 所示的图像 "lena" 和 "house", 试用 "高斯平均" 模糊的算法对图像进行高斯模糊.

(1) 原图 "lena"　　　　　　(2) 原图 "house"

图 6.14　原图

探究

熟知, "高斯平均" 模糊的算法在本质上是一种数据平滑 (Data Smoothing) 技术.

高斯模糊的原理

所谓 "模糊", 可理解成每一个像素都取周边像素的平均值.

图 6.15 中, "2" 是中间点, 周边点都是 "1". 当图 6.15 中的 "中间点" 取 "周围点" 的平均值, 就会变成 "1", 如图 6.16 所示. 在数值上, 这是一种 "平滑化". 在图形上, 就相当于产生 "模糊" 效果, "中间点" 失去细节. 显然, 计算平均值时, 取值范围越大, "模糊效果" 越强.

1	1	1
1	2	1
1	1	1

图 6.15　像素示例

1	1	1
1	1	1
1	1	1

图 6.16　平滑结果

图 6.17 分别是原图、模糊半径为 8 像素、模糊半径为 16 像素的效果. 模糊半径越大, 图像就越模糊. 从数值角度看, 就是数值越平滑.

接下来的问题就是, 既然每个点都要取周边像素的平均值, 那么应该如何分配权重呢? 若使用简单平均, 则显然不合理, 越靠近的点关系越密切, 越远离的点关系越疏远. 因此, 加权平均更合理, 距离越近的点权重越大, 距离越远的点权重越小.

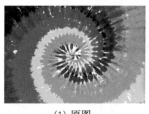 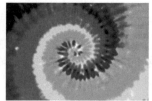 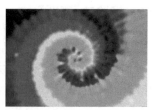

(1) 原图   (2) 模糊半径8像素   (3) 模糊半径16像素

图 6.17　图像与其模糊图像

正态分布的权重

正态分布显然是一种可取的权重分配模式. 如图 6.18 所示, 在图形上, 正态分布是一种钟形曲线, 越接近中心, 取值越大, 越远离中心, 取值越小. 计算平均值的时候, 只需要将 "中心点" 作为原点, 其他点按照其在正态曲线上的位置, 分配权重, 就可得到一个加权平均值.

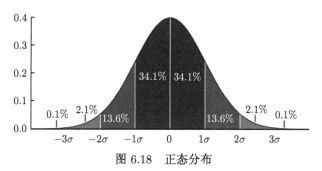

图 6.18　正态分布

高斯函数

上面的正态分布是一维的, 图像都是二维的, 所以需要二维的正态分布. 正态分布的概率密度函数叫作 "高斯函数" (Gaussian Function). 它的一维形式是

$$f(x) = \frac{1}{\sigma\sqrt{2\pi}}e^{-\frac{(x-\mu)^2}{2\sigma^2}} \tag{6.3.5}$$

其中 μ 和 σ 分别是 x 的均值和 x 的方差. 因为计算平均值的时候, 中心点就是原点, 所以 μ 等于 0.

$$f(x) = \frac{1}{\sigma\sqrt{2\pi}}e^{-\frac{x^2}{2\sigma^2}} \tag{6.3.6}$$

根据一维高斯函数, 可推导得到二维高斯函数, 如下所示:

$$f(x,y) = \frac{1}{2\pi\sigma_1\sigma_2\sqrt{1-\rho^2}}e^{-\frac{1}{2(1-\rho^2)}\left[\frac{(x-\mu_1)^2}{\sigma_1^2} - 2\rho\frac{x-\mu_1}{\sigma_1}\frac{y-\mu_2}{\sigma_2} + \frac{(y-\mu_2)^2}{\sigma_2^2}\right]} \tag{6.3.7}$$

其中 $\mu_1, \mu_2, \sigma_1, \sigma_2, \rho$ 都是常数, 范围分别为 $-\infty < u_1 < +\infty$, $-\infty < u_2 < +\infty$, $-1 < \rho < 1$, $\sigma_1 \geqslant 0$, $\sigma_2 \geqslant 0$. 有了这个函数, 就可计算每个点的权重了. 其二维正态分布的图像如图 6.19 所示.

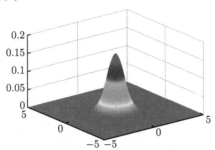

图 6.19 二维正态分布

权重矩阵

假定中心点的坐标是 (0,0), 那么距离它最近的 8 个点的坐标如图 6.20 所示.

(−1,1)	(0,1)	(1,1)
(−1,0)	(0,0)	(1,0)
(−1,−1)	(0,−1)	(1,−1)

图 6.20 中心点与其最近的 8 个点的坐标

更远的点以此类推. 为了计算权重矩阵, 需要设定 σ 的值. 假定 σ=1.5, 则模糊半径为 1 的权重矩阵如图 6.21 所示.

0.0453542	0.0566406	0.0453542
0.0566406	0.0707355	0.0566406
0.0453542	0.0566406	0.0453542

图 6.21 模糊半径为 1 的权重矩阵

这 9 个点的权重总和等于 0.4787147, 若只计算这 9 个点的加权平均, 则必须让它们的权重之和等于 1, 因此上面 9 个值还要分别除以 0.4787147, 得到最终的权重矩阵, 如图 6.22 所示.

0.0947416	0.1183180	0.0947416
0.1183180	0.1477613	0.1183180
0.0947416	0.1183180	0.0947416

图 6.22 最终的权重矩阵

计算高斯模糊

有了权重矩阵, 就可计算高斯模糊的值. 假设现有 9 个像素点, 灰度值 (0—255)

如图 6.23 所示.

21	21	23
24	25	26
27	28	29

图 6.23　像素点的灰度值

每个点乘以自己的权重值

21×0.0947416	21×0.1183180	23×0.0947416
24×0.1183180	25×0.1477613	26×0.1183180
27×0.0947416	28×0.1183180	29×0.0947416

图 6.24　每个点乘以权重值

得到

1.98957	2.60300	3.12647
2.83963	3.69403	3.07627
2.55802	3.31290	2.74751

图 6.25　权重矩阵 ($\sigma=1.5$)

将这 9 个值加起来, 就是中心点的高斯模糊的值. 对所有点重复这个过程, 就得到了高斯模糊后的图像. 若原图是彩色图片, 则对 RGB 三个通道分别作高斯模糊. 以下给出当 $\sigma = 1.5$ 时, 得到的用 "高斯平均" 模糊算法处理后的图像 (图 6.26).

(1) 图像"lena"　　　(2) 图像"house"

图 6.26　高斯模糊后的图像 ($\sigma = 1.5$)

当 $\sigma=2.5$, 模糊半径为 1, 可得权重矩阵如图 6.27 所示.

0.1051894	0.1139503	0.1051894
0.1139503	0.1234409	0.1139503
0.1051894	0.1139503	0.1051894

图 6.27　权重矩阵 ($\sigma=2.5$)

　　也可用图 6.27 所示矩阵对图像进行高斯模糊, 也可选定其他相应的 σ 值或模糊半径. 在此, 本书不再具体给出.

引申

若一个点处于边界, 周边没有足够的点, 怎么办? 其实这并不是高斯模糊特有的问题, 一个输入图像与任何的权重矩阵作卷积的时候都必须处理边缘的问题. 边缘问题的本质是, 图像的边缘试图与权重矩阵作卷积时, 权重矩阵会超出图像边界. 如图 6.28 所示, 左上角 3×3 方框表示高斯权重矩阵, 虚线部分表示超出的图像的范围, 无法进行卷积.

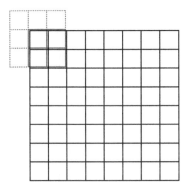

图 6.28 权重矩阵超出图像边界的示意

遇到这种情况一般处理方式有以下三种: ① 丢弃边缘. 不能参与卷积的边缘部分将被丢弃. 这种做法的缺点是输出图像比输入图像要小 "一圈", 尤其是进行多次卷积之后图像将越来越小; ② 边缘不参与卷积. 边缘的像素保留原值留在输出图像中; ③ 将图像外的部分设为 0, 然后参与卷积.

6.3.3 实验三 兰乔斯平滑因子之应用

内容

已知: 给定分段常数函数 $f_1(x)$ 与分段线性函数 $f_2(x)$, $f_3(x)$ 和 $f_4(x)$ 的具体表达式, 分别如式 (6.3.8)— 式 (6.3.11) 所示. 由 6.2.5 节的介绍, 当令 n 的取值分别为 5, 10, 20 和 50 时, 试用兰乔斯平滑因子对给定的四个函数进行一次平滑处理后画出图像, 然后与原函数图像和傅里叶级数部分和图像进行比较, 观察其磨光效果.

探究

在本章具体数学中, 详细讨论了兰乔斯平滑因子的推导. 因此, 可根据具体数学中的讨论, 当 n 取 5, 10, 20 和 50 时, 得到用兰乔斯平滑因子对函数 $f_1(x)$ 进行一次平滑处理得到的结果, 图 6.29 显示了当 $n = 5$, $n = 10$, $n = 20$ 和 $n = 50$ 这几

种情形下函数 $f_1(x)$ 的傅里叶级数部分和以及对其进行一次磨光的结果.

$$f_1(x) = \begin{cases} 1, & 0 < x \leqslant \pi \\ 0, & -\pi \leqslant x \leqslant 0 \end{cases} \tag{6.3.8}$$

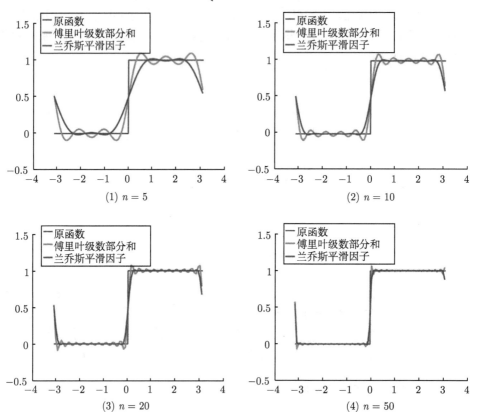

图 6.29　函数 $f_1(x)$ 的磨光 (文后附彩图)

进一步地, 在相同展开级数下, 对于分段线性函数 $f_2(x)$, $f_3(x)$ 和 $f_4(x)$ 进行一次磨光处理后, 结果分别如图 6.30—图 6.32 所示, 每个图都显示了当 $n = 5$, $n = 10$, $n = 20$ 和 $n = 50$ 这几种情形下的磨光结果.

$$f_2(x) = \begin{cases} x - 1, & 0 < x \leqslant \pi \\ x + 1, & -\pi \leqslant x \leqslant 0 \end{cases} \tag{6.3.9}$$

$$f_3(x) = \begin{cases} x + 1, & \dfrac{\pi}{2} \leqslant x \leqslant \pi \\ -x + 1, & -\dfrac{\pi}{2} \leqslant x < \dfrac{\pi}{2} \\ x + 1, & -\pi \leqslant x < \dfrac{\pi}{2} \end{cases} \tag{6.3.10}$$

$$f_4(x) = \begin{cases} 2x, & 0 < x \leqslant \pi \\ 2\pi, & -\pi \leqslant x \leqslant 0 \end{cases} \tag{6.3.11}$$

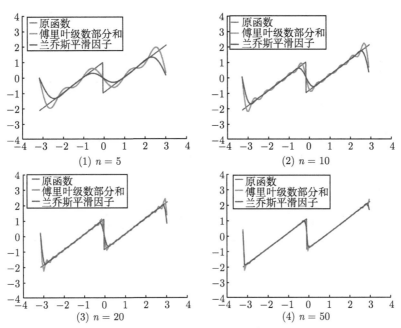

图 6.30 函数 $f_2(x)$ 的磨光

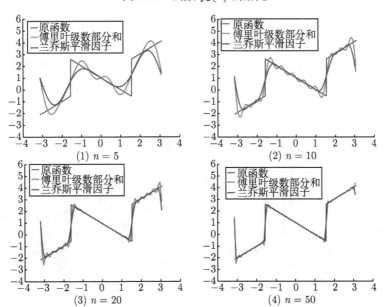

图 6.31 函数 $f_3(x)$ 的磨光

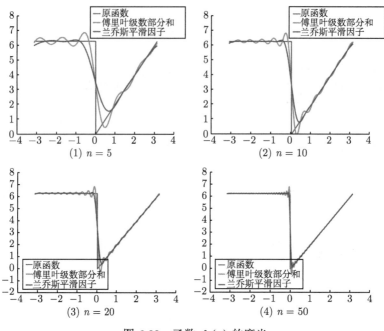

(1) $n = 5$

(2) $n = 10$

(3) $n = 20$

(4) $n = 50$

图 6.32　函数 $f_4(x)$ 的磨光

引申

进一步地, 兰乔斯平滑因子可用于图像的消噪. 随着各种数字仪器和数码产品的普及, 图像已成为人类活动中最常用的信息载体之一. 然而图像在获取、传输和存储过程中经常会受到各种噪声的干扰而使图像质量降低, 并且图像预处理的好坏对图像分割、图像识别、图像边缘检测等后续处理有直接的影响, 所以图像的消噪是图像处理中的一项重要任务. 通过去噪技术可有效地提高图像质量, 增大信噪比, 更好地体现原来图像所携带的信息. 在此, 选取灰度图像 "lena" "house" 和 "peppers" 为例, 它们大小为 256×256 像素, 分别如图 6.33(1)—图 6.35(1) 所示; 然

(1) 原图 "lena"

(2) 加噪声后的图像

(3) 傅里叶级数方法
消噪后的图像

(4) 兰乔斯平滑因子
消噪后的图像

图 6.33　图像 "lena"

后对原始灰度图像 "lena" "house" 和 "peppers" 分别加入高斯噪声 (均值为 0, 方差为 0.004); 接着用傅里叶级数方法及基于兰乔斯平滑因子的一次磨光方法, 分别对加入噪声后的 "lena" "house" 和 "peppers" 图像进行去噪, 结果分别如图 6.33—图 6.35 所示.

对于图像 "lena", 其加噪后算得的峰值信噪比（PSNR）为 23.9967 dB; 当用傅里叶方法消噪后, 算得的 PSNR 为 26.0948 dB; 当用兰乔斯平滑因子消噪后, 算得的 PSNR 为 27.7856 dB. 由此可见, 兰乔斯平滑因子具有图像消噪的功用.

(1) 原图"house"　　(2) 加噪声后的图像　　(3) 傅里叶级数方法　　(4) 兰乔斯平滑因子
　　　　　　　　　　　　　　　　　　　　消噪后的图像　　　　消噪后的图像

图 6.34　图像 "house"

对于图像 "house", 其加噪后算得的 PSNR 为 24.0196 dB; 当用傅里叶方法消噪后, 算得的 PSNR 为 24.1954 dB; 当用兰乔斯平滑因子消噪后, 算得的 PSNR 为 25.2056 dB. 由此可见, 兰乔斯平滑因子具有图像消噪的功用.

(1) 原图"peppers"　　(2) 加噪声后的图像　　(3) 傅里叶级数方法　　(4) 兰乔斯平滑因子
　　　　　　　　　　　　　　　　　　　　消噪后的图像　　　　消噪后的图像

图 6.35　图像 "peppers"

对于图像 "peppers", 其加噪后算得的 PSNR 为 24.0393 dB; 当用傅里叶方法消噪后, 算得的 PSNR 为 25.5494 dB; 当用兰乔斯平滑因子消噪后, 算得的 PSNR 为 26.9265 dB. 由此可见, 兰乔斯平滑因子具有图像消噪的功用.

第 7 章　逼　　近

逼近可以把研究一个数学对象的数值特征和量的性质问题, 转化为研究另一些比较简单、比较方便的对象.

—— 摘自《数学百科全书 (第一卷)》(第 194 页)[①]

7.1　概　　观

"逼近" 属于描述性的用词, 词典上说 "逼近" 就是 "慢慢靠近", 或者 "已靠得很近、即将靠近" 的意思. 从数学的角度, 就要问: 什么叫 "近" "很近" "靠近"? 什么叫 "已靠近、即将靠近"? 怎样度量远近? 在数学上, 这样提问不是故作矫情, 是必须严格说清楚而不出现逻辑上的矛盾. 从古希腊的毕达哥拉斯 (Pythagoras, 约公元前 580— 前 500) 与亚里士多德 (Aristotle, 公元前 384— 前 322), 一直到十九世纪数学里研究序列极限与函数极限、无穷小概念, 使得作为微积分基础的实数理论一步一步地获得明确理解. 譬如, 在高等数学的函数极限里, 说 $\lim_{x\to a} f(x) = b$ 时, 总会想到当 x 连续地沿着 x 轴趋向 a 时, $f(x)$ 沿另一条轴趋向 b 点. 可是若在 x 轴上没有一个点代表 a, 或在另一条轴上没有一个点可被说成是 b, 则这样的极限式如何理解? 事实上希腊人早就发现了这个问题: 轴上的一个点 (距原点为单位边长正方形对角线这么长的那个点) 不能用一个数 (希腊人讲数实际上是有理数) 来表示, 那么 $x \to a, f(x) \to b$ 都是什么意思? 总之, 极限概念实际上有一个默认的基础: 直线上的点与实数之间有一一对应关系. 从几何上说, 这似乎不言而喻, 但从逻辑上讲是有待证明的. 与这个没有明确说明的默许相关的许多基本命题 (诸如单调有界序列必有极限等), 其证明皆有赖于此, 不能只依赖于几何直观. 从这个角度理解逼近, 会加深对数学基础的认识. 虽然不对此展开讨论, 而是提醒这点, 希望有助于理解数学的思想方法.

从计算角度看, 用多项式、有理函数、三角函数对复杂函数做逼近, 被认为是简单而有效的, 这并不只是计算机出现之后的共识. 实际上, 十七世纪诞生的微积分, 也是用大量篇幅反复讨论用多项式、有理函数, 以及三角函数逼近一般的复杂函数 (诸如泰勒展开、幂级数、连分式、傅里叶级数等).

数学上, 为了用简单的函数逼近复杂的函数, 人们研究插值与拟合的各种方法. 这些方法成为 "数值分析" 丰富多彩的内容.

[①]《数学百科全书》编译委员. 数学百科全书 (第一卷). 北京: 科学出版社, 1994.

面对一个复杂的函数 $f(x)$, 利用它的信息 (数据), 找到一种操作 (算法), 记为 T, 称为函数或 "算子", 希望在算子 T 的作用下得到的 $T(f(x)) = g(x)$ 是一个简单的函数. 这里, 要求满足 "近似" 条件 $g(x) \approx f(x)$. 当然, 应该确切地讲清什么样的函数是 "简单" 的、"近似相等" 是什么含义等. 若引进称之为 "不变" 的算子 $T : Tf = f$, 或者简单地说, T 的作用如同单位 1 作用于函数 $f(x)$, 则用简单函数替代复杂函数要做的事情就是寻求 "单位算子 I"($If = f$, 也称不变算子) 的逼近算子. 回想数值逼近的内容, 所论及的许多方法都涉及如何对单位算子做逼近, 这是描述性的看法. 至于怎样设计单位算子的逼近算子, 会在本章做进一步的具体讨论. 这里, 简略提及一种逼近单位算子的思路, 首先注意常见算子, 记 $h = x_{r+1} - x_r, y_r = y(x_r)$, 那么有向前差分: $\Delta y_r = y_{r+1} - y_r$, 向后差分: $\nabla y_r = y_r - y_{r-1}$, 中心差分: $\bar{\Delta} y_r = y_{r+\frac{1}{2}} - y_{r-\frac{1}{2}}$, 平均: $\mu y_r = \frac{1}{2}(y_{r+\frac{1}{2}} + y_{r-\frac{1}{2}})$, 平移: $Ey_r = y_{r+1}$, 微分: $Dy = \dfrac{dy}{dx}$, 积分: $D^{-1} = \displaystyle\int_{-\infty}^{x}$, 那么 (免去严格的论述) 有 $DD^{-1} = I$. 将 D 以中心差分算子 $\bar{\Delta}$ 替代, 这就给出了一种逼近单位算子的计算格式 $\bar{\Delta}_h D^{-1} = \dfrac{1}{h} \displaystyle\int_{x-\frac{h}{2}}^{x+\frac{h}{2}} \approx I$.

数学中方程求解的问题, 从泛函分析的观点来看, 不论求解什么方程, 都可概括为求解算子方程问题, 只是算子的具体形式不同而已. 求解方程, 一方面研究方程的解的存在性、唯一性; 另一方面是求解方法. 本书集中谈论后者. 在很多情况下, 求解各种方程的问题可归结为求算子的不动点问题: 将方程 $F(x) = 0$ 转化为等价形式 $x = x - F(x)$, 记 $T = I - F$, 有 $x = Tx$, 于是求解 $F(x) = 0$ 转化为求算子 T 的不动点问题. 求解的迭代过程写为

$$x_{n+1} = Tx_n, \quad n = 0, 1, 2, 3, \cdots \tag{7.1.1}$$

问题是, 从 $n = 0$ 起步, T 满足什么条件这个迭代过程可以无限进行下去? 从 $n = 0$ 起步, 如何选择 x_0, 使 x_n 收敛, 且极限点 x 满足 $x = Tx$? 这就是不动点理论回答的问题. 1909 年, 荷兰数学家鲁伊兹 · 艾格博特斯 · 杨 · 布劳威尔 (Luitzen Egbertus Jan Brouwer, 1881—1966) 提出不动点原理, 后经波兰数学家施特藩 · 巴拿赫 (Stefan Banach, 1892—1945) 等进一步发展, 称之为压缩映像原理或巴拿赫不动点定理. 这就是: 完备的距离空间上, 到自身的一个压缩映射存在唯一的不动点. 不动点理论是二十世纪数学中的一枝奇葩, 半个多世纪以来, 其影响可说遍及整个数学领域.

最后顺便引申一下 "逼近" 这一用语: 日常生活中的逼近指向目标动态前进的过程. 比如若想到达某地, 不管是从广州到澳门, 还是从地球出发落在火星上, 都不

会 "一下子" 完成. 人们做事, 出发点并非目标点, 但想办法修正出发的位置, 使得下一个到达点更接近目标; 继而, 修正目前的方向, 让它有所改善 …… 如此下去, 到达或足够接近目标. 数学中的哥德巴赫猜想, 先从相对简单的问题开始, 数学家前仆后继, 向最终的 "1+1" 冲刺, 这是说做事情往往也是逐步逼近的过程.

7.1.1 魏尔斯特拉斯逼近定理

回顾历史, 人们早就注意这样的问题, 是否存在多项式 $P(x)$, 使得在区间 $[0, 1]$ 上, 它能任意逼近给定的连续函数 $f(x)$. 1885 年, 德国著名数学家魏尔斯特拉斯指出了如下基本定理: 设 $f(x)$ 是区间 $[0, 1]$ 上的连续函数, 则对任何 $\varepsilon > 0$, 存在多项式 $P(x)$, 使得 $|f(x) - P(x)| < \varepsilon$ 一致成立 (这里, "一致性" 概念参见任何一本微积分的教科书).

本书在第 6 章的权函数举例中已经提及, 对魏尔斯特拉斯逼近定理, 有许多证明方法, 其中伯恩斯坦的证明独具特色, 特色就在于它是构造性的. 所谓构造性证明, 就是伯恩斯坦根据给定的连续函数 $f(x)$, 立即写出多项式 (人们称之为伯恩斯坦多项式)

$$B_n(f; x) = f\left(\frac{0}{n}\right) b_{n,0}(x) + f\left(\frac{1}{n}\right) b_{n,1}(x) + \cdots$$
$$+ f\left(\frac{n-1}{n}\right) b_{n,n-1}(x) + f\left(\frac{n}{n}\right) b_{n,n}(x), \quad x \in [0, 1] \qquad (7.1.2)$$

其中

$$b_{n,i}(x) = C_n^i (1-x)^i x^{n-i} \qquad (7.1.3)$$

其中 $C_n^i = \dfrac{n!}{i!(n-i)!}$, $i = 0, 1, 2, \cdots, n$, 这个具体写出来的多项式序列, 满足魏尔斯特拉斯指出的结论, 即当 $n \to \infty$ 时, 有 $B_n(f; x) \to f(x), x \in [0, 1]$. 证明过程从略, 有兴趣者可参阅纳唐松所著的《函数构造论》或常庚哲等所著的《数学分析教程》[①]. 须知, $B_n(f; x)$ 收敛到 $f(x)$ 很慢, 因此伯恩斯坦多项式在函数逼近的具体应用中, 一度被人忽视.

然而, 当计算机辅助几何设计兴起之后, 几何对象整体形态描述备受关注. 设计者给出粗糙的 "草图"(折线), 希望据此生成形状轮廓上相近的 "精美的造型"(光滑曲线). 几何造型的设计者无须过分逼近原始的草图, 只要调整草图之后生成新造型的过程灵活方便. 在这样的需求之下, 以伯恩斯坦多项式理论为基础的贝齐尔方法立即以其直观、简捷、灵便的特点, 赢得工程师的欢迎, 并迅速成为曲线曲面设计与绘图的不可缺少的工具.

---

① 常庚哲, 史济怀. 数学分析教程 (上册). 北京: 高等教育出版社, 2003.

7.1.2 拉格朗日插值多项式

把拉格朗日多项式插值法作为基本知识, 是因为它可作为各种插值方法的 "模板与标杆". 也就是说, 从它的由来、性质、优缺点分析, 会引申很多值得深入思考的问题.

设 $[a,b]$ 区间有划分 $a = x_0 < x_1 < x_2 < \cdots < x_n = b$, 并有数据

$$y_0, y_1, y_2, \cdots, y_n$$

把待定的多项式写成

$$L_n(x) = a_n x^n + a_{n-1} x^{n-1} + \cdots + a_1 x + a_0 \tag{7.1.4}$$

其中 $a_n, a_{n-1}, \cdots, a_1, a_0$ 为待定系数. 插值问题要求满足条件

$$L_n(x_i) = y_i, \quad i = 0, 1, 2, \cdots, n \tag{7.1.5}$$

于是从式 (7.1.4), 有

$$a_n x_i^n + a_{n-1} x_i^{n-1} + \cdots + a_1 x_i + a_0 = y_i, \quad i = 0, 1, 2, \cdots, n \tag{7.1.6}$$

这是关于 $a_n, a_{n-1}, \cdots, a_1, a_0$ 的线性方程组, 写成矩阵形式:

$$
\begin{bmatrix}
x_0^n & x_0^{n-1} & x_0^{n-2} & \cdots & x_0 & 1 \\
x_1^n & x_1^{n-1} & x_1^{n-2} & \cdots & x_1 & 1 \\
x_2^n & x_2^{n-1} & x_2^{n-2} & \cdots & x_2 & 1 \\
\vdots & \vdots & \vdots & & \vdots & \vdots \\
x_{n-1}^n & x_{n-1}^{n-1} & x_{n-1}^{n-2} & \cdots & x_{n-1} & 1 \\
x_n^n & x_n^{n-1} & x_n^{n-2} & \cdots & x_n & 1
\end{bmatrix}
\begin{bmatrix}
a_n \\
a_{n-1} \\
a_{n-2} \\
\vdots \\
a_1 \\
a_0
\end{bmatrix}
=
\begin{bmatrix}
y_0 \\
y_1 \\
y_2 \\
\vdots \\
y_{n-1} \\
y_n
\end{bmatrix}
\tag{7.1.7}
$$

由范德蒙德 (Vandermonde) 行列式的计算及条件 $x_0 < x_1 < x_2 < \cdots < x_n$, 立即断定存在唯一的一组数 $a_n, a_{n-1}, \cdots, a_1, a_0$, 满足方程组. 换言之, 满足条件 (7.1.5) 的 n 次多项式存在且唯一. 这个事实说明: 无论把 n 次多项式写成什么样子, 只要满足 (7.1.5), 那么一定是同一个多项式. 现在, 考虑特殊的插值条件

$$l_i(x_j) = \begin{cases} 1, & i = j, \\ 0, & i \neq j, \end{cases} \quad i, j = 0, 1, 2, \cdots, n \tag{7.1.8}$$

容易验证特殊的 n 次多项式

$$l_i(x) = \frac{(x-x_0)(x-x_1)\cdots(x-x_{i-1})(x-x_{i+1})\cdots(x-x_n)}{(x_i-x_0)(x_i-x_1)\cdots(x_i-x_{i-1})(x_i-x_{i+1})\cdots(x_i-x_n)},$$
$$i = 0, 1, 2, \cdots, n \qquad (7.1.9)$$

满足式 (7.1.8). 这样一来, 由存在唯一性定理, 满足条件 (7.1.8) 的 n 次多项式只有这个 $l_i(x)$, 若还有另外不同的, 则也只是同一个多项式写法上的差别而已. 当 $i = 0, 1, 2, \cdots, n$ 时, $\{l_i(x)\}$ 共有 $n+1$ 个. 有了这样的 $n+1$ 个特殊的多项式, 就可直接写出满足式 (7.1.5) 的 n 次多项式

$$L_n(x) = \sum_{i=0}^n y_i l_i(x) \qquad (7.1.10)$$

即为拉格朗日插值多项式.

7.1.3 迭代逼近法

迭代是指通过从一个初始估计出发, 寻找一系列近似解来解决问题 (一般是解方程或者方程组) 的数学过程, 为实现这一过程所使用的方法统称为迭代法. 跟迭代法相对应的是直接法. 一般情况下, 直接解法总是优先考虑的. 但当遇到复杂问题时, 特别是在未知量很多, 方程为非线性时, 无法找到直接解法 (譬如五次以及更高次的代数方程没有解析解, 参见阿贝尔定理), 这时候或许可通过迭代法寻求方程 (组) 的近似解. 最常见的迭代法是牛顿法, 其他还包括最速下降法、共轭迭代法、变尺度迭代法、雅可比迭代法、高斯–塞德尔迭代法、线性规划、非线性规划、单纯形法、惩罚函数法、斜率投影法、遗传算法和模拟退火算法.

牛顿迭代法 (Newton's Method) 又称为牛顿–拉弗森方法 (Newton-Raphson Method), 它是牛顿在十七世纪提出的一种在实数域和复数域上近似求解方程的方法. 多数方程不存在求根公式, 因此求精确根非常困难, 甚至不可能, 从而寻找方程的近似根就显得特别重要. 方法是使用函数 $f(x)$ 的泰勒级数的前面几项来寻找方程 $f(x) = 0$ 的根. 牛顿迭代法是求方程根的重要方法之一, 其最大优点是在方程 $f(x) = 0$ 的单根附近具有平方收敛, 而且该法还可用来求方程的重根、复根, 此时线性收敛, 但是可通过一些改进使方法变成超线性收敛. 牛顿迭代法的相关内容已在第 3 章的具体数学中有详细讨论. 在本章数学实验中将讨论用牛顿迭代法解非线性方程组.

7.2 具 体 数 学

多项式插值及逼近方法, 被广泛应用在大量的数据处理实际问题中. 如下介绍的拉格朗日插值多项式, 是数值逼近的基本内容, 其理论意义更超过其实用价值; 其

次讨论的贝齐尔及样条函数方法, 其实用价值已经突出体现在计算机辅助几何设计的应用中; 最后介绍最小二乘法及单位算子逼近, 它们在数据处理中具有广泛应用.

7.2.1 拉格朗日插值基函数

通常人们说到 n 次多项式, 习惯上总把它写成

$$L_n(x) = a_n x^n + a_{n-1} x^{n-1} + \cdots + a_1 x + a_0 \tag{7.2.1}$$

也就是说, 任何 n 次多项式都可写成 $1, x, x^2, \cdots, x^n$ 这 $n+1$ 个单项式的线性组合, 称 $1, x, x^2, \cdots, x^n$ 为 n 次多项式的一组基函数, 简称基 (图 7.1). n 次多项式的基函数不是唯一的. 在前述拉格朗日插值方法中, $n+1$ 个特殊的 n 次多项式 $l_i(x)$, $i = 0, 1, 2, \cdots, n$, 也是一组基函数, 叫作拉格朗日基函数. 利用这组基, 满足条件

$$L_n(x_i) = y_i, \quad i = 0, 1, 2, \cdots, n \tag{7.2.2}$$

的 n 次多项式, 写成

$$L_n(x) = \sum_{i=0}^{n} y_i l_i(x) \tag{7.2.3}$$

无须求解方程组, 直接得到解答. 由此可以看出, 采用什么样的基函数表达多项式, 是十分值得研究的问题.

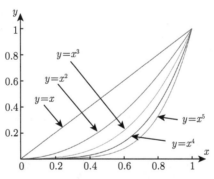

图 7.1　区间 $[0,1]$ 上的 x^i 示意图

图 7.1 显示了在区间 $[0,1]$ 上的 $l_i(x)$ 示意图, 其中 $n = 8$, $x_i = \dfrac{i}{8}$, $i = 0, 1, 2, 3, 4, 5, 6, 7, 8$.

拉格朗日插值多项式曲线, 通过给定的数据点 (也可称之为型值点, 这是工程师的语言). 但是, 在高次的情形会出现不令人满意的现象, 当插值多项式次数较高时, 会出现龙格 (Runge) 现象. 换言之, 在采用高次的拉格朗日插值多项式时, 由于龙格现象的出现使插值失效, 因此, 应用这种插值方法, 次数不宜过高, 一般说来, 七、八次以上不宜采用. 事实上, 在数值分析领域中, 龙格现象是用高阶多项式进

行多项式插值时所出现的问题, 它是卡尔·龙格 (Carl Runge, 1856—1927) 在研究使用多项式插值逼近特定函数的误差过程中发现的. 卡尔·龙格是德国数学家、物理学家与光谱学家. 他是龙格–库塔法的共同发明者与共同命名者. 1880 年, 他在柏林大学获取数学博士, 导师是被誉为 “现代分析之父” 的著名德国数学家魏尔斯特拉斯. 月球的龙格陨石坑 (Runge Crater) 是因他而命名的 (图 7.3).

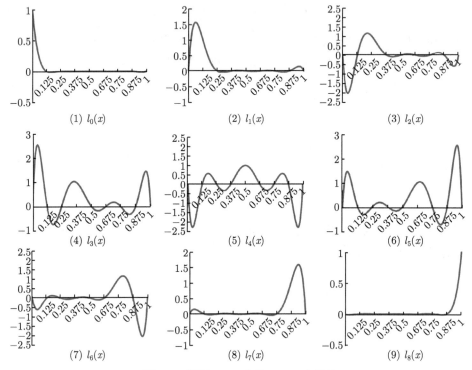

图 7.2   区间 $[0,1]$ 上的 $l_i(x)$ 示意图

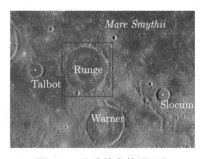

图 7.3   月球的龙格陨石坑

现考虑龙格现象的一个具体实例, 给定如下函数:

$$f(x) = \frac{1}{1 + 25x^2}, \quad -1 \leqslant x \leqslant 1 \tag{7.2.4}$$

取等距插值节点 $x_i = -1 + \dfrac{2i}{10}$, $i = 0, 1, 2, \cdots, 10$, 当插值多项式的次数为 10 时, 运用拉格朗日插值公式有如下插值多项式:

$$P_{10}(x) = f(x_0)l_0(x) + f(x_1)l_1(x) + f(x_2)l_2(x) + \cdots + f(x_{10})l_{10}(x) \tag{7.2.5}$$

其中

$$l_i(x) = \frac{(x - x_0) \cdots (x - x_{i-1})(x - x_{i+1}) \cdots (x - x_{10})}{(x_i - x_0) \cdots (x_i - x_{i-1})(x_i - x_{i+1}) \cdots (x_i - x_{10})}, \quad i = 0, 1, 2, \cdots, 10 \tag{7.2.6}$$

所以当插值多项式的次数为 10 时, $f(x)$ 和 $P_{10}(x)$ 的计算结果如表 7.1 所示. 从表 7.1 中可以看出, 在 $[-0.2, 0]$ 范围内 $P_{10}(x)$ 能较好地逼近 $f(x)$, 但在其他处 $P_{10}(x)$ 与 $f(x)$ 差异较大, 越靠近端点逼近的效果就越差, 如图 7.4 所示. 譬如 $f(-0.96) = 0.04160$, 但 $P_{10}(-0.96) = 1.80438$. 可以证明当节点无限加密时, 在两端点的波动越来越大, 更不能保证在 n 趋于无穷大时 $P_n(x)$ 一致地接近于 $f(x)$. 这种现象叫龙格现象.

表 7.1　龙格现象

x	$f(x)$	P_{10}	$f(x) - P_{10}$	x	$f(x)$	P_{10}	$f(x) - P_{10}$
-1.00	0.03846	0.03846	0.00000	-0.46	0.15898	0.24145	-0.08247
-0.96	0.04160	1.80438	-1.76278	-0.40	0.20000	0.19999	0.00001
-0.86	0.05131	0.88808	-0.83677	-0.36	0.23585	0.18878	0.04707
-0.80	0.05882	0.05882	0.00000	-0.26	0.37175	0.31650	0.05525
-0.76	0.06477	-0.20130	0.26607	-0.20	0.50000	0.50000	0.00000
-0.66	0.08410	-0.10832	0.19242	-0.16	0.60976	0.64316	-0.03340
-0.60	0.10000	0.10000	0.00000	-0.06	0.91743	0.94090	-0.02347
-0.56	0.11312	0.19873	-0.08561	0.00	1.00000	1.00000	0.00000

龙格现象表明高阶多项式通常不适合用于插值. 使用分段多项式样条可避免这个问题. 若要减小插值误差, 则可增加构成样条的多项式的数目, 而不必增加多项式的阶次.

进一步地, 根据插值节点数目的不同, 也可观察龙格现象的变化情况, 从而了解数值不稳定现象. 取不同节点数, 在区间 $[-1, 1]$ 上取等距间隔的节点为插值点, 把函数 $f(x)$ 和拉格朗日插值多项式的曲线画在同一张图上进行比较, 如图 7.5 所示, 16 幅图分别为插值节点从 1 个到 16 个的拉格朗日插值多项式图像和原函数图像. 由图 7.5 可知, 当节点数较少时, 逼近效果并不好, 随着节点数的增多, 逼近效果似乎越来越好. 但是当节点数再增多时, 在接近区间两边附近误差越来越大, 逼近效果越来越差.

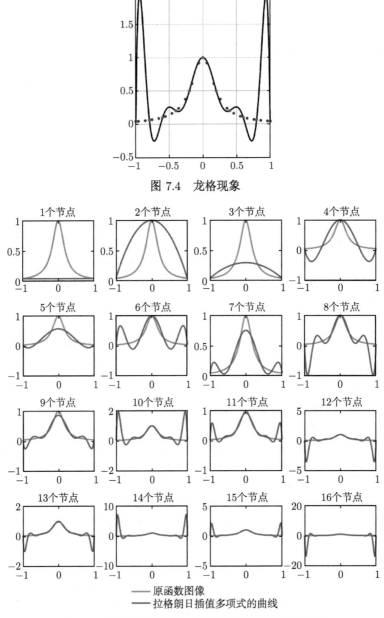

图 7.4　龙格现象

图 7.5　龙格现象的变化 (基于不同数目的插值节点)

在几何造型的应用中, 已知的离散型值点 $(x_0, y_0), (x_1, y_1), (x_2, y_2), \cdots, (x_n, y_n)$ 往往给出了整体轮廓. 每点通过的拉格朗日插值多项式曲线, 对型值点序列显示的整体轮廓不能保持一致. 那么, 自然希望有这样的基函数, 用它代替拉格朗日插值多项式中的基函数, 从而给出另外的数据拟合新方法, 这个新方法得到的仍是 n 次多项式, 这个多项式曲线, 在形状上与型值点呈现的轮廓形状有良好的一致性. 这就是下面要讨论的伯恩斯坦多项式及由它引申出来的贝齐尔曲线.

7.2.2 伯恩斯坦多项式

前面谈过: 设 $y = f(x)$ 在区间 $[0, 1]$ 上连续, 那么, 下面的 n 次多项式叫作 $f(x)$ 的伯恩斯坦多项式.

$$
\begin{aligned}
B_n(f; x) = & f\left(\frac{0}{n}\right) b_{n,0}(x) + f\left(\frac{1}{n}\right) b_{n,1}(x) + \cdots \\
& + f\left(\frac{n-1}{n}\right) b_{n,n-1}(x) + f\left(\frac{n}{n}\right) b_{n,n}(x)
\end{aligned}
\tag{7.2.7}
$$

其中

$$
b_{n,i}(x) = \frac{n!}{i!(n-i)!}(1-x)^i x^{n-i}, \quad i = 0, 1, 2, \cdots, n
\tag{7.2.8}
$$

称为 n 次伯恩斯坦基函数, 图 7.6 给出了 $i = 0, 1, 2, 3, 4$ 时的 5 个 4 次伯恩斯坦基函数图形.

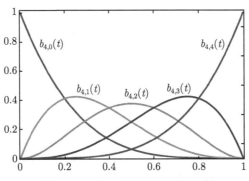

图 7.6 5 个 4 次伯恩斯坦基函数

在 7.1.1 节指出了: 当 $n \to \infty$ 时, 有 $B_n(f; x) \to f(x), x \in [0, 1]$. 这就是说, 只要 n 足够大, 就可以做到 $B_n(f; x)$ 足够近似于 $f(x)$. 进一步要问, 这种逼近的速度如何? 若逼近的速度很快, 用 $B_n(f; x)$ 代替 $f(x)$ 作数值计算当然会取得很高效益. 遗憾的是这样做的逼近速度很不理想. 对于最简单的情形, $f(x) = 1$ 及 $f(x) = x$ 分别有 $B_n(1; x) = 1, B_n(x; x) = x$. 但对 $f(x) = x^2$, 经过计算可证得

$$
B_n(x^2; x) - x^2 = \frac{x(1-x)}{x} \leqslant \frac{1}{4n}
\tag{7.2.9}
$$

这说明, 用 x^2 的伯恩斯坦多项式来逼近 x^2 时, 逼近阶为 $\dfrac{1}{n}$, 这是很慢的收敛速度, 它表明伯恩斯坦多项式用来做数值计算效率很低而不能使用.

在二十世纪六十年代, 戴维斯在他的《插值与逼近》书中曾指出: 或许在整体形状上的逼近比其计算速度更被人重视的时候, 伯恩斯坦多项式才能得到有效的应用. 戴维斯的预言在二十世纪七十年代得到应验: 法国雷诺汽车的优秀工程师贝齐尔创立了一套设计曲线的方法, 并成功用在汽车生产的自动化流水线上. 至今被人们称为贝齐尔方法, 其数学基础正是伯恩斯坦多项式.

现在给定有序点列

$$P_0, P_1, P_2, \cdots, P_n \tag{7.2.10}$$

采用伯恩斯坦多项式用参数形式表达的曲线

$$B_n(t) = B_n(P_0, P_1, P_2, \cdots, P_n; t) = \sum_{i=0}^{n} P_i b_{n,i}(t), \quad 0 \leqslant t \leqslant 1 \tag{7.2.11}$$

称为 n 次贝齐尔曲线. 由式 (7.2.11) 容易写出

$n = 1:\ B_1(t) = (1-t)P_0 + tP_1,\ 0 \leqslant t \leqslant 1$

$n = 2:\ B_2(t) = (1-t)^2 P_0 + 2(1-t)tP_1 + tP_2,\ 0 \leqslant t \leqslant 1$

$n = 3:\ B_3(t) = (1-t)^3 P_0 + 3(1-t)^2 tP_1 + 3(1-t)t^2 P_2 + tP_3,\ 0 \leqslant t \leqslant 1$

等等.

通过简单的计算可知

$$\begin{aligned}
B_n(0) &= P_0 \\
B_n(1) &= P_n \\
B_n'(0) &= n(P_1 - P_0) \\
B_n'(1) &= n(P_n - P_{n-1})
\end{aligned} \tag{7.2.12}$$

这就是说, 与折线 $P_0 P_1 P_2 \cdots P_{n-1} P_n$(通常称为贝齐尔多边形) 相应的 n 次贝齐尔曲线, 通过折线的两个端点, 并在端点处与折线的首末两条线段相切. 折线 $P_0 P_1 P_2 \cdots P_{n-1} P_n$ 与相应的 n 次贝齐尔曲线在形状上大体相近, 当改变折线 (即调整某型值点的位置) 的时候, 相应的贝齐尔曲线也跟着折线的形状作改变, 于是, 把折线称作控制多边形.

7.2.3   样条函数

上面讨论的拉格朗日插值曲线及贝齐尔曲线, 都是对给定的 $n+1$ 个型值点, 构造一个 n 次多项式. 某个型值点的改动, 将影响曲线整体形状. 换言之, 这两种方法不具备良好的局部性.

为什么强调局部性呢? 人们在作几何设计时, 对大量型值点得到拟合曲线之后, 经常发现个别地方不令人满意, 而其他大部分地方是理想的. 用整体性很强的 (譬如高次多项式) 曲线作拟合, 一旦修改某一个型值点, 就会影响已经满意的部分, 这自然不是人们希望的.

联想 "方砖砌圆井" "条石筑拱桥" 的工程实践, 整体上的 "曲", 是用分段的 "直" 实现的. 折线这种分段为直线段的曲线, 就是最简单的 "样条" 曲线. 但是现在得名的样条曲线并不仅指折线, 而是早年放样工人或绘图员借助样条 (一种软木或塑料的长条) 和压铁给出的那种曲线. 这种曲线, 从材料力学上看, 是小挠度弹性梁的形状, 数学上表达为分段三次多项式. 推而广之, 今天把分段多项式, 甚至分段解析函数统称为样条函数 (图 7.7).

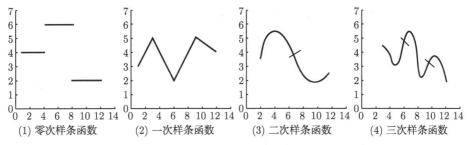

(1) 零次样条函数　(2) 一次样条函数　(3) 二次样条函数　(4) 三次样条函数

图 7.7　样条函数示例

样条函数理论基础的建立, 首见于 1946 年 I. J. Schoenberg 的著名论文 ①. 1947 年, H. B. Curry 在他关于样条函数的评论文章②中阐述了非等距结点样条基函数; 1972 年, C. de Boor 和 M. G. Cox 分别独立地给出 B-样条函数的实用算法③④; 1974 年, W. J. Gordon 与 R. F. Riesenfeld 注意到参数 B-样条曲线在几何设计中的作用, 并将它与贝齐尔曲线联系起来, 成为样条函数在计算机辅助几何设计实践中大显身手的开端⑤.

通常人们所说的样条函数, 指的是分段 k 次多项式, 分段点处有 $k-1$ 阶连续导数. 详言之, 对于给定区间 $[a, b]$ 的划分

① Schoenberg I J. Contributions to the problem of approximation of equidistant data by analytic functions. Quarterly of Applied Mathematics, 1946, 4: 44-99, 112-141.

② Curry H B. Review. Mathematical Tables and Other Aids to Computation, 1947, 2: 167-169, 211-213.

③ de Boor C. On calculating with B-splines. Journal of Approximation Theory, 1972, 6(1): 50-62.

④ Cox M G. The numerical evaluation of B-splines. IMA Journal of Applied Mathematics, 1972, 10(2): 134-149.

⑤ Gordon W J, Riesenfeld R F. Bernstein-Bézier methods for the computer-aided design of free-form curves and surfaces. Journal of the ACM, 1974, 21(2): 293-310.

$$a = x_0 < x_1 < x_2 < \cdots < x_{N-1} < x_N = b \tag{7.2.13}$$

若函数 $S(x)$ 满足:

(1) 在每个子区间 (x_i, x_{i+1}), $i = 0, 1, 2, \cdots, N-1$ 上, $S(x)$ 是 k 次多项式;

(2) 在整个区间 $[a, b]$ 上, $S(x)$ 及其直到 $k-1$ 阶导数连续,

则称 $S(x)$ 为区间 $[a, b]$ 上以 $\{x_i | i = 1, 2, 3, \cdots, N-1\}$ 为结点的 k 次样条函数.

为寻求 k 次样条函数在划分 (7.2.13) 之下的基函数, 首先介绍样条函数的数学表达. 在区间 $[a, b]$ 上的 k 次多项式写为

$$S_0(x) = a_0 + a_1 x + a_2 x^2 + \cdots + a_k x^k, \quad x \in [x_0, x_1] \tag{7.2.14}$$

为了使这种形式的表达能适合更大区间上的分段多项式, 引入记号

$$u_+^k = \begin{cases} u^k, & u > 0, \\ 0, & u \leqslant 0 \end{cases} \tag{7.2.15}$$

称为截断单项式.

现在考虑区间 $[x_0, x_2]$ 上的分段 k 次多项式 $S_1(x)$, 结点只有一个, 即在 $x = x_1$ 处有 $k-1$ 阶连续导数. 这时, $S_1(x)$ 在区间 $[x_0, x_2]$ 上的自由度为 $2(k+1) - k = k+2$, 记

$$S_1(x) = S_0(x) + b_1(x - x_1)_+^k, \quad x \in [x_0, x_2]$$

由截断单项式的定义, 当 $x \in [x_0, x_1]$ 时, $S_1 \equiv S_0$. 进而不难看出在区间 $[x_0, x_N]$ 上, 以 $x_1, x_2, \cdots, x_{N-1}$ 为结点的 k 次样条函数 $S_{N-1}(x)$ 可表示为

$$\begin{aligned} S_{N-1}(x) &= S_{N-2}(x) + b_{N-1}(x - x_{N-1})_+^k \\ &= S_0(x) + \sum_{j=1}^{N-1} b_j(x - x_j)_+^k, \quad x \in [x_0, x_N] \end{aligned} \tag{7.2.16}$$

这样看来, 区间 $[x_0, x_N]$ 上以 $x_1, x_2, \cdots, x_{N-1}$ 为结点的 k 次样条函数 $S_{N-1}(x)$ 可表达为线性无关函数组

$$1, x, x^2, \cdots, x^k, (x - x_1)_+^k, (x - x_2)_+^k, \cdots, (x - x_{N-1})_+^k \tag{7.2.17}$$

的线性组合. 若结点相同, 则不同的样条函数仅是组合系数不同. 假若在区间 $[x_0, x_N]$ 上的 $\alpha_1 < \alpha_2 < \cdots < \alpha_{k+N}$ 处给定数据 $\beta_1, \beta_2, \cdots, \beta_{k+N}$, 那么为了得到满足条件

$$S_{N-1}(\alpha_j) = \beta_j, \quad j = 1, 2, \cdots, k + N \tag{7.2.18}$$

的样条函数 $S_{N-1}(x)$, 只需求解如下方程组:

$$
\begin{bmatrix}
1 & \alpha_1 & \cdots & \alpha_1^k & (\alpha_1-x_1)_+^k & \cdots & (\alpha_1-x_{N-1})_+^k \\
1 & \alpha_2 & \cdots & \alpha_2^k & (\alpha_2-x_1)_+^k & \cdots & (\alpha_2-x_{N-1})_+^k \\
1 & \alpha_3 & \cdots & \alpha_3^k & (\alpha_3-x_1)_+^k & \cdots & (\alpha_3-x_{N-1})_+^k \\
\vdots & \vdots & & \vdots & \vdots & & \vdots \\
1 & \alpha_{k+N} & \cdots & \alpha_{k+N}^k & (\alpha_{k+N}-x_1)_+^k & \cdots & (\alpha_{k+N}-x_{N-1})_+^k
\end{bmatrix}
\begin{bmatrix}
a_0 \\ a_1 \\ \vdots \\ b_1 \\ \vdots \\ b_{N-1}
\end{bmatrix}
$$

$$
= (\beta_1,\beta_2,\beta_3,\cdots,\beta_{k+N})^{\mathrm{T}} \tag{7.2.19}
$$

观察系数矩阵, 可见它的性质与样条函数结点及插值节点有关, 一般说来系数矩阵并不保证具有良好的条件数及稀疏性. 因此, 式 (7.2.17) 所示的基函数表达 k 次样条函数, 在实用中目前已经少见. 但在理论研究上, 它有其特别的方便之处.

下面介绍 B-样条基函数, 它被广泛用于样条函数的计算.

由于式 (7.2.17) 给出的基函数不便应用, 要寻找具有局部性的样条基函数, 称之为 B-样条基函数. 令结点序列

$$
\cdots < t_{-2} < t_{-1} < t_0 < t_1 < t_2 < \cdots \tag{7.2.20}
$$

记 0 次 B-样条基函数为

$$
B_i^0(x) = \begin{cases} 1, & x \in [t_i, t_{i+1}), \\ 0, & \text{其他} \end{cases} \tag{7.2.21}
$$

显然, $\{B_i^0(x)\}$ 构成其结点如式 (7.2.20) 所示的所有 0 次样条函数 (分段常数) 的基. 由此出发, 高次 B-样条基函数递推定义为

$$
B_i^k(x) = \left(\frac{x-t_i}{t_{i+k}-t_i}\right) B_i^{k-1}(x) + \left(\frac{t_{i+k+1}-x}{t_{i+k+1}-t_{i+1}}\right) B_{i+1}^{k-1}(x), \quad k \geqslant 1 \tag{7.2.22}
$$

引入符号

$$
\xi_i^k(x) = \frac{x-t_i}{t_{i+k}-t_i} \tag{7.2.23}
$$

则上述递推关系改写为

$$
B_i^k(x) = \xi_i^k(x) B_i^{k-1}(x) + (1-\xi_{i+1}^k(x)) B_{i+1}^{k-1}(x), \quad k \geqslant 1 \tag{7.2.24}
$$

易知 $B_i^k(x)$ 为分段 k 次多项式. 可以证明 $B_i^k(x)$ 有如下性质 (证明从略):

(1) 当 $k \geqslant 1, x \notin (t_i, t_{i+k+1})$ 时, 有 $B_i^k(x) = 0$; 当 $k \geqslant 0, x \in (t_i, t_{i+k+1})$ 时, 有 $B_i^k(x) > 0$.

(2) $\sum_{i=-\infty}^{\infty} c_i B_i^k(x) = \sum_{i=-\infty}^{\infty} [c_i \xi_i^k + c_{i-1}(1 - \xi_i^k)] B_i^{k-1}(x)$. 这一等式有助于样条函数的递推计算.

(3) 对所有的 k 及任意 x, 有

$$\sum_{i=-\infty}^{\infty} B_i^k(x) = 1 \tag{7.2.25}$$

若 $x \in [t_k, t_{k+n}]$, 则 $\sum_{i=0}^{n} B_i^k(x) = 1$.

(4) 计算导数

$$\frac{dB_i^k(x)}{dx} = \left(\frac{k}{t_{i+k} - t_i} \right) B_i^{k-1}(x) - \left(\frac{k}{t_{i+k+1} - t_{i+1}} \right) B_{i+1}^{k-1}(x), \quad k \geqslant 2. \tag{7.2.26}$$

(5) 计算积分

$$\int_{-\infty}^{x} B_i^k(s)ds = \frac{t_{i+k+1} - t_i}{k+1} \sum_{j=i}^{\infty} B_j^{k+1}(x), \quad \int_{-\infty}^{\infty} B_i^k(s)ds = \frac{t_{i+k+1} - t_i}{k+1} \tag{7.2.27}$$

性质 (1) 表明 B-样条基函数在局部非零, 因而, 用于插值计算, 从式 (7.2.18) 得出的方程组不同于式 (7.2.19) 所示. 此时, 在 B-样条基函数之下, 相当于式 (7.2.19) 的线性方程组系数矩阵为有限带宽的稀疏矩阵.

7.2.4　B-样条曲线

对上面讨论的 B-样条基函数, 在上式中取 $t_i = i$, 这就是等距结点的情形, 它被广泛地应用在 CAD/CAM 中. 这里将针对等距结点的情形给出专门的讨论, 并把等距结点的 B-样条基函数用 "Ω" 表示.

首先看 $k = 0$, 零次样条也就是分段为常数的函数, 容易看出, 令

$$\Omega_0(x) = \begin{cases} 1, & -\dfrac{1}{2} < x < \dfrac{1}{2}, \\ 0, & \text{其他} \end{cases} \tag{7.2.28}$$

于是, 以 $\pm\dfrac{1}{2}, \pm\dfrac{3}{2}, \pm\dfrac{5}{2}, \cdots$ 为结点的分段为常数的函数, 可表示为 $S_0(x) = \sum_j c_j \Omega_0(x - j)$, 其中 c_j 为各分段的函数值. 换言之, $\{\Omega_0(x - j)\}$ 可作为分段为常数的函数 (即零次样条函数) 集合的基函数.

为了得到任意 k 次样条函数的基函数 $\{\Omega_k(x - j)\}$, 只需构造 $\Omega_k(x)$. 从 $\Omega_0(x)$ 出发, 定义其 k 次磨光函数为

$$\Omega_k(x) = \int_{x-\frac{1}{2}}^{x+\frac{1}{2}} \Omega_{k-1}(s)ds, \quad k = 1, 2, 3, \cdots \tag{7.2.29}$$

易证如下重要的结果:

$$\Omega_k(x) = \bar{\Delta}^{k+1}\left(\frac{x_+^k}{k!}\right), \quad k = 0, 1, 2, \cdots \tag{7.2.30}$$

其中 $\bar{\Delta}$ 表示一阶中心差分: $\bar{\Delta}f(x) = f\left(x+\frac{1}{2}\right) - f\left(x-\frac{1}{2}\right)$; $\bar{\Delta}^{k+1}$ 为 $k+1$ 阶中心差分记号.

事实上, $\Omega_0(x)$ 是单位方波函数, 用截断单项式的写法, 它可表示为 $\Omega_0(x) = \bar{\Delta}x_+^0$. 容易验证 $\Omega_1(x) = \bar{\Delta}^2 x_+$. 由数学归纳法

$$\Omega_k(x) = \int_{x-\frac{1}{2}}^{x+\frac{1}{2}} \Omega_{k-1}(s)ds = \int_{x-\frac{1}{2}}^{x+\frac{1}{2}} \frac{\bar{\Delta}^k s_+^{k-1}}{(k-1)!}ds = \bar{\Delta}^{k+1}\left(\frac{x_+^k}{k!}\right) \tag{7.2.31}$$

可知, 式 (7.2.30) 成立.

为了将高阶差分的表示转化成直接用函数值计算, 利用移位算子

$$E : E^\lambda f(x) = f(x + \lambda) \tag{7.2.32}$$

并注意

$$\bar{\Delta} = E^{1/2} - E^{-1/2} = (I - E^{-1})E^{1/2}$$

$$\bar{\Delta}^m = (I - E^{-1})^m E^{m/2} = \sum_{j=0}^{m}(-1)^j \binom{m}{j} E^{m/2-j} \tag{7.2.33}$$

得到 $\Omega_k(x)$ 的简洁统一的公式

$$\Omega_k(x) = \bar{\Delta}^{k+1}\left(\frac{x_+^k}{k!}\right)$$

$$= \frac{1}{k!}\sum_{j=0}^{k+1}(-1)^j \binom{k+1}{j}\left(x + \frac{k+1}{2} - j\right)_+^k \tag{7.2.34}$$

当 $k = 1, 2, 3$ 时, 即为

$$\Omega_1(x) = \int_{x-\frac{1}{2}}^{x+\frac{1}{2}} \Omega_0(t)dt = \begin{cases} 0, & |x| \geqslant 1, \\ 1 + x, & -1 < x \leqslant 0, \\ 1 - x, & 0 < x < 1 \end{cases}$$

$$\Omega_2(x) = \int_{x-\frac{1}{2}}^{x+\frac{1}{2}} \Omega_1(t)dt = \begin{cases} 0, & |x| \geqslant \frac{3}{2}, \\ -x^2 + \frac{3}{4}, & |x| \leqslant \frac{1}{2}, \\ \frac{x^2}{2} - \frac{3|x|}{2} + \frac{9}{8}, & \frac{1}{2} < |x| < \frac{3}{2} \end{cases} \tag{7.2.35}$$

$$\Omega_3(x) = \int_{x-\frac{1}{2}}^{x+\frac{1}{2}} \Omega_2(t)dt = \begin{cases} 0, & |x| \geqslant 2, \\ \dfrac{|x|^3}{2} - x^2 + \dfrac{2}{3}, & |x| \leqslant 1, \\ -\dfrac{|x|^3}{6} + x^2 - 2|x| + \dfrac{4}{3}, & 1 < |x| < 2 \end{cases}$$

B-样条基函数 $\Omega_0(x)$, $\Omega_1(x)$, $\Omega_2(x)$ 和 $\Omega_3(x)$ 的图像如图 7.8 所示.

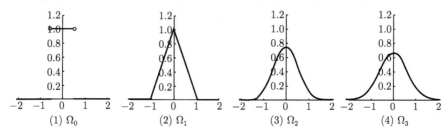

$$\text{(1) } \Omega_0 \qquad \text{(2) } \Omega_1 \qquad \text{(3) } \Omega_2 \qquad \text{(4) } \Omega_3$$

图 7.8　k 次 B-样条基函数, $k = 0, 1, 2, 3$

注意等距结点的 B-样条基函数为偶函数, 即有

$$\Omega_k(x) = \Omega_k(-x) = \Omega_k(-|x|)$$

$$\Omega_k(-|x|) = \frac{1}{k!} \sum_{j=0}^{k+1} (-1)^j \binom{k+1}{j} \left(-|x| + \frac{k+1}{2} - j \right)_+^k \tag{7.2.36}$$

由截断单项式的性质, 式 (7.2.36) 比式 (7.2.34) 简化许多. 这时, 式 (7.2.28) 和式 (7.2.35) 可综合写为

$$\begin{aligned} \Omega_0(x) &= \left(\frac{1}{2} - |x| \right)_+^0 \\ \Omega_1(x) &= (1 - |x|)_+ \\ \Omega_2(x) &= \frac{1}{2} \left[\left(\frac{3}{2} - |x| \right)_+^2 - 3 \left(\frac{1}{2} - |x| \right)_+^2 \right] \\ \Omega_3(x) &= \frac{1}{6} [(2 - |x|)_+^3 - 4(1 - |x|)_+^3] \end{aligned} \tag{7.2.37}$$

在 7.2.3 节中给出的性质 (1)—(5), 显然, 对等距结点的情形这些结论仍然成立, 并有更简单的表示, 譬如:

$$\begin{aligned} \int_{-\infty}^{\infty} \Omega_k(x)dx &= 1, \\ \Omega_k'(x) &= \Omega_{k-1}\left(x + \frac{1}{2} \right) - \Omega_{k-1}\left(x - \frac{1}{2} \right) \end{aligned} \tag{7.2.38}$$

等等.

对于任意阶等距结点的 B-样条基函数, 还可用卷积形式生成, 即

$$\Omega_1(x) = \Omega_0 * \Omega_0(x),$$

$$\Omega_2(x) = \Omega_1 * \Omega_0(x) = \Omega_0 * \Omega_0 * \Omega_0(x),$$

$$\cdots\cdots$$

$$\Omega_n(x) = \Omega_{n-1} * \Omega_0(x) = \underbrace{\Omega_0 * \cdots * \Omega_0(x)}_{n+1}$$

上述性质称为 B-样条基函数的卷积属性, 它使得 B-样条在信号处理领域中的应用更为方便.

从 $\Omega_k(x)$ 经过平移得到的 $\{\Omega_k(x-j)\}$, 构成 k 次样条函数的基函数. 用这组基函数, 一般的 k 次样条函数 $S_k(x)$ 就可表达为

$$S_k(x) = \sum_j \alpha_j \Omega_k(x-j) \tag{7.2.39}$$

须注意, 若型值点 $\{P_i | i = 0, 1, 2, \cdots, n\}$ (平面或空间向量) 给定, 依序连接的折线作为控制多边形, 则相应的所谓 "B-样条曲线", 其参数形式的表达式为

$$S_k(t) = \sum_j P_j \Omega_k(t-j), \quad \alpha \leqslant t \leqslant \beta \tag{7.2.40}$$

B-样条曲线, 是对控制多边形这种折线函数的 "磨光", 虽然一般说来并不通过控制点, 但它保持控制多边形的形状特征. 与贝齐尔曲线相比, 后者是整体的多项式, 在几何造型方面, B-样条曲线有更多的优势.

寻找新的控制多边形的顶点 $\{Q_j | j = 0, 1, 2, \cdots, n\}$, 使之满足条件

$$S_k(i) = \sum_j Q_j \Omega_k(i-j) = P_i, \quad i = 0, 1, 2, \cdots, n \tag{7.2.41}$$

这就是 B-样条插值问题. 为得到插值问题的解, 需求解线性方程组. 由于 $\Omega_k(x)$ 的有界支集是 $\left(-\dfrac{k+1}{2}, \dfrac{k+1}{2}\right)$, 所以线性方程组的系数矩阵为对角带状稀疏矩阵, 易于求解. 然而, B-样条插值的结果, 不具有局部性, 也不一定保持原来的控制多边形的形状特点. 事实上, B-样条插值是寻求一个新的控制多边形 $Q_0, Q_1, Q_2, \cdots, Q_n$, 这种反求控制点得到的插值曲线, 对新的控制多边形 $Q_0, Q_1, Q_2, \cdots, Q_n$ 保形, 而不是对原来的控制多边形保形. 假若兼顾 B-样条磨光与 B-样条插值两者各自的优势, 则可从 B-样条磨光出发, 采用 "盈亏修正" 方法实现数据的既保凸又有更好逼

近效果的数据拟合. 这里提到的盈亏修正的思想, 已被发展为一种几何迭代方法[①]. 给定数据点列, 其中每个点被赋予一个固定的参数, 盈亏修正方法从一条初始的混合曲线开始, 通过不断地调整控制顶点, 减小点列与曲线之间的差距, 最终逼近给定的数据点列[②,③]. 图 7.9 和图 7.10 给出了在不同迭代次数下, 用 3 次 B-样条对给定的数据点列进行逼近的结果.

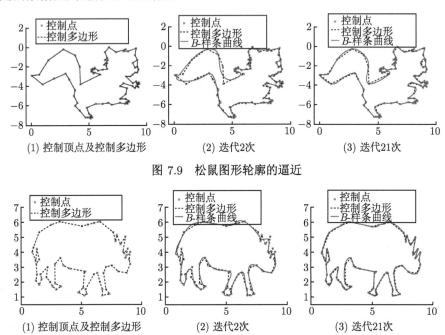

图 7.9　松鼠图形轮廓的逼近

图 7.10　牛图形轮廓的逼近

7.2.5　多结点样条基函数

回顾 n 次拉格朗日多项式, 插值节点为 $x_0 < x_1 < x_2 < \cdots < x_n$, 构造了 $n+1$ 个特殊的 n 次多项式 $l_i(x)$, 具有性质 $l_i(x_j) = \delta_{ij}$, $i = 0, 1, 2, \cdots, n$(式 (7.1.9) 和式 (7.1.10)) 的 n 次插值多项式立即写出

$$L_n(x) = \sum_{k=0}^{n} y_k l_k(x) \tag{7.2.42}$$

可见具有性质 $l_i(x_j) = \delta_{ij}$ 的拉格朗日型基函数在插值逼近中带来很大的方便. 对

① 齐东旭, 田自贤, 张玉心. 曲线拟合的数值磨光方法. 数学学报, 1975, 18(3): 173-184.

② Lin H W, Zhang Z Y. An extended iterative format for the progressive-iteration approximation. Computers & Graphics, 2011, 35(5): 967-975.

③ Lin H W, Bao H J, Wang G J. Totally positive bases and progressive iteration approximation. Computers & Mathematics with Applications, 2005, 50(3-4): 575-586.

于样条函数, 可通过 B-样条基函数的平移叠加实现拉格朗日型基函数的构造. 考虑 $\Omega_k(x)$ 的结点集合

$$\left\{-\frac{k+1}{2}, -\frac{k+1}{2}+1, \cdots, \frac{k+1}{2}-1, \frac{k+1}{2}\right\} \tag{7.2.43}$$

若允许出现更多的结点, 譬如, 结点集合为

$$\left\{\cdots, -\frac{k+1}{2}, -\frac{k}{2}, -\frac{k+1}{2}+1, -\frac{k}{2}+1, \cdots, \frac{k}{2}-1, \frac{k+1}{2}-1, \frac{k}{2}, \frac{k+1}{2}, \cdots\right\} \tag{7.2.44}$$

则以 $k=2$ 的情形为例, 通过 $\Omega_2(x)$ 的平移叠加, 构造具有有界支集的拉格朗日型基函数 $\phi_2(x)$, 为此, 令

$$\begin{aligned}\phi_2(x) &= \alpha\Omega_2(x) + \beta\mu\Omega_2(x) \\ &= \alpha\Omega_2(x) + \beta\frac{1}{2}\left[\Omega_2\left(x+\frac{1}{2}\right) + \Omega_2\left(x-\frac{1}{2}\right)\right]\end{aligned} \tag{7.2.45}$$

这里设定它是对称函数, 确定 α, β 使之满足条件

$$\phi_2(0) = 1; \quad \phi_2(i) = 0, \quad i \neq 0 \tag{7.2.46}$$

由于对任意 $|x| \geqslant \frac{3}{2}$, 有 $\phi_2(x) = 0$, 所以只考虑 $i = 1$. 这样一来, $\alpha = 2$, $\beta = -1$, 得到

$$\begin{aligned}\phi_2(x) &= 2\Omega_2(x) - \frac{1}{2}\left[\Omega_2\left(x+\frac{1}{2}\right) + \Omega_2\left(x-\frac{1}{2}\right)\right] \\ &= (2I - \mu)\Omega_2(x)\end{aligned} \tag{7.2.47}$$

其中 I 为单位算子, μ 为平均算子.

类似地, 令

$$\begin{aligned}\phi_3(x) &= (\alpha I + \beta\mu + \gamma\mu^2)\Omega_3(x) \\ &= \alpha\Omega_3(x) + \beta\frac{\Omega_3\left(x+\frac{1}{2}\right) + \Omega_3\left(x-\frac{1}{2}\right)}{2} \\ &\quad + \gamma\frac{\Omega_3(x+1) + 2\Omega_3(x) + \Omega_3(x-1)}{4}\end{aligned} \tag{7.2.48}$$

确定 α, β, γ 使之满足条件: $\phi_3(0) = 1$, $\phi_3(i) = 0$, $i \neq 0$. 由于对任意 $|x| \geqslant 2$, 有 $\phi_3(x) = 0$, 所以只考虑 $i = 1, 2$. 解出 α, β, γ, 得

$$\phi_3(x) = \left(3I - \frac{8}{3}\mu + \frac{2}{3}\mu^2\right)\Omega_3(x) \tag{7.2.49}$$

多结点样条基函数 $\phi_0(x)$, $\phi_1(x)$, $\phi_2(x)$ 和 $\phi_3(x)$ 的图像如图 7.11 所示. 其中零次和一次多结点样条基函数分别为 $\phi_0(x) = \Omega_0(x)$, $\phi_1(x) = \Omega_1(x)$. 此外, 下面给出常用的 $\phi_2(x), \phi_3(x)$ 的具体表达式:

$$
\phi_2(x) = \begin{cases}
1 - \dfrac{7}{4}|x|^2, & |x| < \dfrac{1}{2}, \\[2mm]
\dfrac{7}{4} - 3|x| + \dfrac{5}{4}|x|^2, & \dfrac{1}{2} \leqslant |x| < 1, \\[2mm]
\dfrac{5}{4} - 2|x| + \dfrac{3}{4}|x|^2, & 1 \leqslant |x| < \dfrac{3}{2}, \\[2mm]
-1 + |x| - \dfrac{1}{4}|x|^2, & \dfrac{3}{2} \leqslant |x| < 2, \\[2mm]
0, & 2 \leqslant |x|
\end{cases}
\tag{7.2.50}
$$

$$
\phi_3(x) = \begin{cases}
1 - \dfrac{5}{2}|x|^2 + \dfrac{14}{9}|x|^3, & |x| < \dfrac{1}{2}, \\[2mm]
\dfrac{19}{18} - \dfrac{1}{3}|x| - \dfrac{11}{6}|x|^2 + \dfrac{10}{9}|x|^3, & \dfrac{1}{2} \leqslant |x| < 1, \\[2mm]
\dfrac{37}{12} - \dfrac{77}{12}|x| + \dfrac{17}{4}|x|^2 - \dfrac{11}{12}|x|^3, & 1 \leqslant |x| < \dfrac{3}{2}, \\[2mm]
\dfrac{5}{6} - \dfrac{23}{12}|x| + \dfrac{5}{4}|x|^2 - \dfrac{1}{4}|x|^3, & \dfrac{3}{2} \leqslant |x| < 2, \\[2mm]
-\dfrac{49}{18} + \dfrac{41}{12}|x| - \dfrac{17}{12}|x|^2 + \dfrac{7}{36}|x|^3, & 2 \leqslant |x| < \dfrac{5}{2}, \\[2mm]
\dfrac{3}{4} - \dfrac{3}{4}|x| + \dfrac{1}{4}|x|^2 - \dfrac{1}{36}|x|^3, & \dfrac{5}{2} \leqslant |x| < 3, \\[2mm]
0, & 3 \leqslant |x|.
\end{cases}
\tag{7.2.51}
$$

本书作者及其所指导的研究生进行了一些多结点样条基函数的理论及应用探讨[1],[2].

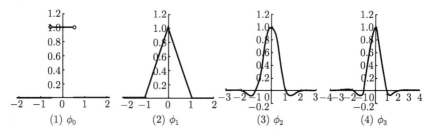

图 7.11 k 次多结点样条基函数, $k = 0, 1, 2, 3$

[1] Cai Z C, Lan T, Zheng C M. Hierarchical MK splines: algorithm and applications to data fitting. IEEE Transactions on Multimedia, 2017, 19(5): 921-934.

[2] Cai Z C, Lan T. Lunar brightness temperature model based on the microwave radiometer data of Chang'e-2. IEEE Transactions on Geoscience and Remote Sensing, 2017, 55(10): 5944-5955.

7.2.6 单位算子的逼近

单位算子, 也叫不变算子, 记为 I, 意为 $If(x) = f(x)$. 对应到数, 譬如说对 1 作近似, 即 $0.99, 0.99999, \cdots$. 似乎看不出其价值和意义. 但是, 对函数逼近理论而言, 对不变算子 I 做逼近, 则确实是一个非常根本性的问题, 甚至可以认为, 一部函数逼近的理论, 对 I 的逼近贯穿始终.

回顾本章概观中的记号, 由 $DD^{-1} = I$, 积分与求导, 结合起来就是不变算子. 而差商是求导的近似, 即 $\dfrac{\Delta_\lambda}{\lambda} \approx D$.

现在用差商替代求导, 于是将 $DD^{-1} = I$ 换成 $\dfrac{\Delta_\lambda}{\lambda} D^{-1} \approx I$, 得到算子 I 的一种逼近. 回顾第 6 章中函数平均的公式, $A(\lambda, x) = \dfrac{1}{\lambda} \displaystyle\int_{x-\frac{\lambda}{2}}^{x+\frac{\lambda}{2}} f(t)dt$. 特别当 $\lambda = 1$, 并从 δ 函数出发, 得

$$A(1,x) = \int_{x-\frac{1}{2}}^{x+\frac{1}{2}} \delta(t)dt, \quad \widetilde{A}(1,x) = \int_{x-\frac{1}{2}}^{x+\frac{1}{2}} A(1,x)dt, \quad \widetilde{\widetilde{A}}(1,x) = \int_{x-\frac{1}{2}}^{x+\frac{1}{2}} \widetilde{A}(1,x)dt$$

等.

改换一个记号, 写为

$$\Omega_k(x) = \int_{x-\frac{1}{2}}^{x+\frac{1}{2}} \Omega_{k-1}(s)ds, \quad k = 0,1,2,3,\cdots \tag{7.2.52}$$

其中 $\Omega_{-1}(x) = \delta(x)$. 从广义函数 $\delta(x)$ 出发, 逐次平均, 得到 B-样条基函数 (图 7.12(2)—(5)).

须知, 公式 $A(\lambda, x) = \dfrac{1}{\lambda} \displaystyle\int_{x-\frac{\lambda}{2}}^{x+\frac{\lambda}{2}} f(t)dt$ 这种平均的定义是可以改变的, 式中含有参数. 在通常构造 B-样条基函数时, 人们选定 $\lambda = 1$. 除此之外, 其他的参数如何? 值得进一步研究与探讨.

记积分运算为

$$D^{-1}(\bullet) = \int_{-\infty}^{x}(\bullet) \tag{7.2.53}$$

向前差分、向后差分、中心差分算子分别为: $\Delta, \nabla, \bar{\Delta}$. 它们之中每一个, 与积分算子 D^{-1} 结合, $\Delta D^{-1}, \nabla D^{-1}, \bar{\Delta} D^{-1}$ 叫作 "磨光算子". 经过磨光算子处理, 使光滑性逐次提高, 下面讨论之.

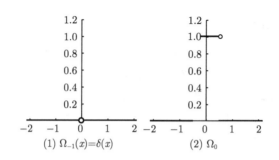

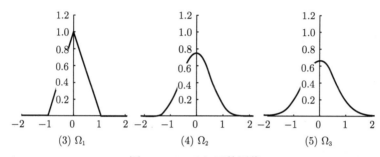

图 7.12 $\Omega_k(x)$ 函数图像

上面从函数 $\delta(x)$ 出发, 逐次磨光, 生成其次数逐次升高的 B-样条基函数. 磨光算子取为 $\bar{\Delta}D^{-1}$. 当然可选取磨光算子 ∇D^{-1}.

将宽度为 1 的磨光算子 $(\bar{\Delta}D^{-1})f(t) = \int_{t-\frac{1}{2}}^{t+\frac{1}{2}} f(s)ds$ 推广到宽度 h 的磨光算子, 有

$$\frac{\bar{\Delta}_h}{h} \int_0^t f(x)dx = \frac{1}{h} \int_{t-\frac{h}{2}}^{t+\frac{h}{2}} f(x)dx \tag{7.2.54}$$

把 $\dfrac{\bar{\Delta}_h}{h}$ 换成高阶逼近的差分算子, 从而得到高阶磨光算子. 熟知, 中心差分算子 $\dfrac{\bar{\Delta}_h}{h}$ 的逼近阶为 $O(h^2)$. 为提高磨光精度, 考虑如下差分算子:

$$\frac{\bar{\bar{\Delta}}_h}{h}f(t) = \frac{8\left[f\left(t+\frac{1}{2}h\right) - f\left(t-\frac{1}{2}h\right)\right] - [f(t+h) - f(t-h)]}{6h} \tag{7.2.55}$$

容易计算其逼近阶为 $O(h^4)$, 即可得到高阶磨光公式.

进而, 注意到算子之间的关系

$$E = e^D, \quad \mu = \frac{1}{2}(E^{\frac{1}{2}})(E^{-\frac{1}{2}}) = \frac{1}{2}(e^{\frac{D}{2}} - e^{-\frac{D}{2}}) = \mathrm{ch}\frac{D}{2}, \quad 2\mathrm{sh}\frac{D}{2} = \bar{\Delta} \tag{7.2.56}$$

利用展开式

$$x = \mathrm{sh}\, x \sum_{m=0}^{\infty} a_m (\mathrm{ch}\, x - 1)^m \tag{7.2.57}$$

得

$$D = 2\mathrm{sh}\frac{D}{2}\sum_{m=0}^{\infty}a_m\left(\mathrm{ch}\frac{D}{2}-I\right)^m = \sum_{m=0}^{\infty}a_m(\mu-I)^m\bar{\Delta} \tag{7.2.58}$$

其中

$$a_m = -\frac{m}{2m+1}a_{m-1} = (-1)^m\frac{m!}{(2m+1)!!}, \ a_0 = 1 \tag{7.2.59}$$

令 $Q_n(x) = \sum_{m=0}^{n}a_m(x-1)^m$，$\bar{\Delta}^{(n)} = Q_n(\mu)\bar{\Delta}$，于是得到 n 阶磨光算子 $\bar{\Delta}^{(n)}D^{-1}$，因而可生成一类多结点 B-样条基函数[①,②]

$$\Omega_{k,n}(x) = (\bar{\Delta}^{(n)})^{k+1}\frac{x_+^k}{k!}, \ n = 1,2,3,\cdots \tag{7.2.60}$$

这里指出, 以上的讨论是对单变量的一元函数磨光, 并且都是基于李岳生教授从 δ 函数逼近的观点出发完成的. 这里强调指出, 从这个 δ 函数逼近的观点出发, 李岳生教授深入系统地阐述了多元函数的磨光算子理论, 其关键一步是针对一阶偏微分算子

$$L_{a,\lambda}(D) = aD - \lambda \tag{7.2.61}$$

构造与之相应的对称差分算子

$$\bar{\Delta}_{a,\lambda} = (e^{-\frac{\lambda}{2}}E^{\frac{a}{2}} - e^{\frac{\lambda}{2}}E^{-\frac{a}{2}})C \tag{7.2.62}$$

进而定义 n 元积分–差分型磨光算子 $\bar{\Delta}_{a,\lambda}(L_{a,\lambda}(D))^{-1}$，其中 λ 为复数, C 为任一常数, E 为移位算子 $E^af(x) = f(x+a)$; 并且

$$0 \neq a = (a_1, a_2, a_3, \cdots, a_n) \in \mathbb{R}^n$$
$$D = \left(\frac{\partial}{\partial x_1}, \frac{\partial}{\partial x_2}, \frac{\partial}{\partial x_3}, \cdots, \frac{\partial}{\partial x_n}\right)$$
$$aD = a_1\frac{\partial}{\partial x_1} + a_2\frac{\partial}{\partial x_2} + a_3\frac{\partial}{\partial x_3} + \cdots + a_n\frac{\partial}{\partial x_n} \tag{7.2.63}$$
$$E = (E_1, E_2, E_3, \cdots, E_n)$$
$$E^a = E_1^{a_1}E_2^{a_2}E_3^{a_3}\cdots E_n^{a_n}$$

更进一步, 利用算子的因式分解思想, 将之推广到 n 阶偏微分算子[③,④].

---

① Qi D X, Li H S. Many-knot spline technique for approximation of data. Science in China(Serries E), 1999, 42(4): 383-387.

② 齐东旭. 分形及其计算机生成. 北京: 科学出版社, 1994.

③ Li Y S. Average of distribution and remarks on Box-splines. Northeastern Mathematical Journal, 2001, 17(2): 241-252.

④ Li Y S. The inversion of multiscale convolution approximation and average of distributions. Advances in Computational Mathematics, 2003, 19(1-3): 293-306.

7.2.7 最小二乘法

最小二乘法是一种以观测值为基础, 推算模型未知参数的统计性方法. 推算时, 将根据模型预测的值和与之相对应的观察值之间的差的平方相加后得到的值为最小, 需要通过这样的方法决定模型的未知参数, 因此被称作 "最小二乘法".

1805 年, 法国数学家勒让德首次发表了最小二乘法的使用方法, 他并没有阐述最小二乘法的理论依据. 1809 年, 高斯在《天体运动论》中证明了最小二乘法的理论, 而且他的这种证明方法在十九世纪中被各种文献引用, 由此产生了极大影响力. 因此也可以说, 高斯对最小二乘法做出了极大贡献. 但是, 从尊重最初发表者的角度看, 勒让德才是最初提出 (并予以发表) 了最小二乘法的人.

1. 函数的均方逼近

设 $f(x)$ 为 $[a, b]$ 上的给定函数, 它是要逼近的对象. 选取 $[a, b]$ 上一组线性无关的函数 $\{\varphi_j(x) \mid j = 1, 2, \cdots, n\}$, 它们通常是比较简单容易计算的函数 (如三角函数多项式或分段多项式函数等). 用它们的线性组合

$$\varphi(x) = \sum_{j=1}^{n} C_j \varphi_j(x) \tag{7.2.64}$$

去逼近 $f(x)$, 问题便归结为如何确定系数 $C_1, C_2, \cdots, C_n$ 使

$$\int_a^b \rho(x) [f(x) - \varphi(x)]^2 \, dx = \min \tag{7.2.65}$$

其中 $\rho(x) > 0$ 为 $[a, b]$ 上给定的函数, 称为权函数. 在此主要研究 $\rho(x) = 1$ 的情形. 度量方式取成误差的平方和 (积分), 且式 (7.2.65) 为关于 $C_1, C_2, \cdots, C_n$ 的二次函数, 故称为最小二乘逼近. 对于 $[a, b]$ 上任意两个平方可积的函数 $f(x)$ 和 $g(x)$, 称积分

$$\int_a^b \rho(x) f(x) g(x) \, dx \tag{7.2.66}$$

为函数 $f(x)$ 和 $g(x)$ 关于权函数的内积, 简记为 $\langle f, g \rangle$. $\langle f, f \rangle^{\frac{1}{2}}$ 称为 $f(x)$ 的模.

式 (7.2.65) 中的积分是 $C_1, C_2, \cdots, C_n$ 的二次函数, 称为最小二乘法的目标函数, 记它为 $\Phi(C_1, C_2, \cdots, C_n)$, 于是式 (7.2.65) 的极小化要求等价于求解线性代数方程组

$$\frac{\partial \Phi}{\partial C_j} = 0, \quad j = 1, 2, \cdots, n \tag{7.2.67}$$

写成 $AC = F$, 则有 $A = (a_{ij})$ 为矩阵, 元素 $a_{ij} = \langle \varphi_i, \varphi_j \rangle$, $i, j = 1, 2, \cdots, n$; $F = (F_1, F_2, \cdots, F_n)^{\mathrm{T}}$ 为列向量, $F_j = \langle \varphi_j, f \rangle$, $j = 1, 2, \cdots, n$, $C = (C_1, C_2, \cdots, C_n)^{\mathrm{T}}$ 分量, 为待求的列向量.

方程组 $AC = F$ 实际上就是

$$\langle \varphi_j, f - \varphi \rangle = 0, \quad j = 1, 2, \cdots, n \tag{7.2.68}$$

称为正规方程组. 由正规方程组的这种表达容易得到几何解释. 此前所讨论的最小二乘逼近就是要求逼近余项 $R(x) = f(x) - \varphi(x)$ 与 $\varphi_1(x), \varphi_2(x), \cdots, \varphi_n(x)$ 正交. 也就是 $R(x)$ 与以 $\{\varphi_j(x) | j = 1, 2, \cdots, n\}$ 为基底作成的 n 维函数空间正交. 换言之, 以 $\varphi(x) = \sum_{j=1}^n C_j \varphi_j(x)$ 对 $f(x)$ 做最小二乘逼近问题等价于将 $f(x)$ 对 $\varphi_j(x)$ $(j = 1, 2, \cdots, n)$ 所组成的 n 维函数空间做正交投影.

将方程组 (7.2.68) 的解记为 $\varphi^*(x) = \sum_{j=1}^n C_j^* \varphi_j(x)$, 则有 $\langle \varphi_j, f - \varphi^* \rangle = 0$ 再乘以 C_j^* 并求和得 $\langle \varphi^*, f - \varphi^* \rangle = 0$. 由于 $f - \varphi^* = R$, 于是

$$\langle f, f \rangle = \langle R, R \rangle + \langle \varphi^*, \varphi^* \rangle \tag{7.2.69}$$

亦即

$$\|f\|^2 = \|R\|^2 + \|\varphi^*\|^2 \tag{7.2.70}$$

这就是 n 维函数空间中的勾股定理.

2. 最小二乘法的实现

在实际问题中, 往往要对大量数据做拟合, 譬如实验和观测数据的整理, 统计预报中的回归分析, 经验公式中参数的确定等, 都常常采用最小二乘法对其处理.

实际问题往往不出现被逼近函数 $f(x)$, 或者说给出的是自变量一系列离散值 ξ_i 处的 η_i 值, 这里 $a = \xi_0 < \xi_1 < \xi_2 < \cdots < \xi_m = b$, 于是问题便归结为求 $[a, b]$ 上的函数 $\varphi(x)$, 使

$$\Phi = \sum_{i=0}^m \rho_i [\varphi(\xi_i) - \eta_i]^2 = \min \tag{7.2.71}$$

其中 ρ_i 为权因子, 在对实际问题有充分了解时, 依数据的可靠程度等因素给出权重 ρ_i, 否则取 $\rho_i = 1$.

一个重要的问题是怎样选择式 $\varphi(x) = \sum_{j=1}^n C_j \varphi_j(x)$, 也就是选择什么样的线性无关函数组 $\{\varphi_j(x) | j = 1, 2, \cdots, n\}$. 现在, 选择 $\varphi(x)$ 为三次样条函数, 做法如下: 将 $[a, b]$ 等距划分 $a = x_0, x_j = x_0 + jh$, $j = 0, 1, \cdots, n$, 通常, 这里取 n 比 m 要小得多, 令

$$\varphi(x) = \sum_{j=-1}^{n+1} C_j \Omega_3 \left(\frac{x - x_j}{h} \right) \tag{7.2.72}$$

这里出现了待定延拓值 C_{-1}, C_{n+1}, 它们由边界条件确定, 或者按 $(-\infty, \infty)$ 区间通过正规方程组确定.

最小二乘法中待寻求函数的函数类的选择是重要的. 上面是选择三次样条函数类, 也可选择二次样条函数, 还可选择多结点样条函数. 用最小二乘法需要求解线性代数方程组. 一般说来, 只要函数空间的基选择恰当, 正规方程组的系数矩阵便具有较好的性质. 所谓较好的性质, 是指系数矩阵的条件数, 它是衡量矩阵病态程度的量. 矩阵 A 的条件数记为 $\mathrm{cond}(A)$, 是按模最大和最小特征值的比值.

当取 B-样条基函数, 或多结点样条基函数的组合形式表达待寻函数时, 估计正规方程组系数矩阵的条件数是不难的. 这两种选择, 其条件数比取式 (7.2.17) 为基函数的情形要好得多[①].

7.3　数 学 实 验

本节数学实验首先讨论贝齐尔曲线; 然后探讨如何用迭代法解方程组; 最后研究如何使用 B-样条与多结点样条对曲面进行逼近.

7.3.1　实验一　贝齐尔曲线

内容

已知: 给定如下有序点列

(a) $P_0 = (0.2, 0.3), P_1 = (1.8, 2.2), P_2 = (3.1, 0.2)$;

(b) $P_0 = (0.2, 0.3), P_1 = (1.8, 2.2), P_2 = (4, 1), P_3 = (3.1, 0.2)$;

(c) $P_0 = (0.2, 0.3), P_1 = (1.8, 2.2), P_2 = (3.1, 0.2), P_3 = (4, 1)$;

(d) $P_0 = (0.2, 0.3), P_1 = (1.8, 2.2), P_2 = (3.0, 0.2), P_3 = (0.2, 0.3)$;

(e) $P_0 = (0.2, 0.3), P_1 = (1.8, 2.2), P_2 = (3.1, 0.2), P_3 = (0.2, 0.3),$
$P_4 = (1.8, 2.2)$;

(f) $P_0 = (0.3, 0.2), P_1 = (0.9, 1.8), P_2 = (3.7, 0.3), P_3 = (1.3, 0.9),$
$P_4 = (0.3, 0.2)$;

(g) $P_0 = (0.2, 0.3), P_1 = (1.8, 2.2), P_2 = (3.1, 0.2), P_3 = (0.2, 0.3),$
$P_4 = (1.8, 2.2), P_5 = (3.1, 0.2)$;

(h) $P_0 = (0.2, 0.3), P_1 = (1.8, 2.2), P_2 = (3.1, 0.2), P_3 = (0.2, 0.3),$
$P_4 = (1.8, 2.2), P_5 = (3.1, 0.2), P_6 = (0.2, 0.3)$

---

① Cai Z C, Lan T, Zheng C M. Hierarchical MK splines: algorithm and applications to data fitting. IEEE Transactions on Multimedia, 2017, 19(5): 921-934.

试作出点列 (a) 的 2 次贝齐尔曲线; 点列 (b) 到点列 (d) 的 3 次贝齐尔曲线; 点列 (e) 和点列 (f) 的 4 次贝齐尔曲线; 点列 (g) 的 5 次贝齐尔曲线; 以及点列 (h) 的 6 次贝齐尔曲线; 此外, 试用贝齐尔曲线设计几何造型, 譬如: 鱼、海星、乌龟和树.

探究

本书 7.2.2 节给出了贝齐尔曲线的具体表示式, 下面探讨用几何作图递推生成贝齐尔曲线, 也就是著名的德卡斯特里奥 (De Casteljau) 算法. 该算法把一个复杂几何计算问题化解为一系列的线性运算, 即用几何作图也可求得贝齐尔曲线上的点.

当有序点列 $P_0, P_1, P_2, \cdots, P_n$ 给定之后, 对固定的 $t \in [0,1]$, 在贝齐尔多边形以 P_i 和 P_{i+1} 为端点的第 i 条边上找到一点 $P_{i,1}(t)$, 且点 $P_{i,1}(t)$ 把该边分成比值 $t : (1-t)$, 于是得到分点

$$P_{i,1}(t) = (1-t)P_i + tP_{i+1}, \quad i = 0, 1, \cdots, n-1 \tag{7.3.1}$$

这 n 个点组成一个 $n-1$ 边形. 对这个新的多边形重复上述操作, 得到一个 $n-2$ 边形的顶点 $P_{i,2}(t)$, $i = 0, 1, \cdots, n-2$. 如此下去, 连续做完 n 次之后, 只剩一个单点 $P_{0,n}(t)$, 它就是贝齐尔曲线上对应于给定参数 t 的点 $B_n(P_0, P_1, P_2, \cdots, P_n; t)$, 见式 (7.2.11). 让 t 从 0 变到 1, 就可得整个贝齐尔曲线. 实际上, 这个作图过程就是如下递推关系:

$$P_{i,k}(t) = (1-t)P_{i,k-1}(t) + tP_{i+1,k-1}(t) \tag{7.3.2}$$

其中 $t \in [0,1]$, $k = 1, 2, \cdots, n$, $i = 0, 1, \cdots, n-1$, 且有 $P_{i,0}(t) = P_i$, $i = 0, 1, \cdots, n$.

图 7.13 给出了不同点列下的贝齐尔曲线. 此外, 基于三次贝齐尔曲线表达出的各种几何造型如图 7.14 所示.

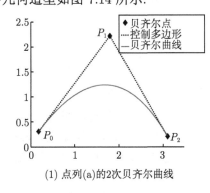

(1) 点列(a)的2次贝齐尔曲线

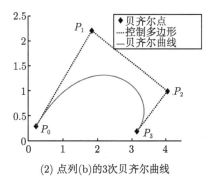

(2) 点列(b)的3次贝齐尔曲线

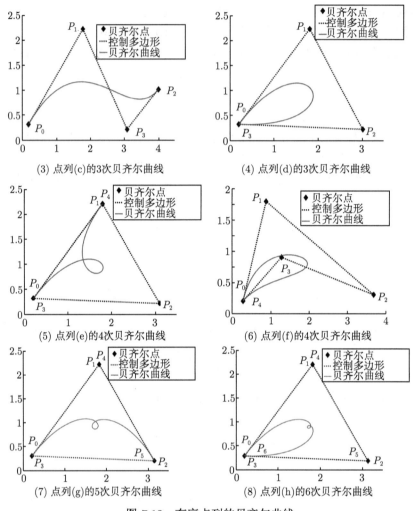

图 7.13 有序点列的贝齐尔曲线

引申

当给定的贝齐尔点中有重节点时, 会生成一些有趣的自相交曲线, 如图 7.13(4)-(8) 所示. 进一步可以思考若周期性地大量增加重节点时会发生什么情况.

顺次取正四边形顶点为贝齐尔点记为 P_0, P_1, P_2, P_3, 其他的贝齐尔点按如下规定 $P_4 = P_0$, $P_5 = P_1$, $\cdots$, 顺次周期性地延拓下去, 可以认为这是无穷多个有序的周期性点列. 下面以这 4 个点中的第一个点为首点 (4 个点中任意一个点为首点都可), 以这无穷多个点的任何一个为末点 (事实上仍是这 4 个点中的一个, 但可能是经过了若干周期来到这个点处), 作贝齐尔曲线并叠加在一起, 将得到图 7.15(1).

对相应的贝齐尔曲线

$$B_n(t) = \sum_{i=0}^{n} P_i b_{n,i}(t), \quad 0 \leqslant t \leqslant 1 \tag{7.3.3}$$

取定 $t = \tilde{t}\,(0 \leqslant \tilde{t} \leqslant 1)$, 得到平面点列 $Q_0, Q_1, Q_2, \cdots, Q_n, \cdots$, 则有下列结论成立

$$\lim_{n \to \infty} Q_n = \frac{1}{4}(P_0 + P_1 + P_2 + P_3) \tag{7.3.4}$$

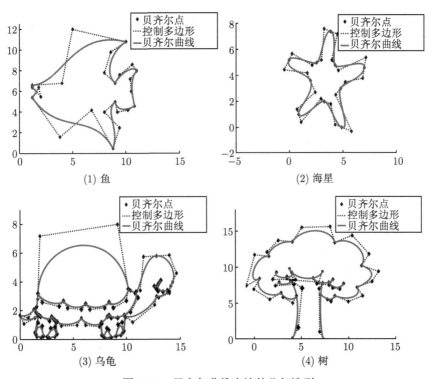

图 7.14 贝齐尔曲线表达的几何造型

事实上, 以任意 N 个点依序重复产生的周期性点列, 对任意给定的 $t \in (0,1)$ 及任意正整数 m, 都有

$$\lim_{n \to \infty} B_n(P_m, P_{m+1}, \cdots, P_{m+n}; t) = P^* \tag{7.3.5}$$

其中

$$P^* = \frac{1}{N} \sum_{j=0}^{N-1} P_j \tag{7.3.6}$$

证明这个结论可用式 (7.3.2), 联系泊松曲线 $p(\tau) = e^{-\tau} \sum_{j=0}^{\infty} P_j \dfrac{\tau^j}{j!}$, 可证明如下事实[①]:

$$\lim_{n \to \infty} B_n \left(P_m, P_{m+1}, \cdots, P_{m+n}; \frac{\tau}{n} \right) = p(\tau), \quad \tau \in [0, \infty) \tag{7.3.7}$$

进而,

$$\lim_{n \to \infty} p(\tau) = P^* \tag{7.3.8}$$

因此, 若分别以正五边形和正八边形顶点周期性重复产生的点列为贝齐尔点, 描绘出它们的贝齐尔曲线并叠加在同一平面上, 也会出现有趣的自相交结构, 如图 7.15(2)—(4) 所示.

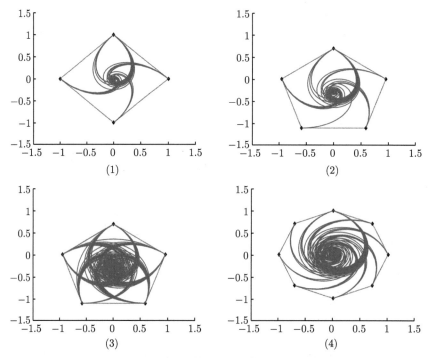

图 7.15   平面周期点列贝齐尔曲线叠加

现基于以上根据贝齐尔曲线所做的数学实验, 再回顾第 7 章之具体数学中介绍的拉格朗日插值、B-样条曲线及多结点样条基函数, 将它们列表对比如表 7.2 所示.

① Qi D X, Schaback R. Limits of Bernstein-Bézier curves for periodic control nets. Approximation Theory and Its Applications, 1994, 10(3): 5-16.

表 7.2 特性对比

方法	特性		
	局部性	显式性	插值性
拉格朗日插值	无	有	有
B-样条插值	无	无	有
B-样条拟合	有	有	无
贝齐尔拟合	无	有	无
多结点样条插值	有	有	有

由此可见, 多结点样条插值方法具有局部显式插值特性. 在不求解方程组前提下, 对给定数据点集进行逼近 (拟合), 图 7.16 给出三次 B-样条曲线和三次多结点样条曲线, 从图中可看出多结点样条曲线通过每一个给定的数据点而 B-样条曲线则不能通过给定的全部数据点.

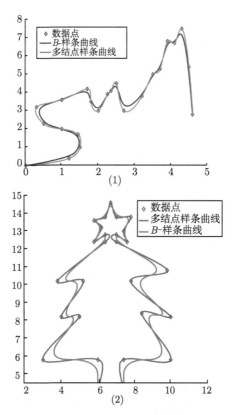

图 7.16 B-样条曲线和多结点样条曲线的比较

7.3.2　实验二　迭代法解方程组

内容

已知：线性方程组

$$\begin{cases} 4x_1 - x_2 + x_3 = 7 \\ 4x_1 - 8x_2 + x_3 = -21 \\ -2x_1 + x_2 + 5x_3 = 15 \end{cases} \tag{7.3.9}$$

且给定初值 $(x_1^{(0)}, x_2^{(0)}, x_3^{(0)}) = (1, 2, 2)$, 试用雅可比迭代法与高斯–塞德尔迭代法分别解该线性方程组.

探究

迭代意味着在某一算法中重复使用某一法则或步骤. 迭代法解线性方程组的基本思想是用某种极限过程去逐步逼近线性方程组精确解的方法, 即是从一个初始向量 $x^{(0)}$ 出发, 按照一定的迭代格式产生一个向量序列 $\{x^{(k)} | k = 0, 1, 2, \cdots\}$, 使其收敛到方程组 $Ax = b$ 的解. 其中 $x^{(k)} = (x_1^{(k)}, x_2^{(k)}, \cdots, x_n^{(k)})^T$, $k = 0, 1, 2, \cdots$, 下标 n 为线性方程组未知数的个数. 迭代法是解大型稀疏矩阵方程组的重要方法.

雅可比迭代法　对于一般的线性方程组 $Ax = b$, 设其系数矩阵 A 满足条件 $a_{ii} \neq 0$, $i = 1, 2, \cdots, n$, 将 A 分解为以下三部分

$$A = \begin{bmatrix} a_{11} & & & & \\ & a_{22} & & & \\ & & \ddots & & \\ & & & a_{n-1,n-1} & \\ & & & & a_{nn} \end{bmatrix} - \begin{bmatrix} 0 & & & & \\ -a_{21} & 0 & & & \\ \vdots & \vdots & \ddots & & \\ -a_{n-1,1} & -a_{n-1,2} & \cdots & 0 & \\ -a_{n1} & -a_{n2} & \cdots & -a_{n,n-1} & 0 \end{bmatrix}$$

$$- \begin{bmatrix} 0 & -a_{12} & \cdots & -a_{1,n-1} & -a_{1n} \\ & 0 & \cdots & -a_{2,n-1} & -a_{2n} \\ & & \ddots & \vdots & \vdots \\ & & & 0 & -a_{n-1,n} \\ & & & & 0 \end{bmatrix}$$

$$= D - L - U \tag{7.3.10}$$

从而 $Ax = b$ 可改写为 $(D - L - U)x = b$, 可得 $x = D^{-1}(L + U)x + D^{-1}b$. 若记 $B = D^{-1}(L + U)$, $f = D^{-1}b$, 则 $x = Bx + f$. 故对于任意初值 $x^{(0)}$, 有如下迭代公式:

$$x^{(k+1)} = Bx^{(k)} + f \tag{7.3.11}$$

其中 $k = 0, 1, 2, \cdots$, 以上就是雅可比迭代法.

所以, 方程组 (7.3.9) 的雅可比迭代公式为

$$
\begin{cases}
x_1^{(k+1)} = \dfrac{7 + x_2^{(k)} - x_3^{(k)}}{4} \\[2mm]
x_2^{(k+1)} = \dfrac{21 + 4x_1^{(k)} + x_3^{(k)}}{8} \\[2mm]
x_3^{(k+1)} = \dfrac{15 + 2x_1^{(k)} - x_2^{(k)}}{5}
\end{cases}
\tag{7.3.12}
$$

使用迭代公式 (7.3.12) 可得方程组的逼近解, 如表 7.3 所示.

表 7.3 求解线性方程组的雅可比迭代

迭代次数 k	$x_1^{(k)}$	$x_2^{(k)}$	$x_3^{(k)}$
0	1.0	2.0	2.0
1	1.75	3.375	3.0
2	1.84375	3.875	3.025
3	1.9625	3.925	2.9625
$\vdots$	$\vdots$	$\vdots$	$\vdots$
15	1.99999993	3.99999985	2.99999993
$\vdots$	$\vdots$	$\vdots$	$\vdots$
19	2.00000000	4.00000000	3.00000000

由表 7.3 可以发现, 经过 19 次迭代, 迭代过程收敛到一个精度为九位有效数字的近似值 (2.00000000, 4.00000000, 3.00000000).

高斯–塞德尔迭代法 由 $(D - L - U)x = b$ 可得 $(D - L)x = Ux + b$, 故 $x = (D - L)^{-1}(Ux + b)$. 若记 $G = (D - L)^{-1}U$, $g = (D - L)^{-1}b$, 则 $x = Gx + g$. 故对于任意初值 $x^{(0)}$, 有如下迭代公式:

$$
x^{(k+1)} = Gx^{(k)} + g
\tag{7.3.13}
$$

其中 $k = 0, 1, 2, \cdots$, 以上就是高斯–塞德尔迭代法.

下面给出高斯–塞德尔迭代法的分量计算公式. 可由 $(D - L)x^{(k+1)} = Ux^{(k)} + b$ 推出

$$
x^{(k+1)} = D^{-1}Lx^{(k+1)} + D^{-1}Ux^{(k)} + D^{-1}b
\tag{7.3.14}
$$

注意 $D^{-1}L$ 为一个下三角矩阵, 而 $D^{-1}U$ 为一个上三角矩阵, 且它们的对角线上的元素全为零. 式 (7.3.14) 的特点是在计算 $x^{(k+1)}$ 的第 i 个分量 $x_i^{(k+1)}$ 时, 利用了已经计算出的最新分量信息 $x_j^{(k+1)}$, $j = 1, 2, \cdots, i - 1$. 高斯–塞德尔迭代法可看作雅

可比迭代法的一种改进. 所以, 方程组 (7.3.9) 的高斯–塞德尔迭代公式为

$$
\begin{cases}
x_1^{(k+1)} = \dfrac{7 + x_2^{(k)} - x_3^{(k)}}{4} \\[2mm]
x_2^{(k+1)} = \dfrac{21 + 4x_1^{(k+1)} + x_3^{(k)}}{8} \\[2mm]
x_3^{(k+1)} = \dfrac{15 + 2x_1^{(k+1)} - x_2^{(k+1)}}{5}
\end{cases}
\tag{7.3.15}
$$

使用迭代公式 (7.3.15) 可得方程组的逼近解, 如表 7.4 所示.

引申

由本章实验二之探究可知, 解线性方程组可采用雅可比迭代法和高斯–塞德尔迭代法. 而在科学技术领域里常常提出求解非线性方程组的问题, 譬如用非线性函数拟合实验数据问题、非线性网格问题及用差分法求解非线性微分方程问题等. 在解非线性方程组时, 也可考虑用迭代法, 其思路和解线性方程组一样. 这里介绍求解非线性方程组的牛顿法.

表 7.4　求解线性方程组的高斯–塞德尔迭代

迭代次数 k	$x_1^{(k)}$	$x_2^{(k)}$	$x_3^{(k)}$
0	1.0	2.0	2.0
1	1.75	3.75	2.95
2	1.95	3.96875	2.98625
3	1.995625	3.99609375	2.99903125
⋮	⋮	⋮	⋮
8	1.99999983	3.99999988	2.99999996
⋮	⋮	⋮	⋮
10	2.00000000	4.00000000	3.00000000

考虑如下非线性方程组

$$
\begin{cases}
f_1(x_1, x_2, \cdots, x_n) = 0 \\
f_2(x_1, x_2, \cdots, x_n) = 0 \\
\quad \cdots\cdots \\
f_n(x_1, x_2, \cdots, x_n) = 0
\end{cases}
\tag{7.3.16}
$$

令 $X = (x_1, x_2, \cdots, x_n), F = (f_1, f_2, \cdots, f_n)^{\mathrm{T}}$, 从而方程组 (7.3.16) 可写为 $F(X) = 0$. 由牛顿法可知

$$
X^{(k+1)} = X^{(k)} - [F'(X^{(k)})]^{-1} F(X^{(k)}), \quad k = 0, 1, 2, 3, \cdots
\tag{7.3.17}
$$

其中 $F'(X)$ 为雅可比矩阵, 记为 $J(X)$, 即

$$F^{'}(X) = J(X) = \frac{\partial(f_1, f_2, \cdots, f_n)}{\partial(x_1, x_2, \cdots, x_n)} = \begin{bmatrix} \dfrac{\partial f_1}{\partial x_1} & \dfrac{\partial f_1}{\partial x_2} & \cdots & \dfrac{\partial f_1}{\partial x_n} \\ \dfrac{\partial f_2}{\partial x_1} & \dfrac{\partial f_2}{\partial x_2} & \cdots & \dfrac{\partial f_2}{\partial x_n} \\ \vdots & \vdots & \ddots & \vdots \\ \dfrac{\partial f_n}{\partial x_1} & \dfrac{\partial f_n}{\partial x_2} & \cdots & \dfrac{\partial f_n}{\partial x_n} \end{bmatrix} \tag{7.3.18}$$

记 $\Delta X^{(k)} = X^{(k+1)} - X^{(k)}$, 式 (7.3.17) 可写为 $\Delta X^{(k)} = -[F^{'}(X^{(k)})]^{-1} F(X^{(k)})$, $k = 0, 1, 2, 3, \cdots$, 故

$$F^{'}(X^{(k)}) \Delta X^{(k)} = -F(X^{(k)}) \tag{7.3.19}$$

现考虑非线性方程组

$$\begin{cases} x_1^2 - 2x_1 - x_2 + 0.5 = 0 \\ x_1^2 + 4x_2^2 - 4 = 0 \end{cases} \tag{7.3.20}$$

设初始值为 $(x_1^{(0)}, x_2^{(0)}) = (2.00, 0.25)$, 那么可用牛顿法求 $(x_1^{(1)}, x_2^{(1)})$, $(x_1^{(2)}, x_2^{(2)})$ 和 $(x_1^{(3)}, x_2^{(3)})$.

易知, 以上非线性方程组的函数向量和雅可比矩阵分别为

$$F(x_1, x_2) = \begin{bmatrix} x_1^2 - 2x_1 - x_2 + 0.5 \\ x_1^2 + 4x_2^2 - 4 \end{bmatrix}, \quad J(x_1, x_2) = \begin{bmatrix} 2x_1 - 2 & -1 \\ 2x_1 & 8x_2 \end{bmatrix} \tag{7.3.21}$$

那么在点 (2.00,0.25) 处的值为

$$F(2.00, 0.25) = \begin{bmatrix} 0.25 \\ 0.25 \end{bmatrix}, \quad J(2.00, 0.25) = \begin{bmatrix} 2.0 & -1.0 \\ 4.0 & 2.0 \end{bmatrix} \tag{7.3.22}$$

由式 (7.3.19) 可得

$$\begin{bmatrix} 2.0 & -1.0 \\ 4.0 & 2.0 \end{bmatrix} \begin{bmatrix} \Delta x_1^{(0)} \\ \Delta x_2^{(0)} \end{bmatrix} = -\begin{bmatrix} 0.25 \\ 0.25 \end{bmatrix} \tag{7.3.23}$$

故

$$\Delta X^{(1)} = \begin{bmatrix} \Delta x_1^{(0)} \\ \Delta x_2^{(0)} \end{bmatrix} = \begin{bmatrix} -0.09375 \\ 0.0625 \end{bmatrix} \tag{7.3.24}$$

迭代的下一点为

$$X^{(1)} = X^{(0)} + \Delta X^{(1)} = \begin{bmatrix} x_1^{(0)} \\ x_2^{(0)} \end{bmatrix} + \begin{bmatrix} \Delta x_1^{(0)} \\ \Delta x_2^{(0)} \end{bmatrix} = \begin{bmatrix} 2.00 \\ 0.25 \end{bmatrix} + \begin{bmatrix} -0.09375 \\ 0.0625 \end{bmatrix} = \begin{bmatrix} 1.90625 \\ 0.3125 \end{bmatrix} \tag{7.3.25}$$

同理可得

$$X^{(2)} = \begin{bmatrix} x_1^{(2)} \\ x_2^{(2)} \end{bmatrix} = \begin{bmatrix} 1.900691 \\ 0.311213 \end{bmatrix} \tag{7.3.26}$$

$$X^{(3)} = \begin{bmatrix} x_1^{(3)} \\ x_2^{(3)} \end{bmatrix} = \begin{bmatrix} 1.900677 \\ 0.311219 \end{bmatrix} \tag{7.3.27}$$

事实上, 实现牛顿法需要求解多个偏导数, 可利用数值逼近来近似这些偏导数, 但须注意迭代步长的选择. 此外, 经典的求解线性方程组的方法一般分为两类: 直接法和迭代法. 前者例如高斯消元法、高斯–约当消元法、克拉默法则及 LU 分解法等; 后者除以上介绍的雅可比迭代法和牛顿–塞德尔迭代法外, 譬如还有逐次超松弛 (SOR) 迭代法和共轭梯度法等. 求解非线性方程组除以上介绍的牛顿法外, 譬如还有拟牛顿法、布朗方法、连续法及布兰特方法等, 在此, 不作详细介绍.

7.3.3 实验三 曲面逼近

内容

散乱数据的曲面逼近被广泛的探讨和研究, 是国际上的研究热点之一, 在逆向工程、可视化等领域有着广泛的应用. 为了比较逼近效果, 通常用数学模型进行测试.[①] 已知: 选定如下四个二元函数

$$F_1(x, y) = \frac{\tanh(9 - 9x - 9y) + 1}{9} \tag{7.3.28}$$

$$F_2(x, y) = \frac{1.25 + \cos(5.4y)}{6 + 6(3x - 1)^2} \tag{7.3.29}$$

$$F_3(x, y) = \frac{\exp\left\{-\dfrac{81}{4}\left[(x - 0.5)^2 + (y - 0.5)^2\right]\right\}}{3} \tag{7.3.30}$$

$$F_4(x, y) = \frac{\sqrt{64 - 81[(x - 0.5)^2 + (y - 0.5)^2]}}{9} - 0.5 \tag{7.3.31}$$

以上四个函数可分别表示四个不同曲面. 试分别对上述四个不同曲面进行随机采样 5000 个数据点, 其中 x, y 取值范围分别为 $-1 \leqslant x \leqslant 1, -1 \leqslant y \leqslant 1$. 然后利用得到的采样数据点, 分别使用三次 B-样条和三次多结点样条实现对曲面的逼近.

探究

对于三维空间中的一组散乱数据点 $V = \{(x_c, y_c, z_c) | z_c = F(x_c, y_c)\}$, 定义域 D 为包含数据点 (x_c, y_c) 的最小矩形, 记为 $D = \{(x, y) | 0 \leqslant x < m, 0 \leqslant y < n\}$. 由于数据点 (x_c, y_c) 都落在 D 中, 故只需计算 D 上的 B-样条或多结点样条曲面的控制网格 Ψ, 就可用来逼近散乱数据点集 V. 由于三次样条函数具有二阶光滑度 (即二阶导数连续), 因而被广泛应用. 以下讨论的 B-样条方法和多结点样条方法分别基于三次 B-样条基函数和三次多结点样条基函数.

---

① Franke R, A critical comparison of some methods for interpolation of scattered data. NPS Report Number: NPS-53-79-003, Naval Postgraduate School, Monterey, California, USA, 1979.

基于三次 B-样条的逼近函数 f 可定义为

$$f(x,y) = \sum_{k=0}^{3} \sum_{l=0}^{3} B_k(s) B_l(r) \psi_{(i+k)(j+l)} \tag{7.3.32}$$

其中, $i = \lfloor x \rfloor - 1$, $j = \lfloor y \rfloor - 1$, $s = x - \lfloor x \rfloor$, $r = y - \lfloor y \rfloor$. 控制点 ψ_{ij} 表示控制网格 Ψ 中第 i 行 j 列的值, 且控制网格大小为 $(m+3) \times (n+3)$, B_k 和 B_l 是三次 B-样条基函数, 具体表示为

$$\begin{cases} B_0(t) = \dfrac{(1-t)^3}{6}, \\ B_1(t) = \dfrac{3t^3 - 6t^2 + 4}{6}, \\ B_2(t) = \dfrac{-3t^3 + 3t^2 + 3t + 1}{6}, & 0 \leqslant t < 1 \\ B_3(t) = \dfrac{t^3}{6}, \end{cases} \tag{7.3.33}$$

不难发现, 求散乱数据点集 V 的逼近函数 f 的问题就是求解控制网格 Ψ, 然后便可依控制网格得到逼近函数 f. 对于在点集 $\{(x_c, y_c, z_c) \in V | i - 2 \leqslant x_c < i + 2, \ j - 2 \leqslant y_c < j + 2\}$ 中的数据点 (x_c, y_c, z_c). 若点集中的点数大于 1, ψ_{ij} 会被赋予多个值 ψ_c:

$$\psi_c = \frac{w_c z_c}{\displaystyle\sum_{a=0}^{3} \sum_{b=0}^{3} w_{ab}^2} \tag{7.3.34}$$

其中 w_c 和 w_{ab} 可通过 $B_k(s) B_l(t)$ 计算得到, $k = (i+1) - \lfloor x_c \rfloor$, $l = (j+1) - \lfloor y_c \rfloor$, $s = x_c - \lfloor x_c \rfloor$, $t = y_c - \lfloor y_c \rfloor$. 为了求得控制点 ψ_{ij} 的最优值, 需利用式 (7.3.35),

$$\psi_{ij} = \frac{\displaystyle\sum_c w_c^2 \psi_c}{\displaystyle\sum_c w_c^2} \tag{7.3.35}$$

从而可得到基于三次 B-样条的逼近函数 f.

同样地, 基于三次多结点样条的逼近函数 f 可定义为

$$f(x,y) = \sum_{k=-2}^{3} \sum_{l=-2}^{3} \phi_3(u-k) \phi_3(v-l) \psi_{(i+k)(j+l)} \tag{7.3.36}$$

其中 $i = \lfloor x \rfloor$, $j = \lfloor y \rfloor$, $u = x - \lfloor x \rfloor$, $v = y - \lfloor y \rfloor$. 控制点 ψ_{ij} 表示控制网格 Ψ 中第 i 行 j 列的值, 且控制网格大小为 $(m+5) \times (n+5)$, ϕ_3 是三次多结点样条基函数, 如式 (7.2.51) 所示. 对于在点集 $\{(x_c, y_c, z_c) \in V | i - 2 \leqslant x_c < i + 3, \ j - 2 \leqslant y_c < j + 3\}$

中的数据点 (x_c, y_c, z_c). 若点集中的点数大于 1, ψ_{ij} 会被赋予多个值 ψ_c. 控制点 ψ_{ij} 的最优值可通过 $\frac{\sum_c w_c^2 \psi_c}{\sum_c w_c^2}$ 算得, 其中 $\psi_c = \dfrac{w_c z_c}{\sum_{a=-2}^{3} \sum_{b=-2}^{3} w_{ab}^2}$, w_c 和 w_{ab} 可通过 $\phi_3(u-k)\phi_3(v-l)$ 计算得到, $k = i - \lfloor x_c \rfloor$, $l = j - \lfloor y_c \rfloor$, $u = x_c - \lfloor x_c \rfloor$, $v = y_c - \lfloor y_c \rfloor$. 从而可得到基于三次多结点样条的逼近函数 f.

对给定的每个二元函数, 采样点个数都为 5000; 然后, 对采样数据分别使用三次 B-样条与三次多结点样条做逼近; 一般地, 通过计算均方根误差 (Root Mean Square Error, RMSE) 比较使用三次 B-样条与使用三次多结点样条的逼近结果, 即将用逼近函数表示的曲面与原曲面做比较. 计算出的均方根误差如表 7.5 所示, 表中给出的逼近结果比较是基于两种大小的控制网格, 即 14×14 和 20×20. 由表 7.5 可以发现, 用三次多结点样条可较好地逼近原曲面, 而三次 B-样条的逼近效果则相对较差.

表 7.5　多结点样条方法与 B-样条方法对曲面逼近的精度比较

二元函数	F_1		F_2		F_3		F_4	
方法	B	M	B	M	B	M	B	M
控制网格大小 14×14	0.0586	0.0127	0.0580	0.0119	0.0325	0.0073	0.0985	0.0211
控制网格大小 20×20	0.0548	0.0128	0.0555	0.0135	0.0319	0.0075	0.1002	0.0234

* B: B-样条方法[1]; M: 多结点样条方法.

引申

用多结点样条方法逼近曲面时, 不难发现, 若散乱数据点集的数据点数为 p, 控制网格大小为 $(m+5) \times (n+5)$, 则多结点样条逼近的时间复杂度为 $O(p+mn)$. 图 7.17(1) 给出了一组三维空间中的散乱数据位置示意图; 图 7.17(2) 显示了使用 8×8 控制网格对散乱数据 (图 7.17(1)) 逼近的结果. 图 7.17 显示了控制网格疏密对曲面的直接影响, 当控制网格越疏, 则曲面越光滑, 如图 7.17(3) 所示; 当控制网格越密, 则曲面的尖峰越多, 如图 7.17(4) 所示.

如上所述, 使用多结点样条方法逼近曲面时, 存在逼近精度与曲面光滑性的平衡问题. 当控制网格密度较小时, 生成的曲面具有很好的光滑性, 但误差较大; 当控制网格密度较大, 甚至到一定程度时, 可以精确地逼近各个数据点, 但生成曲面的光滑性较差. 因此不易找寻一个合适的控制网格密度使得逼近精度与曲面光滑性都能达到满意的程度. 为此引入层次多结点样条逼近方法. 层次多结点样条方法将控制网格分级, 由密度最小的一级逐渐过渡到密度较大的控制网格. 考虑覆盖于定

---

① Lee S, Wolberg G, Shin S Y. Scattered data interpolation with multilevel B-splines. IEEE Transactions on Visualization and Computer Graphics, 1997, 3(3): 228-244.

义域 D 上的控制网格序列 $\Psi_0, \Psi_1, \cdots, \Psi_h$. 给定 Ψ_0 中控制网格的分布密度, 其他各级控制网格密度为前一级控制网格密度的 2 倍. 即, 若第 k 级的控制网格 Ψ_k 中的控制顶点数是 $(m{+}5) \times (n{+}5)$, 则第 $k+1$ 级的控制网格 Ψ_{k+1} 的控制顶点数是 $(2m{+}5) \times (2n{+}5)$. 该方法从最稀疏的控制网格 Ψ_0 开始, 对定义域 D 中所有散乱数据点应用多结点样条逼近方法. 在控制网格 Ψ_0 的作用下生成逼近函数 g_0, 计算 g_0 到每个点 (x_c, y_c, z_c) 的误差值 $\Delta^1 z_c = z_c - g_0(x_c, y_c)$.

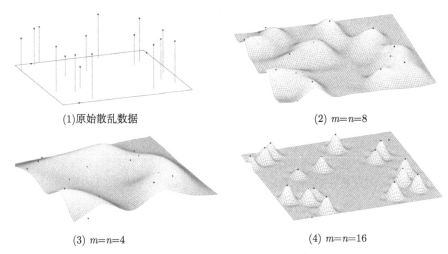

(1)原始散乱数据 (2) $m{=}n{=}8$

(3) $m{=}n{=}4$ (4) $m{=}n{=}16$

图 7.17 不同控制网格大小下的曲面逼近

将误差值 $\Delta^1 z_c$ 与对应坐标 (x_c, y_c) 组成新的散乱数据集 $P_1 = \{(x_c, y_c, \Delta^1 z_c) | c = 1, 2, 3, \cdots\}$ 作为下一级控制网格 Ψ_1 的逼近数据, 得到逼近函数 g_1. 因此, $g_0 + g_1$ 将在点 (x_c, y_c) 处产生较小的误差 $\Delta^2 z_c = z_c - g_0(x_c, y_c) - g_1(x_c, y_c)$. 这一过程由最稀疏的控制网格 Ψ_0 开始, 递增到最密集的控制网格 Ψ_h. 对于第 k 级的控制网格 Ψ_k, 其散乱数据集 $P_k = \{(x_c, y_c, \Delta^k z_c) | c = 1, 2, 3, \cdots\}$, 其中误差 $\Delta^k z_c = z_c - \sum_{i=0}^{k-1} g_i(x_c, y_c)$.

最后将各级生成的逼近函数 g_k 相加得到逼近函数 g, 即 $g = \sum_{k=0}^{h} g_k$; 这样得到的曲面既保留了光滑性, 又具有较高的精度. 这里 g_0 得到 g 的总体形状, 往后各级函数 g_k 逐渐减小逼近误差, 当每个控制网格中只有 1 个邻近数据时, 曲面将插值散乱数据点. 若散乱数据点集的数据点数为 p, 第 h 层的控制网格大小为 $(m{+}5) \times (n{+}5)$, 因第 k 层的控制网格大小是第 $k + 1$ 层的控制网格大小的 $\frac{1}{4}$, 因此层次多结点样条的时间复杂度为 $O(p+mn) + O\left(p + \frac{1}{4}mn\right) + \cdots + O\left(p + \frac{1}{4^h}mn\right)$

$=O\left(p+\dfrac{4}{3}mn\right)$. 逼近函数 g 为各层逼近函数 g_k 的和, 因 g_k 为三次多结点样条逼近函数, 具有 C^2 连续性, 所以逼近函数 g 也保持了 C^2 连续. 图 7.18(2) 为使用层次多结点样条算法对散乱数据集 (图 7.18(1)) 的逼近函数, 图 7.18 与图 7.17 使用的散乱数据一样. 由图 7.18(2) 可以看出, 层次多结点样条产生的逼近函数兼具光滑性及高精度. 由层次多结点样条算法可知, 定义域 D 上的控制网格 $\Psi_0, \Psi_1, \cdots, \Psi_h$ 序列中, Ψ_0 控制了层次多节点样条逼近曲面的总体形状, Ψ_h 控制了逼近函数的精度; 如图 7.18(2) 和 (3) 分别为使用初始控制网格 Ψ_0 不同, Ψ_h 相同所生产的曲面比较, 显示了 Ψ_0 越小生成的曲面越光滑; 图 7.18(2) 和 (4) 分别为使用初始网格 Ψ_0 相同, Ψ_h 不同所产生的曲面逼近, 显示了 Ψ_h 越大, 所逼近的曲面越精确.

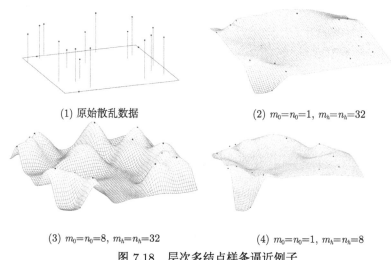

(1) 原始散乱数据　　　　　　　(2) $m_0=n_0=1,\ m_h=n_h=32$

(3) $m_0=n_0=8,\ m_h=n_h=32$　　　(4) $m_0=n_0=1,\ m_h=n_h=8$

图 7.18　层次多结点样条逼近例子

在此, 依然选取本实验已知中给定的四个二元函数来分析层次多结点样条算法对散乱数据的重建精度. 首先对每个函数 $F(x,y)$ 进行采样, 其中 x,y 取值范围分别为 $-1\leqslant x\leqslant 1, -1\leqslant y\leqslant 1$; 然后得到散乱数据集 V, 对数据集 V 使用层次多结点样条方法得到逼近函数 Z, 采样网格大小为 256×256; 最后计算逼近函数 Z 与原始函数 $F(x,y)$ 的标准偏差, 并将其与层次 B-样条方法进行比较.

对每个给定的二元函数, 对其进行四种不同方式的数据采样, 采样方式如图 7.19 所示, 然后得到四种不同分布的数据集 M100, M500, L220 及 C160. M100 和 M500 是对给定的二元函数进行不同密度的随机采样, 然后分别得到 100 个及 500 个数据点. L220 是对给定的二元函数进行线状采集 11 条线, 每条线随机采样 20 个点. 而 C160 则由 12 簇的数据集组成, 每簇数据包含 10 到 60 不等数点. 最终可得到层次多结样点条方法与层次 B-样条方法对不同采样数据的曲面重构的精度比较, 如表 7.6 所示. 从中可以发现, 在相同条件下, 层次多结点样条方法对曲面的逼近效果优于层次 B-样条方法. 因此, 对于层次多结点样条方法的具体应用值得进一步研究.

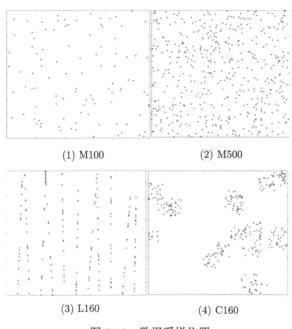

(1) M100　　　　　　(2) M500

(3) L160　　　　　　(4) C160

图 7.19　数据采样位置

表 7.6　层次多结点样条与层次 B-样条对不同采样数据的曲面逼近的精度比较

二元函数	F_1		F_2		F_3		F_4	
方法	B	M	B	M	B	M	B	M
M100	0.0248	0.0077	0.0310	0.0095	0.0288	0.0064	0.0389	0.0163
M500	0.0165	0.0024	0.0249	0.0028	0.0215	0.0022	0.0319	0.0021
L160	0.0195	0.0055	0.0306	0.0035	0.0263	0.0039	0.0340	0.0024
C160	0.0347	0.0226	0.0499	0.0259	0.0286	0.0103	0.0415	0.0160

* B: 层次 B-样条方法[1]; M: 层次多结点样条方法.

---

[1] Lee S, Wolberg G, Shin S Y. Scattered data interpolation with multilevel B-splines. IEEE Transactions on Visualization and Computer raphics, 1997, 3(3): 228-244.

第8章 分 形

分形是大自然的几何学.

——(美国)Benoit B. Mandelbort

8.1 概 观

分形这一概念是由伯努瓦·曼德布洛特 (Benoit B. Mandelbort, 1924—2010) 最先提出来的. 1967 年, 当时正在纽约 IBM 公司工作的他, 在 *Science* 上发表了一篇划时代的论文, 标题是 "How Long Is the Coast of Britain? Statistical Self-Similarity and Fractional Dimension" (《英国的海岸线有多长? 统计自相似性与分数维数》), 奠定了其 "分形理论创立者" 的地位. 这篇论文中, 他认为英国的海岸线长度是不确定的. 无论你做得多么认真细致, 你都不可能得到准确答案, 因为根本就不会有准确的答案. 海岸线有多长依赖于测量时所用的尺度. 譬如图 8.1 是英国大不列颠岛海岸线分布图, 从图中不难看出海岸线蜿蜒曲折.

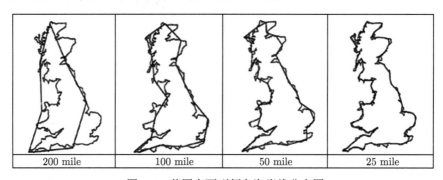

| 200 mile | 100 mile | 50 mile | 25 mile |

图 8.1 英国大不列颠岛海岸线分布图

关于海岸线长度与测量尺子长度的关系, 曼德布洛特得出如下的关系式:

$$L(G) = MG^{1-D} \tag{8.1.1}$$

这里, $L(G)$ 为基于尺子长度为 G 的海岸线长度, G 为测量尺子的长度, M 为待定常数. 如表 8.1 所示, 不同的尺度得到的海岸线的长度是不同的. 其实, 英国数学家刘易斯·弗莱·理查森 (Lewis Fry Richardson, 1881—1953) 在曼德布洛特之前, 已发现类似上述式子的存在, 但他认为 D 应为一个常数. 曼德布洛特揭示了分形

维数 D 的存在, 由此引起了分形的诞生. 1975 年, 曼德布洛特出版了他的法文专著《分形对象: 形、机遇与维数》, 这标志着分形理论正式诞生. 1977 年, 曼德布洛特在美国出版其英文版 *Fractals: Form, Chance, and Dimension*; 同年, 他又出版了 *The Fractal Geometry of Nature*(《大自然的分形几何》). 直到 1982 年, *The Fractal Geometry of Nature* 的第二版才得到欧美社会的广泛关注, 在曼德布洛特看来它却是分形理论的 "宣言书", 也有人把它当作是一部 "分形的圣经". 1985 年, 他由于开创性的工作, 获得了 Barnard 奖章. 该奖章是颁发给那些在物理科学或者其他自然科学中有所发现, 或有益于人类的、新颖的科学应用中有所发明的人. 在每五年颁发一次的获奖者名单中, 有阿尔伯特·爱因斯坦 (Albert Einstein, 1879—1955)、恩里科·费米 (Enrico Fermi, 1901—1954) 等科学家. 曼德布洛特分别于 1986 年获得富兰克林奖及 1988 年获得艺术科学奖. 进入新世纪, 有人把分形与耗散结构及混沌理论共称为二十世纪七十年代中期科学上的三大重要发现. 美国著名科学家约翰·阿奇博尔德·惠勒 (John Archibald Wheeler, 1911—2008) 说过 "谁不知道熵概念就不能被认为是科学上的文化人, 将来谁不知道分形概念, 也不能称为有知识."

表 8.1　基于不同尺度的海岸线长度

单位长度/mile	线段数	总长度/mile
200	7	1400
100	16.25	1625
50	40	2000
25	96	2400

当前关注分形的人不在少数, 有数学研究者、地理科学研究者、自然科学工作者、工程技术人员, 以及社会、经济乃至艺术界人士. 正如齐东旭教授在其专著《分形及其计算机生成》[①]所言: "一方面, 对科学工作者从理论上从事分形的研究, 不要急于指责他们 '脱离实际', 他们进行的一系列 '游戏' 可能会在出乎意料的场合产生出乎意料的效果. 另一方面, 工程界的勇士不会等待那满载公理与定理的列车, 他们早就上路了. 大胆的应用带来了科学上的生机, 说他们是勇士不谓过分. 还有第三种人, 他们不想为分形理论本身的奠基挥锹舞镐, 也不想在大千世界探求分形的应用. 对分形的入迷, 可能只因为他们为分形之美所陶醉. 在欣赏变幻神奇的分形结构和接受维数的挑战中, 思索着有穷与无穷、离散与连续、混沌与有序这些哲理. 这样的追求可能诞生与养育另外枝头上的鲜花与硕果".

8.1.1　什么是分形

分形的英文词是 "Fractal", 是曼德布洛特创造的, 用以描述某些不规则的几何形体. 他给出的分形定义为: "A fractal is a shape made of parts similar to the whole

---

① 齐东旭. 分形及其计算机生成. 北京: 科学出版社, 1994.

in some way", 即 "分形是其组成部分以某种方式与整体相似的图形", 或者说, 分形是指一类体形复杂的体系, 其局部与整体具有相似性. 这强调了分形的自相似性, 但把某些分形排除在外.

后来, 英国数学家肯尼思 · 法尔科内 (Kenneth J. Falconer, 1952—) 提出罗列分形集的性质, 来给分形下定义. 当集合 F 具有下面所有的或大部分的性质时, 它就是分形.

(1) 集合 F 具有精细的结构, 即在任意小的尺度下, 它总有复杂的细节;

(2) 集合 F 是不规则的, 它的局部或整体都不能用微积分或传统的几何语言来描述;

(3) 集合 F 通常有某种自相似或自仿射性质, 这可以是统计意义上的;

(4) 集合 F 的 "分形维数"(用某种方式定义的) 通常严格大于它的拓扑维数;

(5) 在许多令人感兴趣的情形下, 集合 F 具有非常简单的、可能是由迭代给出的定义;

(6) 集合 F 通常具有 "自然" 的外貌.

法尔科内给出的定义具有较大的灵活性. 譬如, "(1)" 中的 "精细" 与 "细节" 如何理解? "(2)" 中的 "不能" 如何界定? "(3)" 中 "自相似" 如何解释? 尽管这样, 人们还是接受上述定义. 事实上, "如果不先来把握住若干出发点, 数学的研究无法起步. 起步以后的深入研究往往又能弥补当初出发点的不足. 传统几何学历史发展也经历了同样的过程"[①].

自然界中, 闪电、树枝、花菜、海岸线和海螺纹, 其形态具有分形特征. 当然, 这些现实中的自然形态只是在一定尺度范围内符合分形特征. 而分形是数学上的几何抽象, 具备无穷小尺度的层次结构. 这正如欧氏几何的直线和平面是数学抽象, 在现实中是找不到的. 自然界中也不存在 "真正的分形". 从背景意义上而言, 曼德布洛特所言 "分形是大自然的几何学" 是恰当的.

8.1.2　典型的分形

康托尔集

康托尔集, 由德国数学家康托尔在 1883 年引入. 康托尔经过二十余年的学术上的奋斗, 终于使他的集合论得到世界公认. 康托尔集是位于一条线段上的一些点的集合, 具有许多显著和深刻的性质. 通过考虑这个集合, 康托尔和其他数学家奠定了现代点集拓扑学的基础.

康托尔集是由不断去掉线段的中间三分之一而得出. 首先从区间 $E_0 = [0, 1]$ 中去掉中间的三分之一 $\left(\dfrac{1}{3}, \dfrac{2}{3}\right)$, 留下两条线段: $E_1 = \left[0, \dfrac{1}{3}\right] \cup \left[\dfrac{2}{3}, 1\right]$. 然后, 把这两条

---

① 齐东旭. 分形及其计算机生成. 北京: 科学出版社, 1994.

线段的中间三分之一都去掉, 留下四条线段: $E_2 = \left[0, \frac{1}{9}\right] \cup \left[\frac{2}{9}, \frac{1}{3}\right] \cup \left[\frac{2}{3}, \frac{7}{9}\right] \cup \left[\frac{8}{9}, 1\right]$.

把这个过程一直进行下去, 其中第 n 个集合为

$$\frac{E_{n-1}}{3} \cup \left[\frac{2}{3} + \frac{E_{n-1}}{3}\right] \tag{8.1.2}$$

康托尔集就是由所有过程中没有被去掉的区间 $[0, 1]$ 中的点组成.

图 8.2 显示了这个过程的最初六个步骤.

图 8.2　康托尔集

顺便提及, 康托尔三分集 E 是不可数的, 因为它是一个非空的完备集. 容易计算从闭区间 $[0, 1]$ 去掉的点集其勒贝格测度 (即各区间的长度) 为 $\frac{1}{3} + \frac{1}{3} \times \frac{2}{3} + \frac{1}{3} \times \frac{2}{3} \times \frac{2}{3} + \cdots = \frac{(1/3)}{1 - (2/3)} = 1$, 故康托尔三分集 E 的勒贝格测度等于零.

科赫曲线

科赫 (Koch) 曲线是一种分形. 其形态似雪花, 又称科赫雪花、雪花曲线. 它最早出现在尼尔斯·法比安·海里格·冯·科赫 (Niels Fabian Helge von Koch, 1870—1924) 的论文《关于一条连续而无切线, 可由初等几何构作的曲线》中.

科赫曲线是一类复杂的平面曲线, 它是一条连续的回线, 永远不会自我相交. 可用算法描述: 给定一条线段, 将线段中间三分之一部分用等边三角形的两条边代替, 从而形成具有 5 个结点的图形, 如图 8.3(1) 所示, 此为第一次迭代过程; 在第一次迭代过程产生的图形中, 又将图中每条线段中间的三分之一部分都用等边三角形的两条边代替, 再次形成新的图形, 这时, 图形中共有 17 个结点, 如图 8.3(2) 所示, 此为第二次迭代过程.

这种迭代继续进行下去, 可形成科赫分形曲线. 随着迭代次数增加, 图形中的点将越来越多, 而曲线最终显示细节的多少, 将取决于迭代次数和显示系统的分辨率.

构造科赫分形曲线的规则如下:

(1) 三等分一条线段;

(2) 将线段中间三分之一部分用等边三角形的两条边代替;

(3) 在每一条线段上, 重复第二步.

科赫分形曲线便是以上步骤无限重复的极限结果, 其中图 8.3(1) 所示的简单图形被称为是科赫曲线的生成元.

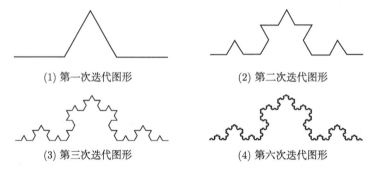

(1) 第一次迭代图形   (2) 第二次迭代图形

(3) 第三次迭代图形   (4) 第六次迭代图形

图 8.3   科赫曲线

科赫雪花 (图 8.4) 是以等边三角形三边生成的科赫曲线组成的. 顺便提及, 科赫雪花的面积是 $\dfrac{2\sqrt{3}(s^2)}{5}$, 其中 s 是原来三角形的边长. 每条科赫曲线的长度是无限大, 它是连续而无处可微的曲线.

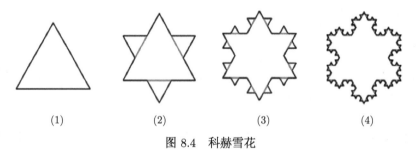

(1)   (2)   (3)   (4)

图 8.4   科赫雪花

谢尔宾斯基地毯

波兰数学家谢尔宾斯基在 1916 年发现了一种分形图案, 这种图案的原理其实已经在艺术领域应用了近千年, 如十二世纪建成的拉韦洛教堂 (Ravello Cathedral) 的布道坛上的图案 (图 8.5). 事实上, 谢尔宾斯基地毯图案的原型是埃舍尔所绘制的 "谜样图案"(Graphic Enigmas).

谢尔宾斯基三角形 (Sierpinski Triangle) 是一种分形. 1915 年, 由波兰数学家谢尔宾斯基提出, 它是自相似集的例子.

构造谢尔宾斯基三角形的规则如下 (图 8.6):

(1) 取一个实心的三角形 (多数使用等边三角形);

(2) 沿三边中点的连线, 将它分成四个小三角形;

(3) 去掉中间的那一个小三角形;

(4) 对其余三个小三角形重复上述步骤.

图 8.5 谢尔宾斯基地毯的原型

图 8.6 谢尔宾斯基三角形

谢尔宾斯基地毯 (图 8.7) 是由谢尔宾斯基在 1916 年提出的一种分形, 它是自相似集的一种. 它的豪斯多夫维数是 $\ln 8/\ln 3 \approx 1.8928$. 门格海绵是它在三维空间中的推广.

谢尔宾斯基地毯的构造与谢尔宾斯基三角形相似, 谢尔宾斯基地毯构造过程为: 将一个实心正方形划分为 3×3 的 9 个小正方形, 去掉中间的小正方形, 再对余下的小正方形重复这一操作便能得到谢尔宾斯基地毯.

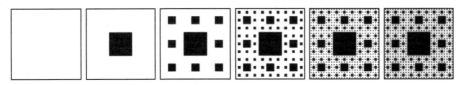

图 8.7 谢尔宾斯基地毯

8.1.3 什么是分形维数

熟知经典的维数概念, 譬如点、直线、平面和立体, 它们的维数分别是 0, 1, 2 和 3 维. 倘若把时间变量添入人们生活的空间, 那么就出现了 4 维空间. 一般地, 具有 n 个自由度的对象, 就是 n 维的. 这些维数都是非负整数. 从数学本身来说, 经典的欧几里德几何研究圆规与直尺画的图形. "千古寸心事, 欧高黎嘉陈", 这里 "欧" 就是欧几里德几何. 足见欧氏几何的重要性. 这里 "陈" 就是陈省身先生, 他研究微分几何, 曾获得 Wolf 奖及美国国家科学奖等. 自牛顿和莱布尼茨创建微积分以来, 微分几何学研究光滑的即可微分的图形. 经典的欧几里德几何与微分几何研究的图形均具有特征长度. 譬如, 球的半径、圆的半径、正方形的边长及可微曲线的弧长等. 另一方面, 许多复杂的图形并没有这样的特征长度, 却有着明显的自相似或扩展对称性结构, 譬如云、山脉、河网及海岸线等. 以集合论奠基者康托尔命名的康托尔集, 它的长度为 0, 但这个集合的点又与 1 维的实数集一样多. 它是 0 维还是 1 维, 这无法解释. 只有分数维的理论才能给以科学的说明. 这里, 不打算详细介绍分形维数知识, 目的是从若干常见的分形图形初步了解维数的基本思想, 从中获得有趣的艺术欣赏, 体会分形之美.

大多数关于维数的定义都是基于这样一种思想: δ 规模下的测量法, 即当测量一个集合时, 忽略那些小于 δ 规模的不规则部分, 然后看一看当 $\delta \to 0$ 时, 这些测量有些什么行为结果. 这种计算分形维数的方法也称为盒维数 (计盒维数) 方法. 计盒维数把分形空间 (或者物体) 放在一个均匀分割的网格 (网格形状可以是规则的, 也可以是不规则的) 上, 数一数至少需要几个格子来覆盖这个分形空间 (或者物体). 通过对网格边长的逐步精化 (边长 "$\delta \to 0$"), 查看所需覆盖数目的变化, 从而计算出计盒维数. 譬如, 当 F 为一条平面曲线时, 测量值 $M_\delta(F)$ 可看成是以 δ 为步长的两脚规穿越整个 F 而得到的步数. 在通常情况下, F 的维数 p 应当服从当 $\delta \to 0$ 时的 δ 指数定律关系, 即

$$M_\delta(F) \sim c\delta^{-p} \tag{8.1.3}$$

其中 c, p 皆为常数, 上式又称为逆幂律. 显然

$$\ln M_\delta(F) \sim \ln c - p\ln \delta \tag{8.1.4}$$

当 $\delta \to 0$ 时, 有

$$p = \lim_{\delta \to 0} \frac{\ln M_\delta(F)}{-\ln \delta} \tag{8.1.5}$$

几种常用的分形维数, 如相似维数、容量维数、信息维数和关联维数, 关于它们的详细介绍参见本章具体数学.

8.2 具 体 数 学

分形几何学是描述我们在自然界中观察到的不规则形状的几何学. 一般来说, 分形反映了无限的细节、无限的长度和不光滑的特性, 或者说不能求导. 分形几何学是经典几何学的拓展. 这一学科并没有取代经典几何学, 反而丰富和深化了经典几何学. 不论是蜿蜒曲折的海岸线, 还是人体复杂的毛细血管系统, 亦或是宇宙中壮丽的星系, 都可以在电脑上利用分形的手段建立它们具有的物理结构的精确模型. 本章具体数学将从茹利亚集与曼德布洛特集开始, 介绍绘制茹利亚集与曼德布洛特集的算法步骤、迭代函数系统、分形插值以及分形维数.

8.2.1 茹利亚集与曼德布洛特集

在第一次世界大战期间, 法国数学家加斯顿·茹利亚 (Gaston Julia, 1893—1978) 研究了复平面上的有理映射, 该映射方法是离散的, 但是却出现了许多真实连续系统的模拟型, 并在其中发现了吸引子和排斥子. 排斥子造成了吸引区域, 这些区域的边界十分复杂, 后来人们将之称为茹利亚集 (Julia Set). 当时人们对他的工作了解不多, 即便是数学家也很少了解. 这主要是因为在没有计算机图形技术的时代人们无法理解这样精细构思出来的想法. 茹利亚集是一个在复平面上形成分形的点的集合, 第一个将茹利亚集可视化展示的文章发表于 1925 年. 直到现代计算机技术出现后, 人们才能够完整地欣赏茹利亚集, 并观察它的细节.

1980 年, 曼德布洛特在研究茹利亚集时突然想到了一个好主意, 就是把他的一个想法画成一张图. 如果从某个位置开始, 可以得到连续的茹利亚集, 他就把这个点标为黑色, 反之则把这个点标为白色, 黑色的点形成的集合就是曼德布洛特集. 下面具体介绍这两个集合.

给定初始复数 Z_0, 迭代过程写成

$$Z_{k+1} = Z_k^2 + \mu, \quad k = 0, 1, 2, \cdots \tag{8.2.1}$$

其中 Z_k 为复数, μ 为 (复) 常数.

对于给定的初始点 Z_0, 迭代序列 $\{Z_k\}_{k=0}^{\infty}$ 有可能有界, 也可能发散到无穷. 令 j_μ 是使得迭代序列 $\{Z_k\}_{k=0}^{\infty}$ 有界的所有初值 Z_0 构成的集合, 即

$$j_\mu = \{Z_0 | 迭代序列 \{Z_k\}_{k=0}^{\infty} 有界\} \tag{8.2.2}$$

称 j_μ 在复平面上构成的集合为茹利亚集. 对不同参数 μ, 茹利亚集的形状也会不同. 特别地, $\mu = 0$ 对应的茹利亚集为单位圆盘.

若固定初值 Z_0, 则对不同的参数 μ, 迭代序列 $\{Z_k\}_{k=0}^{\infty}$ 的有界性也不相同. 令 M_{Z_0} 是使得迭代序列 $\{Z_k\}_{k=0}^{\infty}$ 有界的所有参数值 μ 构成的集合, 即

$$M_{Z_0} = \{\mu | 迭代序列 \{Z_k\}_{k=0}^{\infty} 有界\} \tag{8.2.3}$$

称 M_{Z_0} 在复平面上构成的集合为曼德布洛特集.

下面给出计算机上生成茹利亚集与曼德布洛特集的算法, 图形生成过程如下:

对于上述过程 $Z_{k+1} = Z_k^2 + \mu$, $k = 0, 1, 2, \cdots$, 分离 Z 及 μ 的实部与虚部, 记

$$Z_k = x_k + i y_k, \quad \mu = p + i q \tag{8.2.4}$$

则 $Z_{k+1} = Z_k^2 + \mu$, $k = 0, 1, 2, \cdots$ 可改写为

$$\begin{cases} x_{k+1} = x_k^2 - y_k^2 + p, \\ y_{k+1} = 2 x_k y_k + q, \end{cases} \quad k = 0, 1, 2, \cdots \tag{8.2.5}$$

其中 p 和 q 在各自的迭代中都保持为常数, 记 $r_k = x_k^2 + y_k^2$, 则茹利亚集为使得序列 $\{r_k\}_{k=0}^{\infty}$ 有界的初始点 (x_0, y_0) 构成的集合, 曼德布洛特集为使得序列 $\{r_k\}_{k=0}^{\infty}$ 有界的参数 (p, q) 构成的集合.

茹利亚集的生成过程

通常, 茹利亚集的生成规则如下:

假设显示器的分辨率为 $a \times b$, 可显示的颜色为 $K + 1$ 种, 分别以数字 $0, 1, 2, \cdots$, K 表示, 且用 0 表示黑色.

步骤 1 选定参数 $\mu = p + iq$, $x_{\min} = y_{\min} = -1.5$, $x_{\max} = y_{\max} = 1.5$, 换言之, 图形在指定范围内显示. 又令 $M = 100$, 这是为了在计算机上作控制, 即复数的模超过 M 就被认为是 "无穷". 事实上, M 的值也可设置为其他大的实数. 令

$$\Delta x = \frac{x_{\max} - x_{\min}}{a - 1}, \quad \Delta y = \frac{y_{\max} - y_{\min}}{b - 1} \tag{8.2.6}$$

对点集 $\{(n_x, n_y) | n_x = 0, 1, 2, \cdots, a-1; \ n_y = 0, 1, 2, \cdots, b-1\}$ 中的所有点完成后续步骤.

步骤 2 令

$$x_0 = x_{\min} + n_x \cdot \Delta x, \quad y_0 = y_{\min} + n_y \cdot \Delta y, \quad k = 0 \tag{8.2.7}$$

步骤 3 用式 (8.2.5) 从 (x_k, y_k) 算出 (x_{k+1}, y_{k+1}), 并计数 $k := k + 1$.

步骤 4 计算 $r_k = x_k^2 + y_k^2$, 若 $r_k > M$, 则选择颜色 k, 转至步骤 5; 若 $k = K$, 则选择颜色 0(黑色), 转至步骤 5; 若 $r_k \leqslant M$ 且 $k < K$, 则转至步骤 3.

步骤 5 对点 (n_x, n_y) 显示颜色 k 并转至下一点, 再从头做步骤 2.

曼德布洛特集的生成过程

通常, 曼德布洛特集的生成规则如下:

假设显示器的分辨率为 $a \times b$, 可显示的颜色为 $K + 1$ 种, 分别以数字 $0, 1, 2, \cdots$, K 表示, 且用 0 表示黑色, 于是图形中黑色地带将是曼德布洛特集.

步骤 1 选定 $p_{\min} = -2.25$, $p_{\max} = 0.75$, $q_{\min} = -1.5$, $q_{\max} = 1.5$, $M = 100$. 令

$$\Delta p = \frac{p_{\max} - p_{\min}}{a - 1}, \quad \Delta q = \frac{q_{\max} - q_{\min}}{b - 1} \tag{8.2.8}$$

对点集 $\{(n_p, n_q) | n_p = 0, 1, 2, \cdots, a-1, \ n_q = 0, 1, 2, \cdots, b-1\}$ 中的所有点完成后续步骤.

步骤 2 令

$$p_0 = p_{\min} + n_p \cdot \Delta p, \quad q_0 = q_{\min} + n_q \cdot \Delta q, \quad k = 0, \quad x_0 = y_0 = 0 \tag{8.2.9}$$

步骤 3 用式 (8.2.5) 从 (x_k, y_k) 算出 (x_{k+1}, y_{k+1}), 并计数 $k := k + 1$.

步骤 4 计算 $r_k = x_k^2 + y_k^2$, 若 $r_k > M$, 则选择颜色 k, 转至步骤 5; 若 $k = K$, 则选择颜色 0(黑色), 转至步骤 5; 若 $r_k \leqslant M$ 且 $k < K$, 则转至步骤 3.

步骤 5 对点 (n_p, n_q) 着颜色 k 并转至下一点, 再从头做步骤 2.

例 绘制茹利亚集的图形 $(\mu = p + qi)$, 其中 μ 的取值分别为 $0.27 + 0.0067i$, i, -1 和 0.

(1) 给定 $\mu = 0.27 + 0.0067i$, 迭代 40 次的图形如图 8.8(1) 所示;

(2) 给定 $\mu = i$, 迭代 40 次的图形如图 8.8(2) 所示;

(3) 给定 $\mu = -1$, 迭代 40 次的图形如图 8.8(3) 所示;

(4) 给定 $\mu = 0$, 迭代 40 次的图形如图 8.8(4) 所示.

绘制曼德布洛特集的图形, 图形如图 8.9 所示.

图 8.10 的 15 幅图演示了曼德布洛特集的一个放大过程, 放大到一定程度时, 可看到更小规模的曼德布洛特集.

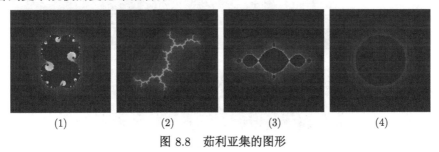

| (1) | (2) | (3) | (4) |

图 8.8 茹利亚集的图形

图 8.9 曼德布洛特集的图形

茹利亚集与曼德布洛特集可推广到高阶情形. 一般地, 考虑迭代

$$Z_{k+1} = Z_k^\lambda + \mu, \quad k = 0, 1, \cdots \tag{8.2.10}$$

那么, 对于固定的参数 μ, 使得迭代 (8.2.10) 有界的初值 Z_0 构成 λ 阶茹利亚集, 对于固定的参数 Z_0, 使得迭代 (8.2.10) 有界的参数 μ 构成 λ 阶曼德布洛特集. 其中, λ 为大于等于 2 的正整数. 进一步, 可将 λ 推广到实数, 乃至复数. 这里不展开

讨论.

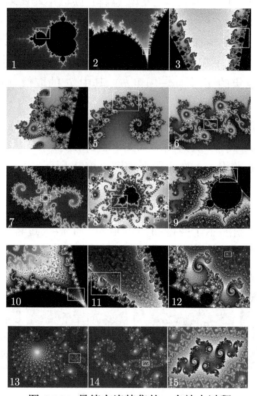

图 8.10　曼德布洛特集的一个放大过程

8.2.2　迭代函数系统

迭代函数系统[①]简记为 IFS (Iterated Function System), 它是分形绘制的重要方法. IFS 的基本思想并不复杂, 它认定几何对象的整体与局部, 在仿射变换的意义下, 具有自相似结构. 这样一来, 几何对象的整体被定义之后, 选定若干仿射变换, 将整体形态变换到局部. 并且这一过程可以迭代地进行下去, 直到得到满意的造型, 在实现中, 具体技巧相当重要. 譬如, 这些仿射变换的选取, 往往由操作者通过交互方式在计算机上逐个调整来实现. 当注重几何对象的总体形态时, IFS 是相当成功的, 在不同的局部之间有着高度的相关性.

熟知, 从 R^n 到 R^n 的某些函数具有特殊的几何意义, 就此而言, 通常称之为变换. 一个变换 $S : R^n \to R^n$ 称为线性的, 假若 $S(X + Y) = S(X) + S(Y)$ 及 $S(\lambda X) = \lambda S(X)$, 其中 $X, Y \in R^n$, $\lambda \in R$. 线性变换通常用矩阵表示. 当且仅当

① Hutchinson J E. Fractals and Self-Similarity. Indiana University Mathematics Journal, 1981, 30(5): 713-747.

$X = 0$ 时有 $S(X) = 0$, 那么 S 称为非奇异的. 若变换 $\omega: R^n \to R^n$ 具有形式 $\omega(X) = S(X) + X_0$, 此处 S 为非奇异线性变换, X_0 为 R^n 中的一点, 则称 ω 为仿射变换 (或简称仿射).

IFS 迭代的一般提法是: 给定一组 $R^2 \to R^2$ 的仿射 (变换)ω_i 如下:

$$\omega_i(x, y) = (a_{11}^{(i)}x + a_{12}^{(i)}y + b_1^{(i)}, a_{21}^{(i)}x + a_{22}^{(i)}y + b_2^{(i)}), \quad i = 1, 2, \cdots, n \qquad (8.2.11)$$

以及相应的一组概率 $p_1, \cdots, p_n$ $(p_1 + \cdots + p_n = 1, p_i > 0)$. 对于任意选定的初始值 $Z_0 = (x_0, y_0)$, 以概率 p_i 选取变换 ω_i, 做迭代 $Z_{n+1} = (x_{n+1}, y_{n+1}) = \omega_i(x_n, y_n)$, $n = 0, 1, \cdots$, 则点列 Z_n, $n = 0, 1, \cdots$ 收敛的极限图形称为一个 IFS 吸引子. 利用 IFS 迭代不仅可生成许多有趣的分形图形, 而且可应用于分形图像的压缩. 通常 IFS 记为

$$\{\omega_i, p_i : i = 1, 2, \cdots, n\} \qquad (8.2.12)$$

若它满足条件

$$s_1^{p_1} \cdot s_2^{p_2} \cdot s_3^{p_3} \cdots s_n^{p_n} < 1 \qquad (8.2.13)$$

则说这是一个 IFS 码, 其中 s_i 为 ω_i $(i = 1, 2, \cdots, n)$ 的利普希茨 (Lipschitz) 常数.

利普希茨常数定义为: 当给定一个仿射变换时, 总可找到一个非负实数 s, 使得对任意 X 与 Y 有

$$\|\omega(X) - \omega(Y)\| \leqslant s \cdot \|X - Y\| \qquad (8.2.14)$$

把上式成立的最小实数 s 叫作 ω 的利普希茨常数. 考虑距离函数 $d(X, Y) = \|X - Y\|$, 其中 $\|X\| = \sqrt{x_1^2 + x_2^2}$, $X = (x_1, x_2)^{\mathrm{T}}$, 若 $s < 1$, 则称仿射变换 ω 是压缩的.

下面给出 IFS 迭代绘制分形图形的方法.

若 $\{\omega_i, p_i : i = 1, 2, \cdots, n\}$ 为一个 IFS 码, 其中 $\{w_1, w_2, \cdots, w_n\}$ 是一个平面到平面的仿射变换集合; $\{p_i | p_i < 1, i = 1, 2, \cdots, n\}$ 为一个概率的集合且 $\sum_{i=1}^n p_i = 1$. 理论上则可保证存在唯一的吸引子 G 及其测度 μ, 此处测度 μ 是点集的一个特征. G 的一个子集 β 的测度记为 $\mu(\beta)$, 在绘图时 $\mu(\beta)$ 就是通过迭代出现在 β 上的点的频率数值. 形象地说, 迭代过程生成的点好比沙粒, 它落在平面上的分布情况与点集 β 有关, $\mu(\beta)$ 便相当于 β 上沙粒的重量. 这样一来, 吸引子 G 与测度 μ 决定了要绘制的图像, 记为基本模式 (G, μ). G 的结构受控于 IFS 码中的变换 $\{\omega_1, \omega_2, \cdots, \omega_n\}$, 测度 μ 受控于 IFS 码中的概率 $p_1, p_2, \cdots, p_n$.

令 (G, μ) 为 IFS 码的基本模式. 设计计算机屏幕的可视窗口为

$$V = \{(x, y) | x_{\min} \leqslant x \leqslant x_{\max}, y_{\min} \leqslant y \leqslant y_{\max}\} \qquad (8.2.15)$$

在 V 中出现绘制的图形, 设 $\mu(V) > 0$. 按分辨率大小的要求将 V 分成 $a \times b$ 的网格, 即 $[x_{\min}, x_{\max}]$ 分成 a 个子区间, 步长为 $\Delta x = (x_{\max} - x_{\min})/a$, 则分点为

$$x_j = x_{\min} + j\Delta x, \quad j = 0, 1, \cdots, a - 1 \qquad (8.2.16)$$

类似地, 分割 $[y_{\min}, y_{\max}]$, 步长为 $\Delta y = (y_{\max} - y_{\min})/b$, 则分点为

$$y_k = y_{\min} + k\Delta y, \quad k = 0, 1, \cdots, b - 1 \qquad (8.2.17)$$

设 V_{jk} 表示矩形区域 $V_{jk} = \{(x, y) : x_j \leqslant x \leqslant x_{j+1}, y_k \leqslant y \leqslant y_{k+1}\}$. 将 V 在 $a \times b$ 分割之下的数字化模式记为 $I(V, a, b)$, 它由那些 V_{jk} 组成, 对每一个 V_{jk} 有 $\mu(V_{jk}) \neq 0$, 这就意味着 $I(V, a, b)$ 中考虑那些有迭代点落入的小矩形元. 对 $I(V, a, b)$ 的绘制就是要对每个这样的小矩形元 V_{jk} 记录 RGB(红绿蓝) 信息, 为此, 设定一个颜色函数 $f(x)$.

若选用的不同颜色总数为 numcols, 对区间 $[0,1]$ 作分割

$$0 = C_0 < C_1 < C_2 < \cdots < C_{\mathrm{numcols}} = 1 \qquad (8.2.18)$$

则定义

$$f(x) = \max \{j : x > C_j\}, \; f(0) = 0 \qquad (8.2.19)$$

又记

$$\mu_{\max} = \max \mu(V_{jk}), \quad j = 0, 1, \cdots, a - 1, \quad k = 0, 1, \cdots, b - 1 \qquad (8.2.20)$$

于是, $I(V, a, b)$ 的绘制就归结为对 V_{jk} 计算颜色函数

$$f\left(\frac{\mu(V_{jk})}{\mu_{\max}}\right) \qquad (8.2.21)$$

在实现绘图之前, 要设定 IFS 的迭代次数, 记为 num, 它要比 $a \times b$ 的数值大得多, 表示 $I(V, a, b)$ 的数组分量在开始时被初始化为零.

迭代过程的初始点 (x_0, y_0) 一般选仿射变换的不动点, 这可通过求解一个简单的线性方程组

$$\begin{bmatrix} x_0 \\ y_0 \end{bmatrix} - A \begin{bmatrix} x_0 \\ y_0 \end{bmatrix} = \begin{bmatrix} b_1 \\ b_2 \end{bmatrix} \qquad (8.2.22)$$

得到.

例   在前面已介绍过绘制茹利亚集的方法, 这里给出 IFS 的思想, 利用所谓反迭代法对茹利亚集进行绘制. 记 $F(Z) = Z^2 + C$, Z, C 为复数. 设 Z_0 是给定的点, 寻找 Z 使得 $F(Z) = Z^2 + C = Z_0$, 由此给出两个变换

$$\omega_1(Z) = \sqrt{Z - C}, \quad \omega_2(Z) = -\sqrt{Z - C} \qquad (8.2.23)$$

取概率向量为 $(0.5,0.5)$. 这时通过 IFS 产生的吸引子集就是茹利亚集, 也就是那些通过 $F(Z) = Z^2 + C$ 迭代不收敛于原点也不发散至无穷的点集. 绘制不同的 C 值所对应的茹利亚集, 如图 8.11 所示.

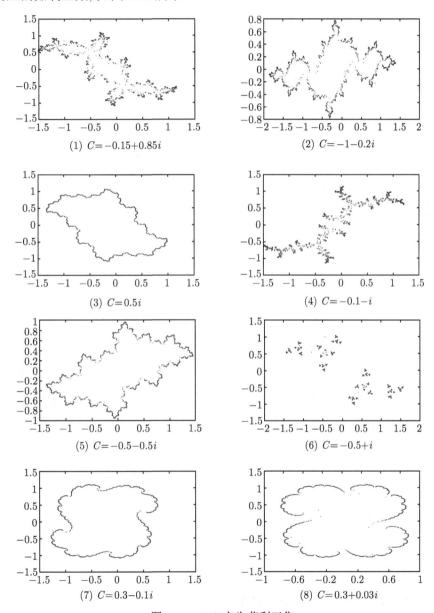

(1) $C=-0.15+0.85i$

(2) $C=-1-0.2i$

(3) $C=0.5i$

(4) $C=-0.1-i$

(5) $C=-0.5-0.5i$

(6) $C=-0.5+i$

(7) $C=0.3-0.1i$

(8) $C=0.3+0.03i$

图 8.11 IFS 产生茹利亚集

8.2.3　分形插值

　　传统的数学插值函数或曲线拟合函数都是用一组基函数的线性组合来表示的. 通常用的基函数为多项式、有理函数或三角函数等初等函数, 而分形插值函数是用迭代函数系统来实现的.

　　令 I 表示区间 $[x_0, x_N]$, N 为正整数, 且有分点 x_i 满足

$$x_0 < x_1 < x_2 < \cdots < x_N \tag{8.2.24}$$

给定插值点 $\{P_i\}$, $i = 0, 1, 2, \cdots, N$, $P_i = (x_i, y_i)$, 这里为方便将向量写成行的形式, 构造插值函数 $f : I \to R$, 使得

$$f(x_i) = y_i, \quad i = 0, 1, 2, \cdots, N \tag{8.2.25}$$

在此研究的是存在 $I \times R$ 上的一个紧致集合 K 和一组连续变换 $\omega_i : K \to K$, 使得 IFS 的唯一吸引子是 $G = \{(x, f(x)) : x \in I\}$, 把这样的函数 f 叫作分形插值函数[①].

　　设两个点 $(a_1, b_1), (a_2, b_2) \in K$, 其距离定义为

$$d((a_1, b_1), (a_2, b_2)) = \max \{|a_1 - a_2|, |b_1 - b_2|\} \tag{8.2.26}$$

　　又设 $I_i = [x_{i-1}, x_i]$, 令 $L_i : I \to I_i$, $i \in \{1, 2, \cdots, N\}$, 这里 L_i 是压缩的,

$$L_i(x_0) = x_{i-1}, \quad L_i(x_N) = x_i \tag{8.2.27}$$

对任意 $a_1, a_2 \in I$, 有

$$|L_i(a_1) - L_i(a_2)| \leqslant \beta |a_1 - a_2| \tag{8.2.28}$$

其中 β 满足 $0 \leqslant \beta < 1$. 设 $F_i : K \to [c, d]$ 是连续的, $-\infty < c < d < +\infty$. 存在 γ 满足 $0 \leqslant \gamma < 1$, 使得

$$F_i(x_0, y_0) = y_{i-1}, \quad F_i(x_N, y_N) = y_i, \tag{8.2.29}$$

$$|F_i(a, b_1) - F_i(a, b_2)| \leqslant \gamma |b_1 - b_2| \tag{8.2.30}$$

其中 $a \in I$, $b_1, b_2 \in [c, d]$, $i \in \{1, 2, \cdots, N\}$.

　　现定义 ω_i 如下:

$$\omega_i(x, y) = (L_i(x), F_i(x, y)), \quad i = 0, 1, 2, \cdots, N \tag{8.2.31}$$

于是便定义了一个 IFS. 对如此定义的 IFS, 可证明它有唯一的吸引子 G, G 是连续函数 $f : I \to [c, d]$ 的图像, 其中 f 满足

$$f(x_i) = y_i, \quad i = 0, 1, 2, \cdots, N \tag{8.2.32}$$

---

① 齐东旭. 分形及其计算机生成. 北京: 科学出版社, 1994.

插值公式

在实际应用过程中, $L_i(x)$ 与 $F_i(x,y)$ 取如下仿射变换:

$$L_i(x) = x_{i-1} + \frac{x_i - x_{i-1}}{x_N - x_0}(x - x_0) \tag{8.2.33}$$

$$F_i(x,y) = \alpha_i x + \beta_i y + k_i \tag{8.2.34}$$

由式 (8.2.29) 确定

$$\alpha_i = \frac{y_i - y_{i-1} - \beta_i(y_N - y_0)}{x_N - x_0}, \quad i = 0, 1, 2, \cdots, N \tag{8.2.35}$$

$$k_i = y_{i-1} - \beta_i y_0 - \alpha_i x_0, \quad i = 0, 1, 2, \cdots, N \tag{8.2.36}$$

其中 $\beta_i \in (-1, 1)$.

上述式子中的变量 α_i 和 k_i 依赖于参数 β_i, β_i 直接对插值曲线的波动大小有影响. 若 β_i 为一常数 β, 当 $\beta = 0$ 时插值曲线恰好为折线, 它顺次连接给定的插值点 $P_0 P_1 P_2 \cdots P_N$. 取不同的 β 值, 插值曲线如图 8.12 所示.

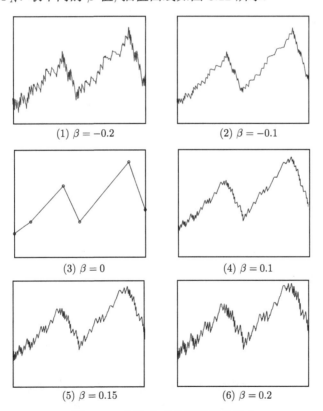

(1) $\beta = -0.2$ (2) $\beta = -0.1$

(3) $\beta = 0$ (4) $\beta = 0.1$

(5) $\beta = 0.15$ (6) $\beta = 0.2$

图 8.12 参数 β 对分形插值的影响

8.2.4 分形维数

为了弄清楚分形维数的计算方法, 首先回顾在欧氏空间中, 度量不同维数的单位体形时, 码尺与度量次数的关系.

取单位长的线段 (一维形体), 以长为 $l = \frac{1}{2}$ 的码尺去度量它, 度量的次数为 $n(l) = 2$, 它是码尺的一次幂分之一; 若以长为 $l = \frac{1}{3}$ 的码尺去度量它, 则度量的次数为 $n(l) = 3$, 它仍然是码尺的一次幂分之一; 若以长为 $l = \frac{1}{x}$ 的码尺去度量它, 则度量的次数为 $n(l) = x$, 它仍然是码尺的一次幂分之一, 如图 8.13(1) 所示.

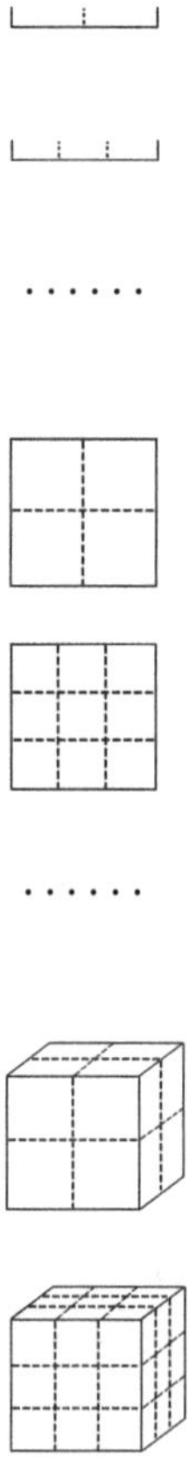

$l = \frac{1}{2},\ n(l) = 2 = 2^1 = \frac{1}{(1/2)^1},\ v(l) = l^1 \cdot n(l) = 1$

$l = \frac{1}{3},\ n(l) = 3 = 3^1 = \frac{1}{(1/3)^1},\ v(l) = l^1 \cdot n(l) = 1$

......

$l = \frac{1}{x},\ n(l) = x = x^1 = \frac{1}{(1/x)^1},\ v(l) = l^1 \cdot n(l) = 1$

(1) 一维形体

$l = \frac{1}{2},\ n(l) = 4 = 2^2 = \frac{1}{(1/2)^2},\ v(l) = l^2 \cdot n(l) = 1$

$l = \frac{1}{3},\ n(l) = 9 = 3^2 = \frac{1}{(1/3)^2},\ v(l) = l^2 \cdot n(l) = 1$

......

$l = \frac{1}{x},\ n(l) = \cdots = x^2 = \frac{1}{(1/x)^2},\ v(l) = l^2 \cdot n(l) = 1$

(2) 二维形体

$l = \frac{1}{2},\ n(l) = 8 = 2^3 = \frac{1}{(1/2)^3},\ v(l) = l^3 \cdot n(l) = 1$

$l = \frac{1}{3},\ n(l) = 27 = 3^3 = \frac{1}{(1/3)^3},\ v(l) = l^3 \cdot n(l) = 1$

......

$l = \frac{1}{x},\ n(l) = \cdots = x^3 = \frac{1}{(1/x)^3},\ v(l) = l^3 \cdot n(l) = 1$

(3) 三维形体

图 8.13 欧氏空间中单位形体码尺与度量次数之间的关系

l: 码尺; $n(l)$: 度量次数; $v(l)$: 单位形体体积

再取单位正方形 (二维形体), 以边长为 $l = 1/2$(码尺) 的小正方形去度量它, 度量的次数为 $n(l) = 4$, 它是码尺的二次幂分之一; 若以边长为 $l = 1/3$(码尺) 的小正方形去度量它, 则度量的次数为 $n(l) = 9$, 它仍然是码尺的二次幂分之一; 若以边长为 $l = 1/x$ (码尺) 的小正方形去度量它, 则度量的次数为 $n(l) = x^2$, 它仍然是码尺的二次幂分之一, 如图 8.13(2) 所示.

同理, 对于单位立方体 (三维形体), 用不同的码尺去度量它时, 其度量次数是码尺三次幂分之一, 如图 8.13(3) 所示.

因此, 可得到对于 d 维欧氏空间中的形体, 码尺长度 r 与度量次数 $n(l)$ 之间关系为

$$n(l) = \frac{1}{x^d}, \quad d = \frac{\ln n(l)}{\ln(1/l)}, \quad d = 1, 2, 3 \tag{8.2.37}$$

上式便是欧氏空间中维数定义的数学表达式, 它是维数本质的数学特征. 对于分形空间中的分形体, 若它是严格自相似的, 则它的相似维数也可通过上式来求得[①].

相似维数

对于康托尔集、科赫曲线、谢尔宾斯基点集等, 它们的局部图形与整体是相似的, 只要将局部放大一定倍数总可得到与整体一致的图形, 称之为自相似集, 对自相似集 F 来说, 定义所谓相似维数为

$$d_s(F) = \frac{\ln m}{\ln(1/c)} \tag{8.2.38}$$

其中 m 是组成 F 的相似子集的个数, c 为相似比例系数. 若 F 为一个直线段, 那么它可看作是由比例系数为 $c = \frac{1}{k}$ 的 k 个直线段构成的, 于是, $d_s(F) = \frac{\ln k}{\ln k} = 1$. 若 F 是个正方形, 它可看作是由比例系数为 $c = \frac{1}{k}$ 的 k^2 个与之相似的小正方形构成的, 那么 $d_s(F) = 2$. 这就是说, 相似维数在这种特例之下与通常维数概念是一致的.

相似维数对具有严格自相似性质的结构是好用的. 若生成元固定不变, 则计算相似维数十分容易. 若在生成分形的各个阶段 (不同的级), 生成元的比例不是常数, 或者不可能寻找到恰当的生成元, 则相似维数便失去意义.

对于康托尔集, c 等于 1/3 单位长度, 从第一次到第二次的构造过程中, 去掉了中间的 1/3, m 则等于 2, 所以, 根据式 (8.2.38) 得到康托尔集的相似维数为

$$d_s(F) = \frac{\ln m}{\ln(1/c)} = \frac{\ln 2}{\ln 3} = 0.6309 \tag{8.2.39}$$

[①] 孙洪泉. 分形几何与分形插值. 北京: 科学出版社, 2011.

对科赫曲线而言, c 等于 1/3 单位长度, 从第一次到第二次的构造过程中, 去掉了中间的 1/3, 然后代之以边长为 1/3 的等边三角形的向上的另两条边, m 则等于 4, 所以, 根据式 (8.2.38) 得到科赫曲线的相似维数为

$$d_s(F) = \frac{\ln m}{\ln(1/c)} = \frac{\ln 4}{\ln 3} = 1.2618 \qquad (8.2.40)$$

对于谢尔宾斯基点集, c 等于 1/3 单位长度, 从第一次到第二次的构造过程中, 去掉了中间的一个小正方形, m 则等于 8, 所以, 根据式 (8.2.38) 得到谢尔宾斯基点集的相似维数为

$$d_s(F) = \frac{\ln m}{\ln(1/c)} = \frac{\ln 8}{\ln 3} = 1.8928 \qquad (8.2.41)$$

容量维数

设 F 是平面上的一个有界点集, 根据 F 的有界性, 总可找到一个矩形, 使 F 包含在这个矩形之中, 将这个矩形分割成若干个边长为 ε 的小方格, 于是必有某些小方格内包含 F 中的点, 数一数包含 F 中的点的小方格数目, 记为 $N(\varepsilon)$. 这时, 定义 F 的容量维数为

$$d_c(F) = \lim_{\varepsilon \to 0} \frac{\ln N(\varepsilon)}{\ln(1/\varepsilon)} \qquad (8.2.42)$$

对平面点集 F 引入这个定义, 实际上并不限于平面点集. 若 F 是一条直线上的点集, 则定义中所说的小方格应理解为长度为 ε 的小区间. 若 F 是 R^n 中的一个有界点集, 则小方格应理解为 R^n 中的边长为 ε 的立方体.

考虑一个单位长的直线段 F, 那么用 $[0,1]$ 区间刚好覆盖 F. 将 $[0,1]$ 分割成若干小区间, 每个小区间的长度为 ε, 由于 F 是 $[0,1]$ 上的全体点, 那么每个小区间都有 F 中的点, 因此包含 F 中的点的小区间数目为 $N(\varepsilon) = 1/\varepsilon$. 于是, 由式 (8.2.42) 可得 $d_c(F) = 1$. 通常认为线段的维数是 1, 这正好是一致的. 若考虑一个单位正方形点集 F, 分割它的边长为 ε 的小方格, 则其中包含 F 中的点的小方格数目为 $N(\varepsilon) = 1/\varepsilon^2$, 从而有 $d_c(F) = 2$.

式 (8.2.42) 提供了在计算机上近似计算点集 F 的容量维数的方法, 以平面点集 F 为例, 计算的准备工作是任意选定一个矩形, 使这个矩形完全覆盖点集 F. 然后, 任意给定一个小的正数 ε, 以 ε 为边长将覆盖 F 的矩形分割成若干个小方格 (调整矩形的尺寸, 这样的分割一定可以做到). 通过对矩形内所有像素的扫描, 记录含有 F 中的点的小方格数目, 记为 $N(\varepsilon)$, 那么比值 $\dfrac{\ln N(\varepsilon)}{\ln(1/\varepsilon)}$ 可看成是 $d_c(F)$ 的近似值. 当加细矩形的分割, 譬如以 $\dfrac{\varepsilon}{2}$ 代替 ε 时, 重复计算过程, 将算出新的比值. 若两次比值比较接近, 则可认为得到 $d_c(F)$ 的较准确的近似值.

这个算法比较简单, 值得注意的问题是: 覆盖 F 的矩形选择过大, 将增大计算量; 选择过小, 不足以覆盖 F. 当 F 预先并不明确的情况下, 上述算法要结合分形生成过程同时进行. 一般认为只要矩形覆盖 F, 其大小对 $d_c(F)$ 的计算结果没有影响.

信息维数

在式 (8.2.42) 中, 为了求 $d_c(F)$, 要知道包含 F 中点的方格数目. 但这样的方格包含多少个 F 中的点并未加考虑. 这就是说, $d_c(F)$ 只意味着表示 F 的几何尺度的信息, 而没有反映 F 在平面上分布疏密的信息. 为了能反映点集在分布上的信息, 定义如下信息维数:

$$d_I(F) = \lim_{\varepsilon \to 0} \frac{I(\varepsilon)}{\ln(1/\varepsilon)} \tag{8.2.43}$$

其中

$$I(\varepsilon) = \sum_{i=1}^{N(\varepsilon)} p_i \ln \frac{1}{p_i} \tag{8.2.44}$$

式中 p_i 是 F 中的点落在第 i 个方格中的概率. 加入所有的方格以相等的概率包含 F 中的点, 则 $p_i = 1/N(\varepsilon)$, 于是 $I(\varepsilon) = \ln N(\varepsilon)$. 这样一来, 信息维数与容量维数便是一致的. 为计算信息维数, 应该计算概率 p_i. 计算 p_i 的简单方法是用落在第 i 个方格中的点的概率代替概率, 因此为了求得 p_i 的较好的近似值, 计算的点数将是很大的, 即使用计算机也将付出较大的开销.

关联维数

分形的自相似结构往往表现在统计意义之下, 这时, 需要引入所谓的关联维数概念. 这种维数可从实验中直接测定, 从而为描述复杂分形提供一种手段.

设已测得数据 $x_1, x_2, \cdots, x_n, \cdots$, 其中 x_i 是第 i 时刻的实测值 (可称之为时间序列). 记向量 $(x_1, x_2, \cdots, x_m)$ 为 y_1, $(x_2, x_3, \cdots, x_{m+1})$ 为 y_2, $\cdots$, 于是得到数据 (向量)$y_1, y_2, \cdots, y_k, \cdots$. 为了研究 m 维空间任意两点 y_i 与 y_j 的关联, 考虑它们的 "距离"$r_{ij} = |y_i - y_j|$. 若 ε 为给定的正数, 且 $r_{ij} < \varepsilon$, 则认为 y_i 与 y_j 具有很强的相关性, 记录满足 $r_{ij} < \varepsilon$ 的数目, 它与总数目之比值记为 $C(\varepsilon)$, 定义关联维数为

$$D = \lim_{\varepsilon \to 0} \frac{\ln C(\varepsilon)}{\ln (\varepsilon)} \tag{8.2.45}$$

若式中 ε 很大, 则使 $C(\varepsilon) = 1$; 若 ε 很小, 则使 $r_{ij} < \varepsilon$ 的数目为零, 或相对于总数来说, 它可忽略不计, 从而 $C(\varepsilon) = 0$. 这样一来, 为求 D 值, 作 $\ln C(\varepsilon)$ 与 $\ln (\varepsilon)$ 关系的图像, 在适当的 ε 值范围内图像将出现直线段部分, 于是该段直线的斜率稳定于某个数值, 它便是关联维数 D.

求关联维数要有大量的测试数据, 处理这些数据并非手算可以完成的, 因此常常要借助于计算机.

8.3　数 学 实 验

本节实验首先探讨二叉树与 H-分形; 然后研究混沌游戏; 最后讨论如何生成月球地形的分形维数图.

8.3.1　实验一　二叉树与 H-分形

内容

已知: 二值序列, 如 0.0, 0.1; 0.00, 0.01, 0.10, 0.11; 0.000, 0.001, 0.010, 0.011, 0.100, 0.101, 0.110, 0.111 $\cdots$, 视作 $[0,1]$ 上的二进制小数, 并且把序列中的 0 与 1 分别和下述操作对应起来.

在平面上选定一点, 想象我们面向正北方向站在这里. 规定: 从这一点出发, 若向左转, 则向前走一步, 步长 $h = 1$, 停留之处记为 0.0; 若向右转, 则前进 $h = 1$, 停留之处记为 0.1(图 8.14(1)).

当位于 0.0 点时, 我们的状态是面向西方, 于是向左转, 取步长 $h_1 = \frac{1}{2}h$, 那么到达的这一点记为 0.00; 向右转, 取步长 $h_1 = \frac{1}{2}h$, 那么这一点就是 0.01.

当位于 0.1 点时, 我们的状态是面向东方, 于是向左转, 取步长 $h_1 = \frac{1}{2}h$, 那么这一点就是 0.10; 向右转, 取步长 $h_1 = \frac{1}{2}h$, 那么这一点就是 0.11(图 8.14(2)).

将 4 个 2 位小数 0.00, 0.01, 0.10, 0.11 分别标定之后, 下面要标定 8 个 3 位小数. 这时, 认为在点 0.01 及 0.10 处, 我们面向北方; 在点 0.00 及 0.11 处, 我们面向南方. 此外, 规定前进的步长取为上次的一半, 即 $h_2 = \frac{1}{2}h_1$. 又规定, 向左转前进, 所到之处的标定是: 在原位置的数后面置 0; 向右转, 后面置 1. 这样就标定了这 8 个 3 位小数 (图 8.14(3)).

以此类推, 如此继续下去, 试给出它的前六层和前十层图形 (所谓 H-分形).

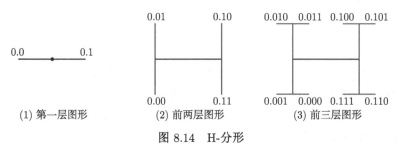

(1) 第一层图形　　　　(2) 前两层图形　　　　(3) 前三层图形

图 8.14　H-分形

探究

由本章实验一之内容中的规定, 容易知道: 每延长一位小数位, 步长都是前次绘图步长的一半, 并根据在当时出发点的方向, 可得到 2 倍数目的新点标定. 图 8.15 给出了 H-分形的前六层和前十层结果. 从图 8.15 可以看出 H-分形是自相似的分形, 它的图形是由互相垂直的线段构成, 相邻线段所成角始终为 180°.

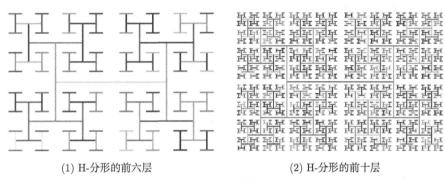

(1) H-分形的前六层   (2) H-分形的前十层

图 8.15   H-分形的逐次逼近

引申

在本章实验一的规定中, 说向左转、向右转, 是按士兵操练的口令习惯, 默认转身的角度是九十度. 但是, 这里可规定转角 θ 为其他角度. 此外, 从绘图角度说, 图中画线可以人为加进线的 "宽度", 于是可产生各种图形. 当选取 θ 角度为 30°, 45° 和 60° 时, 图 8.16 中给出了此三种不同角度下生成的前八层图形.

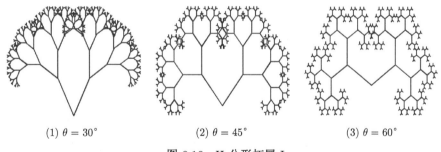

(1) $\theta = 30°$ (2) $\theta = 45°$ (3) $\theta = 60°$

图 8.16   H-分形拓展 I

当令 θ 初始角度为 80° 时, 且以后逐次将 θ 的值乘以 0.8, 生成的前四层图形、前七层图形及前十层图形如图 8.17 所示; 若令 θ 角度为 80°, 并假设线的初始 "宽度" 为 "1", 以后逐次将线的 "宽度" 乘以 0.8, 则生成的前五层图形、前七层图形及前九层图形如图 8.18 所示.

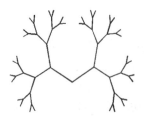  

(1) θ初始角度为80°，生成
的前四层图形

(2) θ初始角度为80°，生成
的前七层图形

(3) θ初始角度为80°，生成
的前十层图形

图 8.17　H-分形拓展 II

  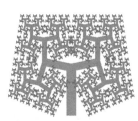

(1) θ角度为80°，线的初始
"宽度"为"1"，生成的前五
层分形图

(2) θ角度为80°，线的初始
"宽度"为"1"，生成的前七
层分形图

(3) θ角度为80°，线的初始
"宽度"为"1"，生成的前九
层分形图

图 8.18　H-分形拓展 III

　　此外, 在平面上选定一点, 从这一点处画出三条单位线段, 使夹角为 120°, 如图 8.19(1) 所示. 接着, 在每个端点处各画三条线段, 长度为 $\frac{1}{3}$, 夹角为 120°, 如图 8.19(2) 所示. 按上述规则继续画下去, 可得不同的三叉树图形, 见图 8.19(3) 和图 8.19(4).

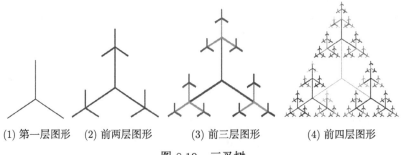

(1) 第一层图形　　(2) 前两层图形　　　(3) 前三层图形　　　(4) 前四层图形

图 8.19　三叉树

　　基于 H-分形和三叉树的生成规则, 同理, 可画出四叉树图形和五叉树图形, 分别如图 8.20 和图 8.21 所示. 进一步, 我们可以思考自然界中是否存在二叉树以及三叉树等.

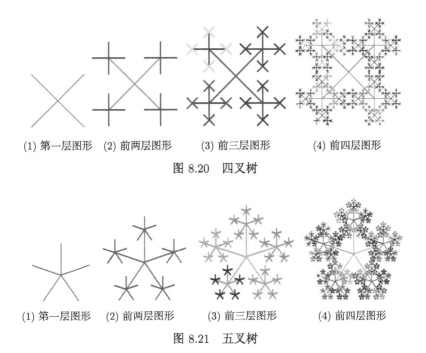

(1) 第一层图形　(2) 前两层图形　(3) 前三层图形　(4) 前四层图形

图 8.20　四叉树

(1) 第一层图形　(2) 前两层图形　(3) 前三层图形　(4) 前四层图形

图 8.21　五叉树

8.3.2　实验二　混沌游戏

内容

已知: 在平面上任取不重叠、不在同一直线上的三个点, 分别记为 A, B, C; 任取第四个点, 记为 Z_1; 并假想有一枚较厚的硬币, 当投掷它时, 有时呈正面, 有时呈反面, 也有时呈侧立状态 (虽然可能性较小).

当投掷硬币时, 若呈正面, 则画出 Z_1 和 A 的中点, 记中点为 Z_2; 若呈反面, 则画出 Z_1 和 B 的中点, 记中点为 Z_2; 若呈侧立, 则画出 Z_1 和 C 的中点, 记中点为 Z_2; 总之, 得到了 Z_2. 以后, 重复这个过程, 也就是说, 当知道了 Z_n 点以后, 按如下迭代方法求出第 $n+1$ 点 Z_{n+1}:

$$Z_{n+1} = \begin{cases} tZ_n + (1-t)A, & \text{硬币呈正面} \\ tZ_n + (1-t)B, & \text{硬币呈反面} \\ tZ_n + (1-t)C, & \text{硬币呈侧立} \end{cases} \tag{8.3.1}$$

前面说的各个步骤取 "中点", 在这里相当于取 $t = 0.5$. 假定硬币呈正面的概率为 p_1, 硬币呈反面的概率为 p_{-1}, 硬币呈侧立的概率为 p_0, 这里 $p_1 + p_{-1} + p_0 = 1$.

考虑如下几种情形:

(1) $t = 0.5$, $p_1 = p_0 = p_{-1} = \dfrac{1}{3}$, 迭代步数 8000;

(2) $t = 0.5$, $p_1 = \dfrac{1}{2}$, $p_0 = \dfrac{1}{3}$, $p_{-1} = \dfrac{1}{6}$, 迭代步数 8000;

(3) $t = 0.45$, $p_1 = p_0 = p_{-1} = \dfrac{1}{3}$, 迭代步数 8000.

试根据以上给定的几种情形, 分别在平面上画出所有的点.

探究

当取迭代次数 $n = 100, 500, 8000, \cdots$ 或更大时, 图形将是什么样, 不容易马上想到. 因此, 需要借助计算机, 并编写程序得到结果图. 图 8.22(1)—(3) 给出了当迭代次数 $n = 8000$ 时的一些实验结果, 其中, 图 8.22(1) 中, $t = 0.5$, $p_1 = p_0 = p_{-1} = \dfrac{1}{3}$, 迭代步数 8000; 图 8.22(2) 中, $t = 0.5$, $p_1 = \dfrac{1}{2}$, $p_0 = \dfrac{1}{3}$, $p_{-1} = \dfrac{1}{6}$, 迭代步数 8000; 图 8.22(3) 中, $t = 0.45$, $p_1 = p_0 = p_{-1} = \dfrac{1}{3}$, 迭代步数 8000.

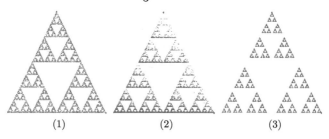

(1)   (2)   (3)

图 8.22   不同迭代次数下生成的图形

引申

假若给定正四边形的 4 个顶点, 类似的做法, 代替 (8.3.1) 式, 这里用 $Z_{n+1} = tZ_n + (1 - t)A_j$. 假定有四支竹签, 分别记为 1 号、2 号、3 号和 4 号, 若随机抽取一支竹签, 当抽中 j 号竹签时, 则相应概率记为 p_j, $j = 1, 2, 3, 4$. 从而, 可得图 8.23(1)—(3).

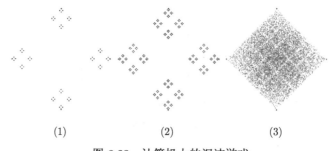

(1)   (2)   (3)

图 8.23   计算机上的混沌游戏

图 8.23(1) 中, $t = 0.2$, $p_j = \dfrac{1}{4}$, $j = 1, 2, 3, 4$, 迭代步数 11000; 图 8.23(2) 中, $t = 0.3$, $p_j = \dfrac{1}{4}$, $j = 1, 2, 3, 4$, 迭代步数 11000; 图 8.23(3) 中, $t = 0.6$, $p_j = \dfrac{1}{4}$, $j = 1, 2, 3, 4$, 迭代步数 11000.

当给定正五边形的 5 个顶点, 再用类似的做法, 代替 (8.3.1) 式, 并选取 $Z_{n+1} = tZ_n + (1 - t)A_j$. 假定有五支竹签, 分别记为 1 号、2 号、3 号、4 号和 5 号, 当随机抽取一支竹签, 且抽中 j 号竹签时, 则相应概率记为 p_j, $j = 1, 2, 3, 4, 5$. 从而, 可得图 8.24(1)—(3).

图 8.24(1) 中, $t = 0.3$, $p_j = \dfrac{1}{5}$, $j = 1, 2, \cdots, 5$, 迭代次数 13000; 图 8.24(2) 中, $t = 0.35$, $p_j = \dfrac{1}{5}$, $j = 1, 2, \cdots, 5$, 迭代次数 13000; 图 8.24(3) 中, $t = 0.55$, $p_j = \dfrac{1}{5}$, $j = 1, 2, \cdots, 5$, 迭代次数 13000.

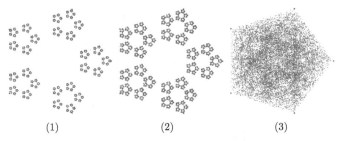

(1)　　　　　　　　　(2)　　　　　　　　　(3)

图 8.24　计算机上的混沌游戏 I

假若给定了正六边形的 6 个顶点, 类似的做法, 代替 (8.3.1) 式, 这里用 $Z_{n+1} = tZ_n + (1 - t)A_j$, 若投掷一颗骰子 (点数为 1 到 6) 后, 骰子呈 j 点; 则相应概率记为 p_j, $j = 1, 2, 3, 4, 5, 6$. 从而, 可得图 8.25(1)—(3).

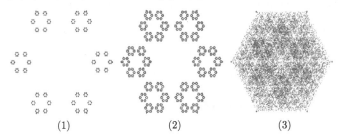

(1)　　　　　　　　　(2)　　　　　　　　　(3)

图 8.25　计算机上的混沌游戏 II

图 8.15(1) 中, $t = 0.2$, $p_j = \dfrac{1}{6}$, $j = 1, 2, \cdots, 6$, 迭代次数 15000; 图 8.15(2) 中, $t = 0.3$, $p_j = \dfrac{1}{6}$, $j = 1, 2, \cdots, 6$, 迭代次数 15000; 图 8.15(3) 中, $t = 0.5$, $p_j = \dfrac{1}{6}$, $j = 1, 2, \cdots, 6$, 迭代次数 15000. 从图 8.22—图 8.25 可以看出, 概率的大小对图形清晰

程度有影响. 从整体到局部, 这种影响有自相似的现象. 随着迭代次数 (即点的数目) 的增大, 这种影响逐渐减弱.

　　关于混沌游戏的实验让大家体会到了混沌. 这里顺带提及, 混沌在字典中定义为 "完全的无序, 彻底的混乱"; 在科学中则定义为由确定规则生成的、对初始条件具有敏感依赖性的回复性非周期运动. 秩序与无序、和谐与杂乱、规律与混沌间的矛盾与共存, 是宇宙万物间永恒的主题. "混沌是人生之钥", 这是十九世纪英国物理学家詹姆斯 · 克拉克 · 麦克斯韦 (James Clerk Maxwell, 1831—1897) 的名言. 古希腊人认为: 混沌是宇宙的原始虚空; 中国古代哲学家老子说: "有物混成, 先天地生." 意思是混沌是天地生就之前的状态. 我国古代典籍《庄子》中写道: "万物云云, 各复其根, 各复其根而不知, 浑浑沌沌, 终身不知, 若彼知之, 乃是离之." 意思是说混沌是介于可知与不可知之间潜在万物云云的根源. 这里引用意大利诗人卢纳的一段诗文:

> *There was a man named **Feigenbaum**,*
>
> *Who rode a bicycle into town.*
>
> *The rutted road was so periodic,*
>
> *His bike changed to a 4 cycle while on it.*
>
> *The local sheriff, a man named **Smale**,*
>
> *Threw poor **Feigenbaum** into jail.*
>
> *Judge **Holmes** then fined him for his trouble,*
>
> *And warned him not to periodic double.*
>
> *Said **Holmes** to **Mitchell** "We're gonna force you,*
>
> *To ride your bicycle with proper **Horseshoes**."*
>
> *What is this town said the physicist so famous,*
>
> *Said **Smale** its called by the name of **Chaos**.*

这里顺带提及, 诗中提到的人都在混沌或分形领域中取得了重要研究成果.

8.3.3　实验三　月球地形的分形维数

内容

　　已知: 从 MIT 网站 (http://imbrium.mit.edu/) 上可以下载月球的高程数据, 试用下载的月球高程数据, 计算月球的分形维数, 并绘制月球的分形维数图.

探究

　　月球表面存在着撞击坑、月海、火山作用形成的峭壁、山脊和月谷等复杂地形.

分形几何提供了一种描述和研究不规则及复杂现象的方法. 它通过拟合不同尺度下的统计量, 得出描述在多尺度下这些统计量的变化情况的重要参数 —— 分形维数. 在本章具体数学中介绍了常见的分形维数. 熟知, 尺度不变性是分形维数基本的特征. 在不同的尺度下, 同一种分形物体之间能够用一个与尺度大小无关的不变量来描述. 这个不变量一般被定义为分形维数. 分形维数的计算与选择的尺度 δ 和特定尺度下的测量值 $N(\delta)$ 有关. 通常来说, 容量 (有时称为计盒) 维数被广泛应用在计算分形维数当中. 其定义如下所示:

$$D = -\lim_{\delta \to 0} \frac{\ln N(\delta)}{\ln \delta} \tag{8.3.2}$$

在容量维数中, δ 是小立方体的一边长度, $N(\delta)$ 是用来覆盖分形物体所需要的小立方体数目. 当 δ 趋近于 0 的时候, 得到分形维数. 在实际应用中, 只能选取有限的 δ. 通常做法是确定一系列的盒子边长 δ_i, 数出覆盖计算物体所需盒子数目记为 $N(\delta_i)$. 接着求出相应的 $\ln(\delta_i)$ 和 $\ln(N(\delta_i))$, 然后将数据对 $(\ln(\delta_i), \ln(N(\delta_i)))$ 进行最小二乘法拟合, 其中 $i = 1, 2, \cdots, n$, 计算出拟合直线的斜率. 一般来说, 分形维数与拟合直线的斜率有着紧密的联系. 下载两种不同分辨率下的高程数据, 计算月球的分形维数, 最终可生成的月球的分形维数图如图 8.26 和图 8.27 所示, 从图中可以反映出月表的地形变化情况.

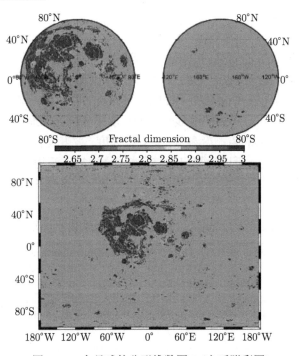

图 8.26　全月球的分形维数图 I (文后附彩图)

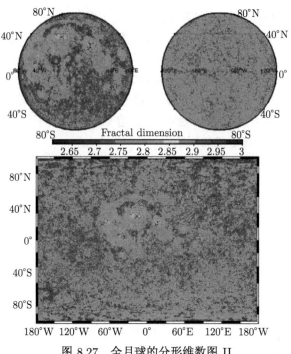

图 8.27　全月球的分形维数图 II

引申

　　关于月球分形维数的研究, Rosenburg 等将分形结构的参数运用到对月球地形地貌的分析[①]. 结果表明, 在一定的尺度下, 月球大部分的地形都具有分形中的统计自相似性. 这种分形在不同尺度下都能保有固定的数值或者统计测度.

　　Shepard 等选择小于 10% 轮廓线长度的尺度来分析月球地形的分形特征[②]. 测量值被定义为一些常用的粗糙度参数 (均方根高度、坡度及自相关长度等), 由于这些测量值具有各向异性, 所以计算出的赫斯特指数 (被广泛用于各种分形分析的参数, 赫斯特指数越大说明测量对象自相似程度越高) 全部或者部分物理特性会随着方向而发生变化.

　　曹炜等使用计盒维数的方法来计算月球的分形维数[③]. 该算法统计出在不同尺

　　① Rosenburg M A, Aharonson O, Head J W, et al. Global surface slopes and roughness of the Moon from the Lunar Orbiter Laser Altimeter. Journal of Geophysical Research: Plants, 2011, 116(E2): 1161-1172.

　　② Shepard M K, Campbell B A, Bulmer M H, et al. The roughness of natural terrain: A planetary and remote sensing perspective. Journal of Geophysical Research: Plants, 2011, 106(E12): 32777-32795.

　　③ Cao W, Cai Z C, Tang Z S. Fractal structure of lunar topography: An interpretation of topographic characteristics. Geomorphology, 2015, 238: 112-118.

度 (盒子边长) 下, 大部分月球地形需要用多少个均匀分割的盒子来覆盖, 且测量值为所需要覆盖地形的盒子数目, 从而, 得出全月球的分形维数图. 在熟知各类月球地形数据的前提下, 讨论在哪个尺度范围内, 通过月球地形的分形维数反映出月球地形表面特征和演化过程, 值得进一步深入研究与探讨.

后　记

一切的知识，归根结底都是历史；一切的科学，抽象看来都是数学.

——(美国) Calyampudi Radhakrishna Rao

数学是人类思想之精华的一部分，它是智慧的积累与知识的升华. 本书通过记数、坐标、函数、画图、空间、平均、逼近及分形几个专题，让学生体会朴素的数学思想. 数学家弗赖登塔尔说："没有一种数学思想，以它被发现时的那个样子发表出来. 一个问题被解决以后，相应地发展成一种形式化的技巧，结果使得火热的思考变成了冰冷的美丽." 为了使学生了解"冰冷的美丽"背后"火热的思考"，本书每个专题均安排了概观、具体数学与数学实验三个部分. **概观**力求使学生感受数学概念的来龙去脉；**具体数学**力图使学生了解具体的数学方法；**数学实验**力争使学生通过动手实践体会数学的内涵.

作为结束语，我愿借用本书各章的标题写几句话给学生. 科学家爱因斯坦说："大自然喜欢简单的东西." 本书从大家都熟悉的最简单的 **"记数"** 谈起，想告诉作为未来工程专家的你，不管你面临的问题多么复杂或艰难，宜于 **"从最简单的做起"**. 研究生阶段，要有自己的定位，找准自己的 **"坐标"**，构建自己理想的 **"函数"**，通过 **"画图"** 展现那份精彩. 同时，不断扩展自己的 **"空间"**. 只要坚持 **"平均"** 每一天取得点滴进步，就会一步一步不停地 **"逼近"** 你的理想，创造出自己的经典. 你的光辉未来必定如 **"分形"** 之美.

彩　　图

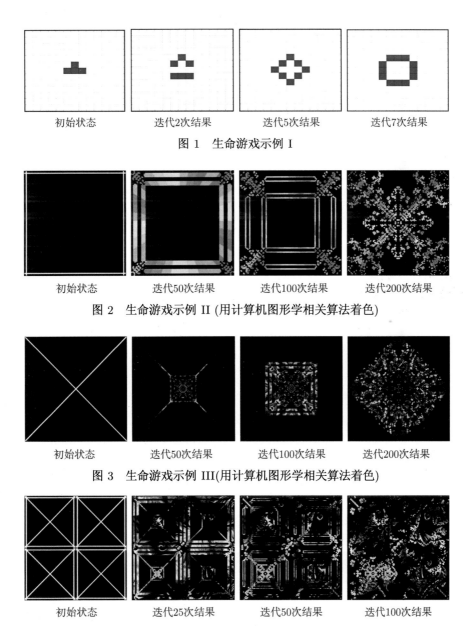

初始状态　　　　　　迭代2次结果　　　　　　迭代5次结果　　　　　　迭代7次结果

图 1　　生命游戏示例 I

初始状态　　　　　　迭代50次结果　　　　　迭代100次结果　　　　　迭代200次结果

图 2　　生命游戏示例 II (用计算机图形学相关算法着色)

初始状态　　　　　　迭代50次结果　　　　　迭代100次结果　　　　　迭代200次结果

图 3　　生命游戏示例 III(用计算机图形学相关算法着色)

初始状态　　　　　　迭代25次结果　　　　　迭代50次结果　　　　　迭代100次结果

图 4　　生命游戏示例 IV(用计算机图形学相关算法着色)

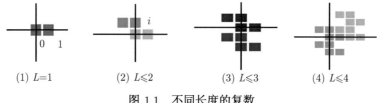

(1) $L=1$ (2) $L\leqslant 2$ (3) $L\leqslant 3$ (4) $L\leqslant 4$

图 1.1   不同长度的复数

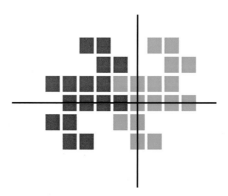

图 1.2   长度 $L\leqslant 5$ 的复数

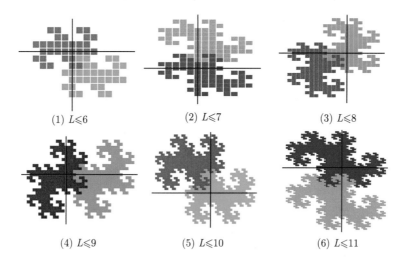

(1) $L\leqslant 6$ (2) $L\leqslant 7$ (3) $L\leqslant 8$

(4) $L\leqslant 9$ (5) $L\leqslant 10$ (6) $L\leqslant 11$

图 1.3   高斯整数在 $b=-1+i$ 之下生成的图形序列

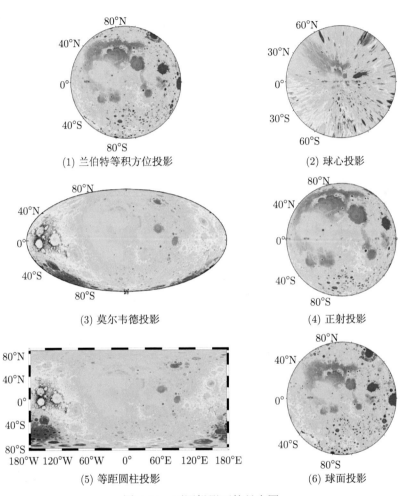

(1) 兰伯特等积方位投影

(2) 球心投影

(3) 莫尔韦德投影

(4) 正射投影

(5) 等距圆柱投影

(6) 球面投影

图 4.31　不同投影下的月表图

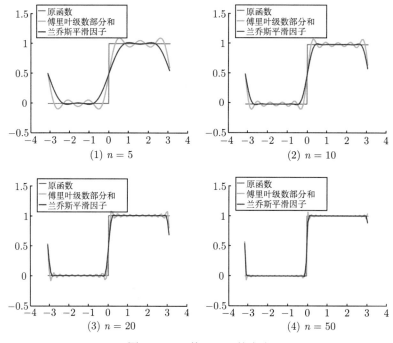

(1) $n = 5$ (2) $n = 10$

(3) $n = 20$ (4) $n = 50$

图 6.29   函数 $f_1(x)$ 的磨光

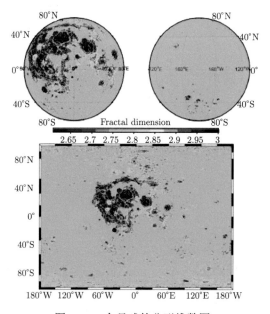

图 8.26   全月球的分形维数图 I